Günter P. Merker | Carsten Baumgarten

Fluid- und Wärmetransport Strömungslehre

Günter P. Merker | Carsten Baumgarten

Fluid- und Wärmetransport Strömungslehre

Mit 75 Abbildungen

STUDIUM

Bibliografische Information der Deutschen Nationalbibliothek
Die Deutsche Nationalbibliothek verzeichnet diese Publikation in der
Deutschen Nationalbibliografie; detaillierte bibliografische Daten sind im Internet über
<http://dnb.d-nb.de> abrufbar.

Die Wiedergabe von Gebrauchsnamen, Handelsnamen, Warenbezeichnungen usw. in diesem Werk berechtigt auch ohne besondere Kennzeichnung nicht zu der Annahme, daß solche Namen im Sinne der Warenzeichen- und Markenschutz-Gesetzgebung als frei zu betrachten wären und daher von jedermann benutzt werden dürften.

Höchste inhaltliche und technische Qualität unserer Produkte ist unser Ziel. Bei der Produktion und Verbreitung unserer Werke wollen wir die Umwelt schonen: Dieses Werk ist auf säurefreiem und chlorfrei gebleichtem Papier gedruckt. Die Einschweißfolie besteht aus Polyäthylen und damit aus organischen Grundstoffen, die weder bei der Herstellung noch bei der Verbrennung Schadstoffe freisetzen.

1. Auflage 2000
   Korrigierter Nachdruck 2009

Alle Rechte vorbehalten
© Vieweg+Teubner | GWV Fachverlage GmbH, Wiesbaden 2009

Lektorat: Thomas Zipsner | Ellen Klabunde

Vieweg+Teubner ist Teil der Fachverlagsgruppe Springer Science+Business Media.
www.viewegteubner.de

Das Werk einschließlich aller seiner Teile ist urheberrechtlich geschützt. Jede Verwertung außerhalb der engen Grenzen des Urheberrechtsgesetzes ist ohne Zustimmung des Verlags unzulässig und strafbar. Das gilt insbesondere für Vervielfältigungen, Übersetzungen, Mikroverfilmungen und die Einspeicherung und Verarbeitung in elektronischen Systemen.

Die Wiedergabe von Gebrauchsnamen, Handelsnamen, Warenbezeichnungen usw. in diesem Werk berechtigt auch ohne besondere Kennzeichnung nicht zu der Annahme, dass solche Namen im Sinne der Warenzeichen- und Markenschutz-Gesetzgebung als frei zu betrachten wären und daher von jedermann benutzt werden dürften.

Umschlaggestaltung: KünkelLopka Medienentwicklung, Heidelberg

Gedruckt auf säurefreiem und chlorfrei gebleichtem Papier.

ISBN-13:978-3-519-06385-8   e-ISBN-13:978-3-322-80129-6
DOI: 10.1007/978-3-322-80129-6

Vorwort

Das vorliegende Buch beinhaltet den Stoff der Vorlesung "Strömungslehre" mit einem Umfang von zwei Semesterwochenstunden an der Universität Hannover. Das Buch wendet sich an Studierende des Maschinenbaus und anderer technischer Fachrichtungen an Universitäten und Fachhochschulen. Es ist sowohl zum Gebrauch neben der Vorlesung als auch zum Selbststudium geeignet.

Bei der Auswahl des Stoffes haben wir den Grundlagen, sowie den technisch besonders relevanten Themen wie der eindimensionalen Stromfadentheorie, dem Impulssatz, der laminaren und turbulenten Rohrströmung, sowie der laminar und turbulent überströmten Platte, einen breiten Raum gewidmet, weshalb vor allem die Potentialströmung etwas knapper abgehandelt wird. Insbesondere bei der Beschreibung der Rohr- und der Plattenströmung haben wir darauf geachtet, daß diese mit der dazu analogen Darstellung des Wärmeübergangs im Buch "Wärmeübertragung" von Merker und Eiglmeier (1999) übereinstimmt. Diese beiden Bücher bilden damit eine Einheit, was auch durch die Wahl des gemeinsamen Haupttitels "Fluid- und Wärmetransport" zum Ausdruck gebracht wird.

Bei der Ableitung der Navier-Stokes-Gleichungen, der Reynolds-Gleichungen sowie der Grenzschichtgleichungen wird im Rahmen dieser Einführung das Verständnis der physikalischen Zusammenhänge in den Vordergrund gestellt. Auf eine detaillierte mathematische Ableitung haben wir deshalb an manchen Stellen verzichtet und uns mit anschaulichen und plausiblen Erläuterungen zufrieden gegeben.

Frau Brauer danken wir für ihre Geduld bei der graphischen Gestaltung der Abbildungen und Frau Settmacher für ihre Ausdauer bei der Ausführung der Schreibarbeiten sowie der Montage von Text und Abbildungen. Herrn Dipl.-Ing. Christian Eiglmeier sind wir für die kritische Durchsicht des Manuskriptes zu Dank verpflichtet. Dem Teubner-Verlag danken wir für die stets gute Zusammenarbeit.

Hannover, im Februar 2000

Günter P. Merker
Carsten Baumgarten

Inhaltsverzeichnis

Formelzeichen

Δ	Laplace-Operator
∇	Nabla-Operator
A	Fläche [m^2]
a	Schallgeschwindigkeit [m / s]
	Konstante
b	Breite [m]
C	Konstante
C_τ	Konstante des k-ε-Modells
C_k	Konstante des k-ε-Modells
C_ε	Konstante des k-ε-Modells
C_1	Konstante des k-ε-Modells
C_2	Konstante des k-ε-Modells
c	Betrag der Geschwindigkeit [m / s], Verwendung bei eindimensionaler Betrachtung
c_f	örtlicher Reibungskoeffizient
c_p	spezifische, isobare Wärmekapazität [J / (kg K)]
	Druckbeiwert
c_v	spezifische isochore Wärmekapazität [J / (kg K)]
c_w	Widerstandskoeffizient
d	Durchmesser [m]
d_h	hydraulischer Durchmesser [m]
E	Energie [J]
$\vec{e}_t$	Einheitsvektor, in Strömungsrichtung zeigend
F	Kraft [N]
	skalare Eigenschaft
$F(z)$	komplexe Funktion
	komplexes Potential
f	Massenkraft [N/m^3]
	Funktion
G	Schubmodul
	Imaginäranteil einer komplexen Funktion
g	Gravitationskonstante [9.81 m/s^2]
H	Realteil einer komplexen Funktion
h	Höhe, Länge, Abstand, Schichtdicke [m]
	spezifische Enthalpie [J / kg]
I	Impuls [(kg m) / s]
i	imaginäre Einheit, $i^2 = -1$

k	Konstante
	turbulente kinetische Energie (k-ε-Modell)
k_s	äquivalente Sandkornrauhigkeit [m]
l	Länge, Strecke [m]
	Prandtlsche Mischungsweglänge [m]
M	Moment [N m]
	Dipolmoment
Ma	Machzahl
m	Masse [kg]
	Exponent
$\dot{m}$	Massenstrom [kg / s]
N	Anzahl
n	Zählindex
$\bar{n}$	Normaleneinheitsvektor auf eine Fläche
P	Leistung [W]
p	Druck [Pa]
Q	Wärme [J]
	Quell- bzw. Senkenstärke
$\dot{Q}$	Wärmestrom [W]
q	spezifischeWärmemenge [J / kg]
$\dot{q}$	spezifischeWärmestromdichte [W / m^2]
R	Radius [m]
	Gaskonstante [J / (kg K)]
Re	Reynoldszahl
Re$_x$	lokale Reynoldszahl, überströmte Platte
Re$_l$	Reynoldszahl, überströmte Platte der Länge l
r	Radius [m]
$\bar{r}$	Ortsvektor
S	Schubkraft [N]
s	Bahnkoordinate [m]
T	Temperatur [K]
t	Zeit [s]
U	konstante Geschwindigkeit [m / s]
u	Geschwindigkeit in x-Richtung [m / s]
	spezifische innere Energie [J / kg]
u_τ	Wandschubspannungsgeschwindigkeit [m / s]
u^+	dimensionslose Geschwindigkeit
V	Volumen [m^3]

$\dot{V}$	Volumenstrom $[\,\mathrm{m^3/s}\,]$
v	Geschwindigkeit in y-Richtung $[\,\mathrm{m/s}\,]$
v_i	Geschwindigkeitskomponente, Verwendung bei mehrdimensionalen Strömungen: $v_1 = u,\ v_2 = v,\ v_3 = w$
W	Arbeit $[\,\mathrm{J}\,]$
w	Geschwindigkeit in z-Richtung $[\,\mathrm{m/s}\,]$
x	Koordinatenrichtung, karthesisches Koordinatensystem, Wegkoordinate $[\,\mathrm{m}\,]$
$\bar{x}$	Ortsvektor (x, y, z)
x_u	Lage des laminar-turbulenten Umschlagpunktes $[\,\mathrm{m}\,]$
y	Koordinatenrichtung, karthesisches Koordinatensystem, Wegkoordinate $[\,\mathrm{m}\,]$
y^+	dimensionsloser Wandabstand
z	Koordinatenrichtung, karthesisches Koordinatensystem, Wegkoordinate $[\,\mathrm{m}\,]$ Höhen- bzw. Tiefenkoordinate $[\,\mathrm{m}\,]$ Komplexe Variable, $z = x + iy$

Griechische Symbole

α	Winkel [Grad, Bogenmaß]
Γ	Zirkulation, Wirbelstärke
γ	Scherwinkel [Grad, Bogenmaß]
Δ	Dicke der viskosen Unterschicht $[\,\mathrm{m}\,]$
δ	Dicke der Strömungsgrenzschicht $[\,\mathrm{m}\,]$
δ^*	Verdrängungsdicke $[\,\mathrm{m}\,]$
ε	Dissipationsrate (k-ε-Modell)
η	dynamische Viskosität $[\,(\mathrm{N\,s})/\mathrm{m^2}\,]$ Wirkungsgrad
κ	Isentropenexponent Konstante
λ	Rohrreibungszahl Wärmeleitfähigkeit $[\,\mathrm{W}/(\mathrm{m\,K})\,]$
ν	kinematische Viskosität $[\,\mathrm{m^2/s}\,]$
ξ	Druckverlustkoeffizient
π	Druckverhältnis mathematische Konstante (3,141593)
ρ	Dichte $[\,\mathrm{kg}/\mathrm{m^3}\,]$
σ	Grenzflächenspannung $[\,\mathrm{N}/\mathrm{m}\,]$
τ	Schubspannung $[\,\mathrm{N}/\mathrm{m^2}\,]$

τ_{ij}	Spannungstensor
	Komponente des Spannungstensors $[\,\mathrm{N}\,/\,\mathrm{m}^2\,]$
Φ	Potentialfunktion
	Strömungsgröße
φ	Winkel [Grad, Bogenmaß]
Ψ	Ausflußfunktion
	Stromfunktion
ω	Kreisfrequenz $[\,1/\,\mathrm{s}\,]$
	Drehung

Indizes, tiefgestellt

∞	in hinreichend großem Abstand
	Zustand der ungestörten Anströmung
0	Ruhezustand
	Umgebung
	Anfangswert ($t = 0$)
$1,2,3$	Koordinatenrichtungen (1: in Richtung der x-Achse, 2: in Richtung der y-Achse, 3: in Richtung der z-Achse)
$1,2,\ldots$	Bezeichnung von Querschnitten und Orten im Strömungsfeld
A	aufgrund von Auftrieb
	Aufwand
a	außen
ab	abgeführt
aus	am Austritt
ax	in axialer Richtung
B	Bernoulli
C	Carnot
$char$	charakteristische Größe
D	aufgrund eines Druckunterschiedes
$Diss$	Dissipation
dyn	dynamisch
e	hydraulischer Einlauf
	Entrainment
ein	am Eintritt
G	aufgrund des Gewichts
g	aufgrund von Gravitation

ges	gesamt
i	innen
	Laufvariable
j	Laufvariable
K	auf der Kontur
krit	kritische Größe
l, lam	laminar
m	Mittelung über die zugehörige Querschnittsfläche
max	maximal
N	Nutzen
n	Laufvariable
p	aufgrund von Druck
R	aufgrund von Reibung
S	im Staupunkt
s	an der Stelle "s"
stat	statisch
T	Turbine
t, turb	turbulent
th	theoretisch
τ	aufgrund von Schubspannung
U	Umgebung
u	in Umfangsrichtung
V	Vortrieb
W	an der Wand
	aufgrund eines Widerstandes
x, y, z	an der Stelle x, y, z
zu	zugeführt

Indizes, hochgestellt

$^{-}$	zeitlicher Mittelwert
,	Schwankungsgröße
*	kritische Größe
$^{\bullet}$	Ableitung nach der Zeit
$^{\rightarrow}$	vektorielle Darstellung
$^{+}$	dimensionslose Größe

1 Einleitung

1.1 Überblick

Die Strömungslehre (-mechanik) behandelt Bewegungsvorgänge von Flüssigkeiten und Gasen, die zusammenfassend oft als Fluide bezeichnet werden. Man spricht deshalb auch von der sog. Fluidmechanik, die sich in die Bereiche Fluidstatik und Fluiddynamik unterteilen läßt. Die Verhältnisse in einer ruhenden Flüssigkeit (nur der Druck p ist veränderlich) werden durch die Hydrostatik und diejenigen in der ruhenden Atmosphäre (zusätzlich zum Druck p ist jetzt auch die Dichte ρ veränderlich) durch die Aerostatik beschrieben. Treten in der Flüssigkeit bzw. im Gas zusätzlich Strömungen auf, so spricht man von Hydrodynamik bzw. Aerodynamik. Ist darüber hinaus auch die Temperatur veränderlich, wird also infolge von Temperaturdifferenzen zusätzlich Wärme transportiert, handelt es sich um erzwungene bzw. freie Konvektion, die dem Gebiet der Wärmeübertragung zuzuordnen sind. Diese Begriffe sind in Tab. 1.1 zusammengestellt.

Das vorliegende Buch behandelt das Gebiet der *Strömungslehre*, also die Bereiche Fluidstatik und Fluiddynamik. Dabei wird auf die Fluidstatik jedoch nur so weit eingegangen, wie dies zum Verständnis der Fluiddynamik erforderlich ist. Die konvektive Wärmeübertragung wird in einem weiteren Band von Merker und Eiglmeier (1999) behandelt.

Im Hinblick auf die technische Anwendung unterscheidet man zwischen der Durchströmung von Systemen wie Kanäle, Rohrleitungen und technische Apparate sowie der Umströmung von Körpern wie z. B. Tragflügel oder quer angeströmte Rohre in Rohrbündelwärmeübertragern.

Tab. 1.1: Strömungslehre: Einteilung und Abgrenzung

	Fluidstatik		Fluiddynamik		Konvektive Wärmeübertragung	
	Hydrostatik	Aerostatik	Hydro-dynamik	Aero-dynamik	erzwungene Konvektion	freie Konvektion
p						
ρ	ρ = konst.		ρ = konst.		ρ = konst.	
c	c = 0	c = 0				
T	T = konst.	T = konst.	T = konst.			
Beispiel	ruhende Flüssigkeit	ruhende Atmosphäre	bewegte Flüssigkeit	bewegtes Gas	$c_\infty \neq 0$	$c_\infty = 0$
Zuordnung	Strömungslehre				Wärmeübertragung	

In diesem Buch werden nach einer kurzen Erläuterung der Begriffe hydrostatischer Druck und Auftrieb sowie Oberflächenspannung und Kapillarität zunächst reibungsfreie eindimensionale Strömungen behandelt, wobei ausführlich auf die Stromfadentheorie und die Unterschiede zwischen inkompressibler und kompressibler Fluidströmung eingegangen wird. Nach einer relativ knapp gehaltenen Einführung in die reibungsfreie mehrdimensionale Strömung folgt eine ausführliche Behandlung reibungsbehafteter Strömungen. Neben dem Impulssatz werden die laminare und turbulente Rohrströmung erläutert. Das darauf folgende Kapitel ist der Ableitung der Grundgleichungen der Fluiddynamik gewidmet. Es werden zunächst die Navier-Stokes-Gleichungen und im Anschluß daran Gleichungen zur Beschreibung von Grenzschichten behandelt. Das Hauptaugenmerk liegt dabei neben der formal korrekten Darstellung verstärkt auf einer physikalisch plausiblen Darstellungsweise. Der folgende Abschnitt ist den Grundlagen turbulenter Strömungen gewidmet und das letzte Kapitel stellt eine Einführung in numerische Lösungsverfahren der Grundgleichungen dar, gibt also einen kurzen Einblick in Computational Fluid Dynamics (CFD).

1.2 Hydrostatischer Druck

Der hydrostatische Druck ist eine skalare, also eine richtungsunabhängige Größe. Er nimmt in einer inkompressiblen Flüssigkeit (ρ =konstant) *linear* mit der Tiefe zu (siehe Abb. 1.1),

$$\boxed{p = p_0 + \rho g z}\,.$$

(1.1)

Daraus ergibt sich, daß in einem ruhenden Fluid an sämtlichen Orten gleicher Tiefe z der gleiche hydrostatische Druck p wirkt.

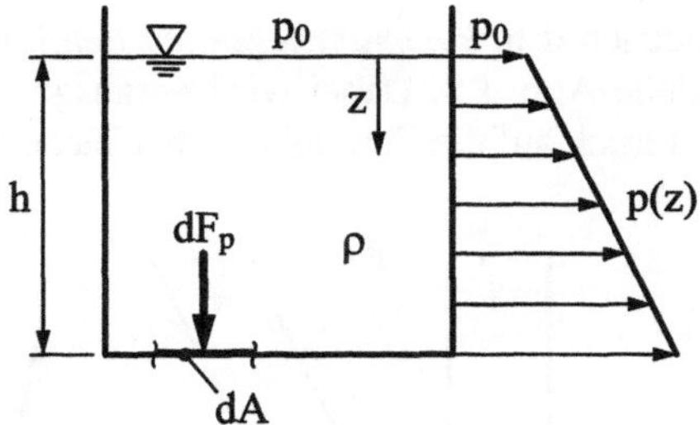

Abb. 1.1: Verteilung des hydrostatischen Drucks in einer ruhenden inkompressiblen Flüssigkeit

Für die Druckkraft dF_p auf ein Flächenelement dA in der Tiefe z folgt mit Gl. (1.1)

$$dF_p = (p_0 + \rho g z)\, dA\,.$$

Damit ergeben sich zwei wichtige Aussagen:

1. Die Druckkraft F_p auf die Bodenfläche A eines mit einer Flüssigkeit der Dichte ρ bis zur Höhe h gefüllten Behälters beträgt demnach

$$F_p = (p_0 + \rho g h)\, A\,,$$

   ist also nur von A, ρ und h und nicht von der Gefäßform abhängig. Da die Bodenfläche A der in Abb. 1.2 dargestellten Behälter gleich groß ist, wirkt auf sie trotz unterschiedlicher Gefäßformen die gleiche Druckkraft F_p. Man bezeichnet diesen Sachverhalt auch als *hydrostatisches* oder *Pascalsches Paradoxon*.

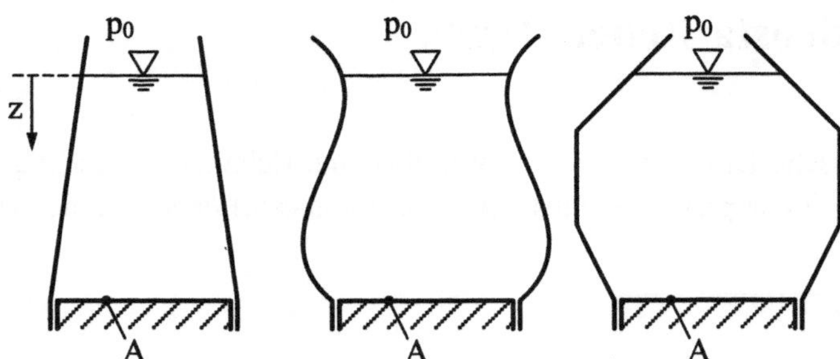

Abb. 1.2: Hydrostatisches Paradoxon

Bei dieser Betrachtung werden die Kräfte, die die Seitenwände der Gefäße auf den jeweiligen Gefäßboden ausüben, nicht berücksichtigt.

2. In miteinander verbundenen d.h. *kommunizierenden Behältern* steht die Flüssigkeit überall gleich hoch, siehe Abb. 1.3. Dabei wird vorausgesetzt, daß bei sämtlichen Behältern derselbe Luftdruck auf die Flüssigkeitsoberfläche wirkt.

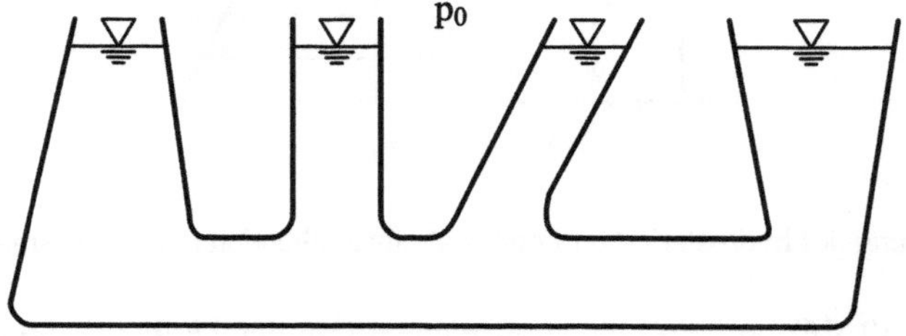

Abb. 1.3: Kommunizierende Behälter

1.3   Hydrostatischer Auftrieb

Der hydrostatische Druck auf die Unterseite eines vollständig in eine Flüssigkeit eingetauchten Körpers ist nach Gl. (1.1) größer als derjenige, der auf die Oberseite wirkt. Die daraus resultierende und nach oben gerichtete Kraft ist der sog. *Auftrieb* F_A. Als einfaches Beispiel werde der in Abb. 1.4 dargestellte Stab mit konstanter Querschnittsfläche A betrachtet.

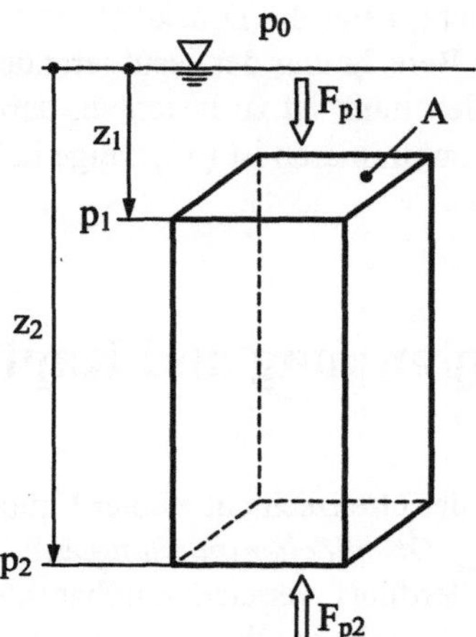

Abb. 1.4: Zur Ableitung der Auftriebskraft

Auf die Oberseite wirkt die Druckkraft

$$F_{p,1} = (p_0 + \rho g z_1)\, A$$

in z-Richtung, während auf die Unterseite die Kraft

$$F_{p,2} = (p_0 + \rho g z_2)\, A$$

nach oben gerichtet angreift. Die in horizontaler Richtung auf die Seitenflächen des Stabes einwirkenden Druckkräfte kompensieren sich gegenseitig. Aus dem Kräftegleichgewicht in vertikaler Richtung läßt sich die Auftriebskraft

$$F_A = F_{p,2} - F_{p,1} = \rho g (z_2 - z_1)\, A$$

bzw.

$$\boxed{F_A = \rho\, g\, V} \tag{1.2}$$

berechnen. Der Auftrieb ist damit gleich der Gewichtskraft des verdrängten Flüssigkeitsvolumens V (*Prinzip von Archimedes*). Diese Aussage läßt sich durch Annahme eines beliebigen Körpers und Unterteilung in unendlich viele Stäbe leicht beweisen.

Da der hydrostatische Druck in einer inkompressiblen Flüssigkeit linear mit der Tiefe z ansteigt, ändert sich der Auftrieb eines vollständig eingetauchten festen Körpers bei

Variation der Eintauchtiefe nicht, denn die Druckdifferenz zwischen Ober- und Unterseite bleibt konstant. Bei der Berechnung der resultierenden Kraft, mit der der eingetauchte Körper gehalten werden muß, ist zu beachten, daß von der Auftriebskraft die Gewichtskraft des Körpers zu subtrahieren ist (F_H zeige in Richtung von z).

1.4   Oberflächenspannung und Kapillarität

In freien Oberflächen, d.h. in der Grenzschicht zweier Fluide wie z.B. Wasser und Luft treten Kräfte aufgrund der sog. *Oberflächenspannung* auf. Diese Kräfte sind bei vielen technischen Anwendungen allerdings vernachlässigbar klein. In Kapillaren, bei der Tropfenbildung usw. liegen die durch die Oberflächenspannung hervorgerufenen Kräfte jedoch aufgrund der geringen Größe der freien Oberflächen in der Größenordnung der übrigen Kräfte wie z.B. Druck- und Gewichtskraft und können nicht mehr vernachlässigt werden. Solche Fälle sollen nun untersucht werden.

Betrachtet werde ein kugelförmiges Wassertröpfchen mit dem Innendruck p_i, das von Luft mit dem Druck p_a umgeben ist (Abb. 1.5). Die Oberflächenspannung bewirkt in diesem Fall, daß im Tropfen Überdruck herrscht, d.h. $p_i > p_a$. Die Ursache dieses Effektes liegt in den unterschiedlich großen intermolekularen Anziehungskräften zwischen den beteiligten Luft- und Wassermolekülen.

Innerhalb der Flüssigkeit existiert keine resultierende Kraft auf ein Fluidteilchen, da die intermolekularen Kräfte in jede Raumrichtung gleich groß sind und sich somit kompensieren. Die Wassermoleküle an der Grenzfläche erfahren jedoch eine Kraft in Richtung Tropfenzentrum, denn die intermolekularen Kräfte zwischen Gas- und Flüssigkeitsmolekülen an der Grenzfläche sind klein gegenüber denjenigen zwischen den Wassermolekülen selbst.

Die Oberflächenspannung hat somit in erster Näherung denselben Effekt wie eine dünne Haut auf der Tropfenoberfläche, die sich zusammenziehen will und damit einen Überdruck im Tropfen bewirkt.

Die Oberflächenspannung σ ist als das Verhältnis der Kraft in der aufgeschnittenen kreisförmigen Berandung zur Länge dieser Berandung definiert und hat damit die Einheit N/m. Betrachtet werde nun der in Abb. 1.5 dargestellte Schnitt durch ein kugelförmiges Nebeltröpfchen. Das Kräftegleichgewicht in vertikaler Richtung

$$(p_i - p_a)\, \pi R^2 = 2 \pi R \, \sigma$$

führt auf

$$\Delta p = (p_i - p_a) = \frac{2\sigma}{R} \quad .$$

(1.3)

Für das System Wasser/ Luft beträgt die Oberflächenspannung bei 20°C etwa $7 \cdot 10^{-2}$ N/m. Dies führt bei einem Nebeltröpfchen mit einem Radius von $R = 10^{-6}$ m zu einem Überdruck von etwa $1,4 \cdot 10^{5}$ Pa (1,4 bar).

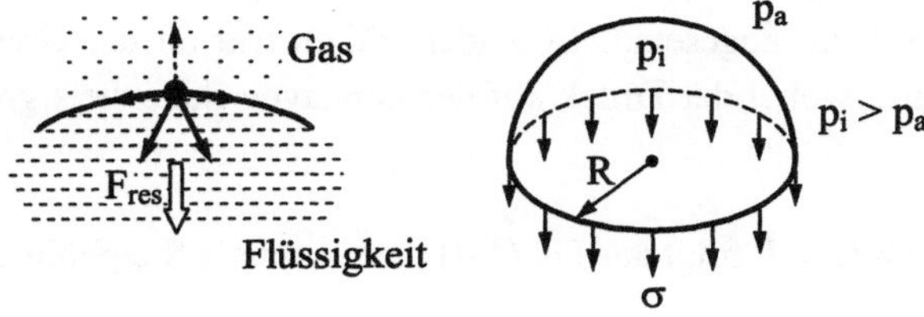

Abb. 1.5: Schnitt durch ein kugelförmiges Nebeltröpfchen mit $p_i > p_a$

Abschließend soll noch eine Beziehung zur Berechnung der *kapillaren Steighöhe* einer Flüssigkeit der Dichte ρ abgeleitet werden, siehe Abb. 1.6.

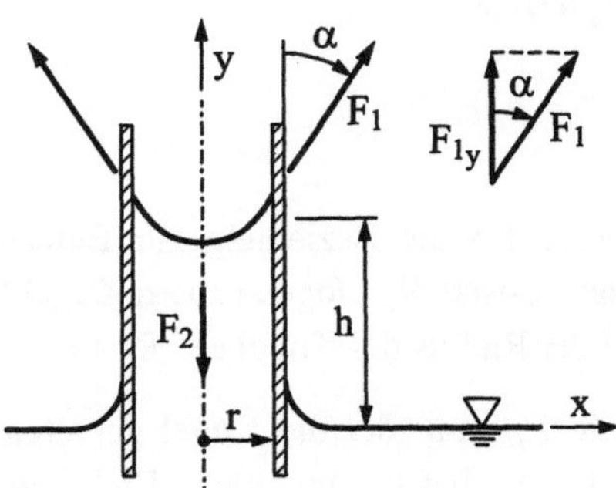

Abb. 1.6: Kapillare Steighöhe

Das Kräftegleichgewicht zwischen der Massenkraft $F_2 = \rho \, \pi r^2 h g$ und der Kraft aufgrund der Oberflächenspannung $F_{1,y} = 2\pi r \sigma \cos\alpha$ liefert

$$\boxed{h = \frac{2\,\sigma\,\cos\alpha}{\rho\,g\,r}} \;. \tag{1.4}$$

Dabei ist α der Randwinkel, der sich je nach Benetzungsfähigkeit der Wand einstellt. Die Größe des Randwinkels hängt von den Adhäsionskräften zwischen Fluid und Wand (Haftspannung) und der Oberflächenspannung ab.

Liegt Benetzungsfähigkeit vor, so wird der Flüssigkeitsspiegel angehoben $(0 < \alpha < 90°)$. Bei Randwinkeln von $\alpha > 90°$ wird die Wand nicht benetzt und der Flüssigkeitsspiegel damit abgesenkt. In beiden Fällen tritt an der Grenzfläche wieder ein Drucksprung auf, wobei der Druck auf der konkaven Seite stets größer als auf der konvexen ist.

Mit $d = 2\,r$ und $\cos\alpha = 1$ folgt aus Gl. (1.4) die maximale Steighöhe zu

$$h_{max} = \frac{4\,\sigma}{\rho\,g\,d} \;. \tag{1.5}$$

1.5   Übungsaufgaben

Aufgabe 1.1:

a) Leiten Sie analog zu Kap. 1.3 die Beziehung zur Berechnung der Auftriebskraft (Gl. 1.2) am Beispiel der vollständig eingetauchten Kugel her. Die Dichte der Flüssigkeit betrage ρ_F und der Radius der Kugel sei R.

b) Berechnen Sie die Kraft F_H, mit der die Kugel gehalten werden muß, wenn das Kugelmaterial die Dichte ρ_K besitzt. In welche Richtung zeigt F_H in den beiden Fällen $\rho_K < \rho_F$ und $\rho_K > \rho_F$?

Aufgabe 1.2:

In Gl. (1.1) steigt der Druck im Fluid linear mit der Tiefe z an. Diese Beziehung gilt für Anwendungen in der Hydrostatik bei konstanter Fluiddichte (inkompressible Fluide). Bei der Aerostatik (kompressible Fluide) sind Druck und Fluiddichte variabel. Zur Berechnung der Druckverteilung in der ruhenden Erdatmosphäre muß deshalb eine zusätzliche Beziehung zwischen Druck und Dichte vorgegeben werden. Berechnen Sie die Druckverteilung in der Atmosphäre bei Annahme eines idealen Gases und isothermer Zustandsänderung (barometrische Höhenformel). Gegeben seien der Druck p_0 und die Luftdichte ρ_0 am Erdboden ($h_0 = 0$ m), sowie $g = 9{,}81$ m$/$s^2 =konstant.

2 Reibungsfreie, eindimensionale Strömungen

Viele technische Strömungsprobleme können mit ausreichender Genauigkeit oder zumindest näherungsweise mit den Beziehungen für reibungsfreie und eindimensionale Strömungen behandelt werden. Dazu gehören Strömungen inkompressibler und auch einfache Strömungsvorgänge kompressibler Fluide. Auf die grundlegenden Zusammenhänge soll im folgenden ausführlich eingegangen werden, weil diese die Voraussetzung zum Verständnis der später behandelten reibungsbehafteten Strömungen sind.

2.1   Grundgleichungen der Stromfadentheorie

Zunächst sollen die grundlegenden Begriffe *Bahnlinie* und *Stromlinie* sowie *Stromröhre* und *Stromfaden* erläutert werden. Die Bahnlinie besteht aus denjenigen Orten im Strömungsfeld, die das Teilchen im Verlauf der Zeit passiert. Die zu einem bestimmten Zeitpunkt gehörenden Stromlinien eines Strömungsfeldes erhält man, indem man die Geschwindigkeitsvektoren im Feld derart zu Linien verbindet, daß für sämtliche Fluidteilchen auf einer Stromlinie (und damit für alle Orte auf der Stromlinie) die Richtung der Geschwindigkeitsvektoren mit derjenigen der Stromlinie übereinstimmt. Bei instationären Strömungen ist zwischen Bahn- und Stromlinie zu unterscheiden, während im stationären Fall, bei dem sich die Strömungsgrößen an einem festen Ort im Strömungsfeld nicht mit der Zeit ändern, die Stromlinien den Bahnlinien der Teilchen entsprechen. Ein stationäres Strömungsfeld ist somit von beliebig vielen Stromlinien durchzogen, die sich nicht schneiden und entlang derer sich die Fluidteilchen bewegen. Abb. 2.1 zeigt eine Stromröhre, durch deren Querschnitt A_1 ein Fluid mit der konstanten Geschwindigkeit c_1 einströmt und dann weiter stromab mit der Geschwindigkeit c_2 durch den Querschnitt A_2 wieder ausströmt. Die Strömröhre stellt somit ein Kontrollvolumen dar, dessen Mantel bei stationärer Strömung aus Stromlinien gebildet wird.

Legt man einen beliebigen Eintrittsquerschnitt A_1 fest, so erhält man die Geometrie der Stromröhre und vor allem des Austrittsquerschnitts A_2, indem man diejenigen Stromlinien, die den Mantel der Stromröhre bilden, stromabwärts verfolgt. Da die Fluidteilchen die Stromlinien nicht verlassen folgt, daß der Mantel der Stromröhre massedicht ist, d. h. der durch den Querschnitt A_1 einströmende Massenstrom muß also durch den Querschnitt A_2 wieder ausströmen. Dies gilt ebenso für alle anderen Querschnitte der Stromröhre, d. h. der Massenstrom ist in jedem Querschnitt der Stromröhre gleich groß.

Betrachtet man Stromröhren, bei denen die Strömungsgrößen wie z. B. Strömungsgeschwindigkeit, Druck usw. über den Querschnitten konstant verteilt sind, bei denen also sämtliche Orte eines Querschnitts dieselben Werte für die jeweilige Strömungsgröße aufweisen, so variieren die Strömungsgrößen nur noch in Strömungsrichtung, und man kann sich die Stromröhre durch einen sog. Stromfaden ersetzt denken.

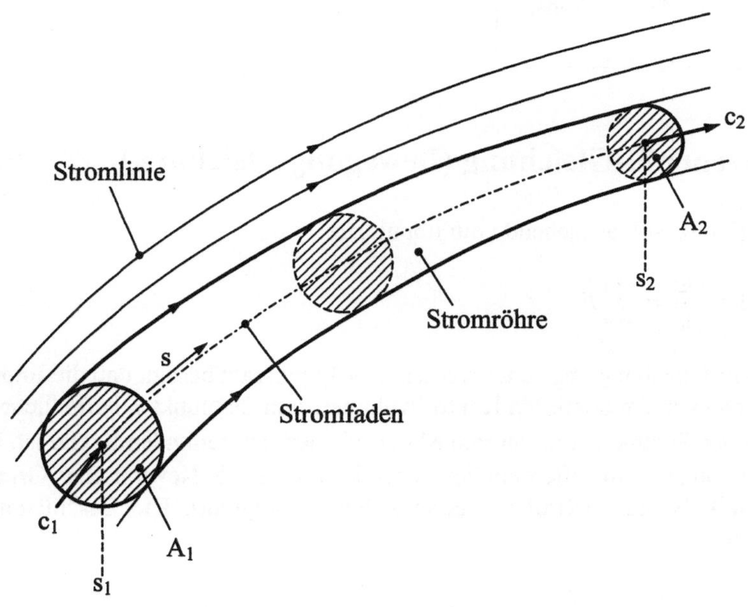

Abb. 2.1: Prinzipskizze zur Erläuterung der Begriffe Stromröhre und Stromfaden

Der Stromfaden ist damit eine *eindimensionale* Abstraktion der *dreidimensionalen* Stromröhre. Die Strömungsgrößen an verschiedenen Punkten des Stromfadens entsprechen denjenigen der zugehörigen Strömungsquerschnitte. In der Realität werden die Strömungsgrößen jedoch nicht immer über den Strömungsquerschnitt konstant verteilt sein. In diesem Fall handelt es sich bei den mit Hilfe der Stromfadentheorie berechneten Werten um über den jeweiligen Stromröhrenquerschnitt gemittelte Größen. Sofern die Berechnung querschnittsgemittelter Werte zur Lösung des jeweiligen Problems genügt, stellt die Anwendung der Stromfadentheorie eine erhebliche Vereinfachung des Berechnungsvorganges dar.

2.1.1 Kontinuitätsgleichung

Da der Mantel der Stromröhre massedicht ist, gilt aufgrund des Prinzips der Massen-
erhaltung, daß bei einer stationären Strömung der einströmende Massenstrom genauso
groß wie der ausströmende sein muß. Bei Verwendung der Stromfadentheorie folgt also

$$\dot{m} = A_1\, c_1\, \rho_1 = A_2\, c_2\, \rho_2 = \text{konst.}$$

oder ganz allgemein entlang des Stromfadens

$$\boxed{\dot{m} = A\, c\, \rho = \text{konst.}} \tag{2.1}$$

2.1.2 Bernoulli-Gleichung (Bewegungsgleichung)

In diesem Kapitel soll ausgehend vom Impulssatz

$$\mathrm{d}m\, \frac{\mathrm{D}c}{\mathrm{D}t} = \sum F \tag{2.2}$$

die Bernoulli-Gleichung abgeleitet werden. Der Impulssatz besagt, daß die Impulsänderung der sich in einem ortsfesten Kontrollvolumen zum Zeitpunkt t befindlichen Masse
$\mathrm{d}m$ gleich der Summe der an diesem Massenelement angreifenden Kräfte ist. Gl. (2.2)
stellt den Impulssatz in differentieller Form dar und ist als Newtonsches Grundgesetz
der Mechanik bekannt (Kraft = Masse x Beschleunigung). Die Beschleunigung in
Bahnrichtung

$$\frac{\mathrm{D}c}{\mathrm{D}t} = \frac{\partial c}{\partial t} + c\, \frac{\partial c}{\partial s} \tag{2.3}$$

erhält man dabei als sogenannte *totale Ableitung* der Geschwindigkeit $c = |\vec{c}|$ nach der
Zeit. Gl. (2.3) beschreibt die Änderung der Geschwindigkeit für ortsfeste Punkte auf
der Bahnlinie s (Eulersche Betrachtungsweise). Bei der Beschreibung der Strömung
werden somit nicht einzelne Teilchen auf ihrem Weg durch das Strömungsfeld verfolgt,
sondern feste Orte im Strömungsfeld betrachtet und bilanziert. Der Term $c\, \partial c/\partial s$ berücksichtigt, daß die Geschwindigkeit c unabhängig von der Zeit t an verschiedenen
Punkten auf dem Stromfaden unterschiedlich groß sein kann. Der Ausdruck $\partial c/\partial t$
erfaßt die Tatsache, daß das Geschwindigkeitsfeld auch mit der Zeit variieren kann. Auf

die totale Ableitung und die Eulersche Betrachtungsweise wird an dieser Stelle nicht weiter eingegangen, da sie in Kap. 3.2 ausführlich behandelt werden.

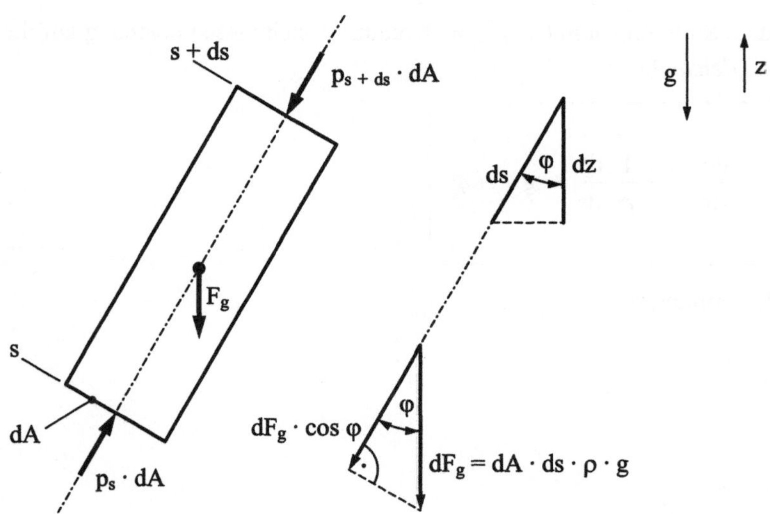

Abb. 2.2: Impulsbilanz an einem differentiellen Stromröhrenelement in Strömungsrichtung

Gl. (2.2) liefert für das in Abb. 2.2 dargestellte Element der Stromröhre und damit auch für den Stromfaden

$$(dA\,ds\,\rho)\left(\frac{\partial c}{\partial s} + c\,\frac{\partial c}{\partial s}\right) = \sum F \ . \tag{2.4}$$

Für die Summe der angreifenden Kräfte folgt

$$\sum F = p_s\,dA - p_{s+ds}\,dA - dA\,ds\,\rho\,g\cos\varphi$$

und daraus mit der Taylorreihenentwicklung

$$p_{s+ds} = p_s + \frac{\partial p}{\partial s}\,ds$$

$$\sum F = -\frac{\partial p}{\partial s}\,ds\,dA - \rho\,g\,\cos\varphi\,dA\,ds \ . \tag{2.5}$$

Durch Einsetzen von Gl. (2.5) in Gl. (2.4) erhält man die sog. allgemeine Euler-Gleichung

$$\rho \left(\frac{\partial c}{\partial t} + c \frac{\partial c}{\partial s} \right) = - \frac{\partial p}{\partial s} - \rho \, g \, \cos \varphi \ . \tag{2.6}$$

Für stationäre Strömungen mit $\partial c / \partial t = 0$ reduziert sich diese Gleichung auf die *stationäre Euler-Gleichung*

$$c \frac{\mathrm{d}c}{\mathrm{d}s} = - \frac{1}{\rho} \frac{\mathrm{d}p}{\mathrm{d}s} - g \, \cos \varphi \ . \tag{2.7}$$

Mit den Umformungen

$$c \, \frac{\mathrm{d}c}{\mathrm{d}s} = \frac{d}{\mathrm{d}s} \left(\frac{c^2}{2} \right)$$

und

$$\cos \varphi = \frac{\mathrm{d}z}{\mathrm{d}s}$$

folgt daraus zunächst durch Zusammenfassung aller drei Terme unter das Differential $\mathrm{d}/\mathrm{d}s$

$$\frac{\mathrm{d}}{\mathrm{d}s} \left(\frac{c^2}{2} + \frac{p}{\rho} + g \, z \right) = 0 \ .$$

Dabei wird allerdings vorausgesetzt, daß

$$\frac{1}{\rho} \frac{\mathrm{d}}{\mathrm{d}s} (p) = \frac{\mathrm{d}}{\mathrm{d}s} \left(\frac{p}{\rho} \right)$$

gilt, daß also die Dichte ρ konstant ist. Die Summe der drei Terme in der Klammer ist somit entlang des Stromfadens konstant. Damit erhält man die *Bernoulli-Gleichung* für *stationäre* und *inkompressible* Strömungen

$$\frac{c^2}{2} + \frac{p}{\rho} + g \, z = \text{konst.} \tag{2.8}$$

bzw. für den Stromfaden zwischen s_1 und s_2

$$\boxed{\ \frac{1}{2}(c_2^2 - c_1^2) + \frac{1}{\rho}(p_2 - p_1) + g(z_2 - z_1) = 0\ }\ . \qquad (2.9)$$

Während in Kap. 2.1 die Richtung von z mit derjenigen der Gravitation übereinstimmte, zeigt z hier in die entgegengesetzte Richtung. Diese Orientierung von z wird für alle weiteren Betrachtungen beibehalten. Für *kompressible* Strömungen folgt aus der stationären Euler-Gleichung und bei Verwendung von $\cos\varphi = \mathrm{d}z/\mathrm{d}s$ durch Integration über eine endliche Länge des Stromfadens von s_1 nach s_2

$$\boxed{\ \frac{1}{2}(c_2^2 - c_1^2) + \int_1^2 \frac{\mathrm{d}p}{\rho} + g(z_2 - z_1) = 0\ }\ . \qquad (2.10)$$

Die Bernoulli-Gleichung bilanziert somit die Strömung zwischen zwei auf dem Stromfaden liegenden ortsfesten Punkten "1" und "2". Die Bedeutung der einzelnen Terme in der Bernoulli-Gleichung wird in Kap. 2.2 gemeinsam mit denjenigen der noch herzuleitenden Energiegleichung untersucht. Zunächst soll noch die Impulsbilanz senkrecht zum Stromfaden betrachtet werden, siehe Abb. 2.3.

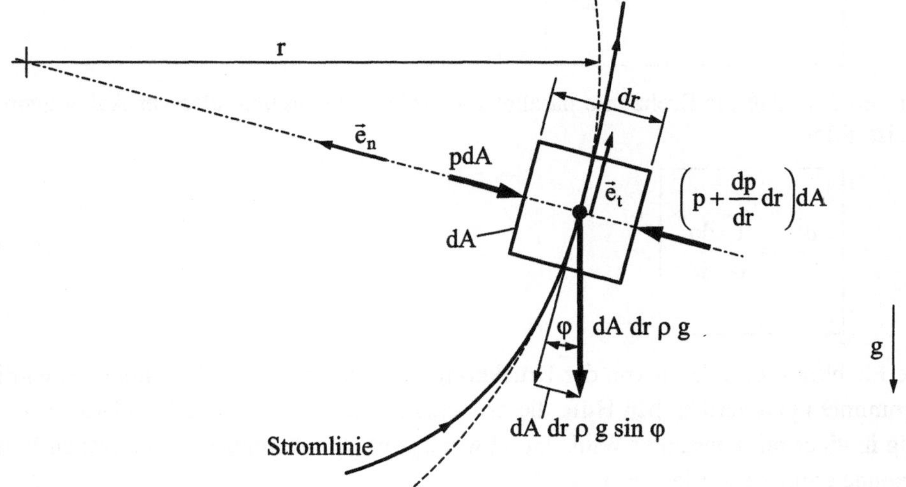

Abb. 2.3: Normal zum Stromfaden wirkende Kräfte an einem differentiellen Volumenelement $\mathrm{d}V = \mathrm{d}A\ \mathrm{d}r$

Neben der Beschleunigung in Bahnrichtung (Gl. (2.3)) existiert noch die Zentripetal-
oder auch Normalbeschleunigung, die senkrecht zur gekrümmten Bahnlinie wirkt und
zum Krümmungsmittelpunkt gerichtet ist. Für das Beschleunigungsfeld gilt somit im
allgemeinen Fall

$$\frac{\mathrm{D}\bar{c}}{\mathrm{D}t} = \left(\frac{\partial c}{\partial t} + c\,\frac{\partial c}{\partial s}\right)\bar{e}_t + \frac{c^2}{r}\,\bar{e}_n \tag{2.11}$$

(vgl. z. B. Schade und Kunz (1989)). Bei der Betrachtung der Komponente senkrecht
zur Bahn bleibt lediglich die Zentripetalbeschleunigung

$$b_n = \frac{c^2}{r}\,, \tag{2.12}$$

die an jedem Ort der Bahnkurve jeweils zum zugehörigen Krümmungsmittelpunkt gerichtet ist und somit in Richtung von $\bar{e}_n$ zeigt. Damit liefert die Kräftebilanz zunächst

$$\mathrm{d}A\,\mathrm{d}r\rho\,\frac{c^2}{r} = \frac{\mathrm{d}p}{\mathrm{d}r}\,\mathrm{d}r\,\mathrm{d}A - \mathrm{d}A\,\mathrm{d}r\rho\,g\,\sin\varphi$$

und nach Umordnung der Terme

$$\boxed{\frac{c^2}{r} + g\,\sin\varphi = \frac{1}{\rho}\,\frac{\mathrm{d}p}{\mathrm{d}r}}\,. \tag{2.13}$$

Für den Fall, daß die Drehachse parallel zur Erdbeschleunigung, also vertikal angeordnet ist, folgt

$$\boxed{\frac{c^2}{r} = \frac{1}{\rho}\,\frac{\mathrm{d}p}{\mathrm{d}r}}\,. \tag{2.14}$$

Die Fliehkraft wird damit von der Druckkraft kompensiert, sodaß das Fluidteilchen die
Stromlinie nicht verläßt. Mit Hilfe dieser Gleichung kann z. B. die radiale Druckverteilung in einer mit konstanter Winkelgeschwindigkeit ω rotierenden zylindrischen Was-
sertonne ermittelt werden (Aufgabe 2.2).

2.1.3 Energiebilanzgleichung

Betrachtet werde die stationäre Strömung in einer Stromröhre vom Eintritt "1" zum Austritt "2". Der 1. Hauptsatz der Thermodynamik liefert dafür die Energiebilanz

$$\dot{E}_2 - \dot{E}_1 = \dot{W}_{12} + \dot{Q}_{12} \; . \tag{2.15}$$

Dabei ist $\dot{E}$ der mit dem Massenstrom $\dot{m}$ ein- bzw. ausströmende Gesamtenergiestrom, also die Summe aus inneren, kinetischen und potentiellen Energieströmen

$$\dot{E} = \dot{m}\left(u + \frac{c^2}{2} + g\,z\right), \tag{2.16}$$

und u die spezifische innere Energie. Mit der Arbeit pro Zeiteinheit

$$\dot{W}_{12} = A_1\,p_1\,c_1 - A_2\,p_2\,c_2 \; , \tag{2.17}$$

die die Druckkraft leistet, erhält man damit zunächst

$$\dot{m}\left(u_2 + \frac{c_2^2}{2} + g\,z_2\right) - \dot{m}\left(u_1 + \frac{c_1^2}{2} + g\,z_1\right) = A_1 p_1 c_1 - A_2 p_2 c_2 + \dot{m}\,q_{12} \; .$$

Dabei ist q_{12} die längs des Weges von "1" nach "2" zugeführte spezifische Wärmemenge. Es wird angenommen, daß Arbeit lediglich durch die Druckkräfte geleistet wird. Dem Kontrollraum wird keine mechanische Energie in der Form von Wellenarbeit (z. B. Pumpenlaufrad) und auch keine elektrische Energie (elektrische Heizung) zugeführt. Mit dem Massenstrom

$$\dot{m} = \rho\,A\,c = \text{konst.}$$

können die Terme $A\,c$ durch den Ausdruck $\dot{m}/\rho$ ersetzt werden. Damit entfällt der Massenstrom und es folgt die *Energiegleichung für den Stromfaden*

$$\boxed{\left(u_2 + \frac{c_2^2}{2} + \frac{p_2}{\rho_2} + g\,z_2\right) - \left(u_1 + \frac{c_1^2}{2} + \frac{p_1}{\rho_1} + g\,z_1\right) = q_{12}} \; . \tag{2.18}$$

Für adiabate Strömungen mit $q_{12} = 0$ erhält man daraus

$$u + \frac{c^2}{2} + \frac{p}{\rho} + g\,z = \text{konst.} \quad . \tag{2.19}$$

Mit der Definition der spezifischen Enthalpie

$$h \equiv u + \frac{p}{\rho} \tag{2.20}$$

und bei Vernachlässigung der potentiellen Energie folgt für die adiabate Strömung

$$h + \frac{c^2}{2} = \text{konst.} \quad . \tag{2.21}$$

Bei konstanter Dichte erhält man für isotherme und isobare Zustandsänderungen die Beziehung

$$\frac{c^2}{2} + g\,z = \text{konst.} \quad . \tag{2.22}$$

Dies ist der Energiesatz der Massenpunktmechanik: Die Summe aus kinetischer und potentieller Energie ist konstant. Damit läßt sich z. B. bei Vernachlässigung von Reibungs- und Widerstandskräften die Geschwindigkeit eines Teilchens im freien Fall berechnen.

2.2   Strömung inkompressibler Fluide

Im strengen Sinne versteht man unter inkompressiblen Fluiden solche, deren Volumen sich bei Kompression nicht ändert. In einem etwas erweiterten Sinne werden auch Strömungen als inkompressibel bezeichnet, bei denen die Dichte der Fluide im Rahmen der jeweiligen Aufgabenstellung als konstant betrachtet werden kann. Dazu zählen auch Strömungen von Gasen, wenn die Mach-Zahl ausreichend klein ist (zur Definition der

Mach-Zahl siehe Kap. 2.4). Bei der Strömung von Luft ist z. B. die Dichteänderung bis $Ma = 0{,}2$ kleiner als 2% und kann deshalb bei technischen Aufgabenstellungen meist vernachlässigt werden (Aufgabe 2.5).

2.2.1 Zusammenhang zwischen Bernoulli- und Energiegleichung

Zur Ermittlung der unbekannten Größen Druck p, Geschwindigkeit c und Temperatur T längs eines Stromfadens wurden im letzten Kapitel die folgenden Gleichungen abgeleitet:

- Kontinuitätsgleichung

$$\dot{m} = \rho\, A\, c = \text{konst.} ,$$

- Bernoulli-Gleichung

$$\frac{c^2}{2} + \frac{p}{\rho} + g\, z = \text{konst.} ,$$

- Energiegleichung für adiabate Strömungen mit $dq = 0$ längs des Stromfadens

$$u + \frac{c^2}{2} + \frac{p}{\rho} + g\, z = \text{konst.}$$

Die innere spezifische Energie u ist für inkompressible Fluide nur eine Funktion der Temperatur, d. h. $u = u(T)$. Aus dem Vergleich von Bernoulli- und Energiegleichung folgt damit der Satz:

Für adiabate und isotherme stationäre Strömungen sind Bernoulli- und Energiegleichung für inkompressible Fluide identisch.

Die einzelnen Terme der Bernoulli-Gleichung können in diesem Fall als spezifische, auf die Masse bezogene Energien gedeutet werden, was bei der kinetischen Energie $c^2/2$ und der Lageenergie $g\, z$ sofort einsichtig ist. Die folgende Dimensionsbetrachtung

$$\left(\frac{m}{s}\right)^2 = \frac{m^2}{s^2}\frac{kg}{kg}\begin{cases}\dfrac{kg\,m}{s^2}\dfrac{m}{kg} = \dfrac{N\,m}{kg} = \dfrac{J}{kg} \quad\hat{=}\quad \dfrac{Energie}{Masse}\\[2em]\dfrac{kg\,m}{s^2}\dfrac{1}{m^2}\dfrac{m^3}{kg} = \dfrac{N}{m^2}\dfrac{m^3}{kg} \quad\hat{=}\quad \dfrac{Druck}{Dichte}\end{cases}$$

zeigt, daß auch der Term p/ρ als eine auf die Masse bezogene Druckenergie betrachtet werden kann. Die Bernoulli-Gleichung besagt nun, daß die Gesamtenergie entlang des Stromfadens erhalten bleibt, d.h. daß sich z.B. bei konstanter Lageenergie (z = konst.) eine Geschwindigkeitserhöhung von einem Punkt "1" in der Strömung zu einem stromabwärtsgelegenen Punkt "2" nur durch eine Druckabsenkung erreichen läßt. Bei dieser Betrachtung sollte aber nicht vergessen werden, daß die Bernoulli-Gleichung aus einer Impulsbilanz gewonnen wurde und somit nicht mit der Energiegleichung verwechselt werden darf.

2.2.2 Erweiterung der Bernoulli-Gleichung für Strömungen mit Energiezufuhr und Verlusten

Bisher wurde die Bernoulli-Gleichung lediglich für Strömungen ohne Energiezufuhr und unter idealen Bedingungen, d.h. ohne Verluste, betrachtet. Für ihre Anwendung bei der Auslegung technischer Apparate ist dies jedoch nicht ausreichend. Mit Hilfe einer Plausibilitätsbetrachtung soll die Bernoulli-Gleichung nun entsprechend erweitert werden.

Dazu wird die Strömung durch eine Rohrleitung betrachtet, die zwischen den Querschnitten "1" und "2" aufgrund von Verlusten, wie z.B. Wandreibungsverluste, Energie verliert. Die Summe aus Druck-, Lage- und Geschwindigkeitsenergie im Querschnitt "1" ist wegen der Verluste größer als diejenige in Querschnitt "2". Durch Einfügen eines Energieverlustterms kann die Bernoulli-Gleichung für verlustbehaftete Strömungen erweitert werden. Dieser Term wird als Druckverlust $\Delta p_{V_{12}}/\rho$ eingefügt, der nach den oben durchgeführten Betrachtungen einer auf die Masse bezogenen Energie entspricht. Wenn der Druckverlustterm positiv gewählt und auf der linken Seite substrahiert bzw. auf der rechten Seite addiert wird, herrscht wieder Energiegleichgewicht:

$$\frac{c_1^2}{2} + \frac{p_1}{\rho} + g\,z_1 = \frac{c_2^2}{2} + \frac{p_2}{\rho} + g\,z_2 + \frac{\Delta p_{V_{12}}}{\rho}\,.$$

An dieser Stelle sei noch einmal hervorgehoben, daß der Druckverlust $\Delta p_{V_{12}}$ lediglich die Druckabsenkung aufgrund von Dissipation und nicht aufgrund von Energieumschichtungen (wie z. B. Druckenergie in kinetische Energie) berücksichtigt.

Bei der Betrachtung der Energiezufuhr wird analog vorgegangen. Eine Energiezufuhr kann z. B. durch eine Pumpe, die zwischen den Querschnitten "1" und "2" eingebaut ist und die Pumpenleistung P_{12} aufbringt, realisiert werden. Die Pumpenleistung

$$P_{12} = \Delta p_{zu} \, A c = \Delta p_{zu} \, \dot{V}$$

führt zu einer Druckerhöhung Δp_{zu} und damit zu einer Steigerung der Druckenergie im Querschnitt "2". Es folgt

$$\frac{\Delta p_{zu}}{\rho} = \frac{P_{12}}{\rho \dot{V}} \, ,$$

wobei $\dot{V}$ der durch das Rohr fließende Volumenstrom ist. Damit lautet die *erweiterte Bernoulli-Gleichung* für Strömungen mit *Energiezufuhr* und *Verlusten*

$$\boxed{\frac{c_1^2}{2} + \frac{p_1}{\rho} + g\,z_1 + \frac{P_{12}}{\rho\,\dot{V}} = \frac{c_2^2}{2} + \frac{p_2}{\rho} + g\,z_2 + \frac{\Delta p_{V_{12}}}{\rho}} \ . \tag{2.23}$$

Dabei bedeuten $P_{12} > 0$ eine Leistungszufuhr (Pumpe) und $P_{12} < 0$ eine Leistungsentnahme (Turbine).

2.2.3 Potentialwirbel

Es sollen nun mit Hilfe der Bernoulli-Gleichung und derjenigen für das radiale Kräftegleichgewicht die Geschwindigkeits- und Druckverteilung in Wirbelströmungen untersucht werden. Das Fluid sei inkompressibel. Die Drehachse des Wirbels verlaufe parallel zum Vektor der Erdbeschleunigung. Die Bewegung erfolgt damit in einer Horizontalebene und die Schwerkraft hat keinen Einfluß. Wegen der Drehsymmetrie hängen zudem alle Größen vom Radius r und nicht vom Drehwinkel φ ab.

Für das Kräftegleichgewicht in radialer Richtung gilt Gl. (2.14), d. h.

$$\frac{c^2}{r} = \frac{1}{\rho}\frac{\mathrm{d}p}{\mathrm{d}r} \ .$$

Die Stromlinien bilden in den Ebenen senkrecht zur Rotationsachse konzentrische Kreise, d.h. bei Wahl eines kreisförmigen Stromröhrenquerschnitts nimmt die Stromröhre die Form eines Torus an. Der Stromfaden bildet somit einen Kreis mit dem Radius r. Dafür lautet die Bernoulli-Gleichung

$$\vartheta\left(\frac{c^2}{2} + \frac{p}{\rho}\right) = f(r) \ . \tag{2.24}$$

Für eine isoenergetische Strömung ohne Verluste gilt wieder

$$f(r) = \text{konst.},$$

Energie wird also weder zu- noch abgeführt. Weiterhin wird vorausgesetzt, daß die Gesamtenergie auf sämtlichen Stromlinien im Strömungsfeld gleich groß ist. Durch Differentation von Gl. (2.24) nach dem Radius r folgt

$$c\frac{\mathrm{d}c}{\mathrm{d}r} + \frac{1}{\rho}\frac{\mathrm{d}p}{\mathrm{d}r} = 0$$

und daraus durch Einsetzen der Gleichung für das radiale Kräftegleichgewicht (Gl. 2.14)

$$c\frac{\mathrm{d}c}{\mathrm{d}r} + \frac{c^2}{r} = 0 \ .$$

Nach Division durch c erhält man schließlich die Differentialgleichung

$$\frac{\mathrm{d}c}{\mathrm{d}r} = -\frac{c}{r} \ .$$

Mit der Randbedingung $c = c_1$ für $r = r_1$ lautet die Lösung

$$\boxed{c\,r = \text{konst.}} \ . \tag{2.25}$$

Es gilt also $c\,r = c_1\,r_1$ bzw. $c = c_1\,r_1/r$. Setzt man diese Beziehung in Gl. (2.14) ein, so folgt nach Integration für die Verteilung des statischen Druckes im Potentialwirbel

$$p - p_1 = \frac{\rho}{2} c_1^2 r_1^2 \left(\frac{1}{r_1^2} - \frac{1}{r^2} \right) \tag{2.26}$$

mit den Asymptoten

$$r \to \infty : \begin{cases} c_\infty \to 0 \\[2mm] p_\infty \to p_1 + \dfrac{\rho}{2} c_1^2 \end{cases}$$

und

$$r \to 0 : \begin{cases} c_0 \to \infty \\[2mm] p_0 \to -\infty \end{cases}$$

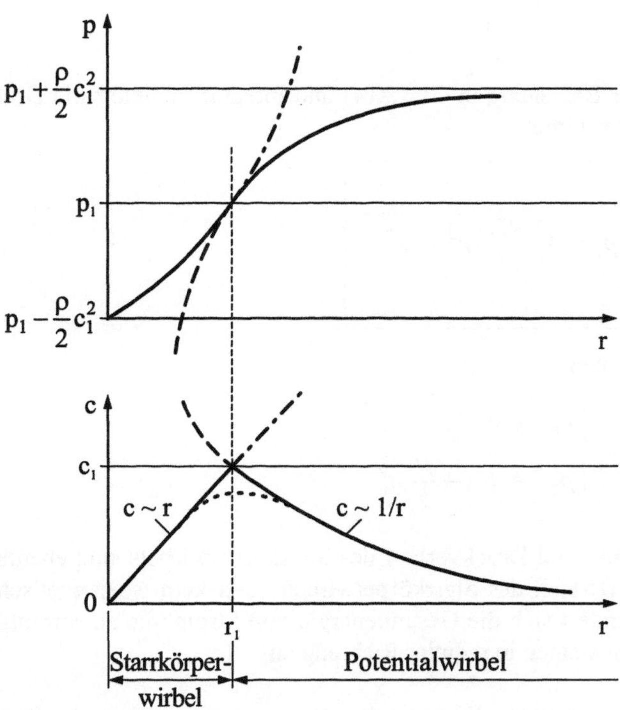

Abb. 2.4: Druck- und Geschwindigkeitsverteilung für den Potential- und Starrkörperwirbel

In Abb. 2.4 sind der Verlauf von $c\,(r)$ und $p\,(r)$ für den Potentialwirbel dargestellt. Da die Gesamtenergie im Strömungsfeld konstant ist, bewirkt ein Druckanstieg in radialer Richtung einen Geschwindigkeitsabfall und umgekehrt. Die Gesamtenergie ändert sich also von Stromlinie zu Stromlinie nicht (isoenergetisches Strömungsfeld). Die Bezeichnung dieser Strömungsform als Potentialwirbel ist darauf zurückzuführen, daß sie zur Gruppe der Potentialströmungen gehört (Kap. 3.4).

2.2.4 Starrkörperwirbel

Das Fluid rotiere wie ein starrer Körper. Für die Geschwindigkeitsverteilung gilt dann c/r = konst. bzw.

$$\boxed{c = \omega r = \frac{c_1}{r_1}\,r}\;.$$

(2.27)

Einsetzen dieser Beziehung in Gl. (2.14) und Integration liefert die Druckverteilung in einem Starrkörperwirbel

$$\boxed{p - p_1 = \frac{\rho}{2}\,\frac{c_1^2}{r_1^2}\,(r^2 - r_1^2)}$$

(2.28)

mit den Asymptoten

$$r \to 0:\;\begin{cases} c_0 \to 0 \\[2mm] p_0 \to p_1 - \dfrac{\rho}{2}\,c_1^2 \end{cases}.$$

Geschwindigkeits- und Druckverlauf des Starrkörperwirbels sind ebenfalls in Abb. 2.4 dargestellt. Im Bereich des Starrkörperwirbels liegt kein isoenergetisches Strömungsfeld vor. Hier ändert sich die Gesamtenergie von Stromlinie zu Stromlinie, Druck und Geschwindigkeit steigen in radialer Richtung an.

In der Natur vorkommende Wirbelströmungen verhalten sich in der Regel im Kern wie ein Starrkörperwirbel und in den äußeren Bereichen wie ein Potentialwirbel. Unter Vorwegnahme des in Kap. 4 ausführlich erläuterten Begriffes der Schubspannung τ

läßt sich zum Übergang vom Potential- zum Starrkörperwirbel bei Verkleinerung des Radius folgendes anmerken:

Beim Potentialwirbel steigt die Schubspannung

$$\tau = \eta \left| \frac{dc}{dr} \right| = \eta \, \frac{c}{r}$$

bei Verringerung des Radius hyperbolisch an und sie wird für $r \to 0$ unendlich groß. Weil aber unendlich große Schubspannungen nicht übertragen werden können, hilft sich die Natur sozusagen selbst und das Fluid rotiert im Bereich des Zentrums wie ein starrer Körper mit konstanter Winkelgeschwindigkeit. Sollte also zunächst im Wirbelkern ein Potentialwirbel vorliegen, so wird durch Reibung zwischen den unterschiedlich schnell strömenden Schichten solange Energie dissipiert, bis sich im Kern in etwa das Strömungsfeld des Starrkörperwirbels einstellt, bei dem im Idealfall keine Reibungsverluste mehr auftreten. In der Natur beobachtet man solche Strömungsfelder z. B. im Kern von Tornados, in denen in Übereinstimmung mit dem oben Gesagten erhebliche Unterdrücke auftreten können.

2.2.5 Druckbegriffe und Druckmessung

• Druckbegriffe

Bei Vernachlässigung des Höhengliedes ($z = 0$) lautet die Bernoulli-Gleichung für inkompressible Strömungen

$$\boxed{p + \frac{\rho}{2} \, c^2 = p_0 = \text{konst.}}$$
\hfill (2.29)

Mit Hilfe dieser Beziehung lassen sich folgende Drücke definieren:

- Statischer Druck $\qquad p_{stat} = p$,

- Dynamischer Druck $\qquad p_{dyn} = \dfrac{\rho}{2} \, c^2$,

- Gesamtdruck $\qquad p_0 = p_{stat} + p_{dyn}$.

Diese Druckbegriffe sollen nun anschaulich erläutert werden. Dazu wird ein Fluid betrachtet, das sich in einem großen Druckbehälter befindet und durch eine kleine Bohrung verlustfrei in die Umgebung ausströmt, siehe Abb. 2.5a.

In Kapitel 2.2.1 wurde bereits gezeigt, daß für adiabate, isotherme und inkompressible Strömungen ohne Verluste Bernoulli- und Energiegleichung identisch sind. Die Terme in Gl. (2.29) können somit als spezifische Energien gedeutet werden. Ausgangspunkt ist der Ruhezustand im Kessel, hier gilt $c_0 = 0$, d.h. die gesamte Energie ist als Druckenergie vorhanden und der statische Druck p_0 ist somit gleichzeitig auch der Gesamtdruck. Man bezeichnet den Gesamtdruck auch als Total- oder Ruhedruck.

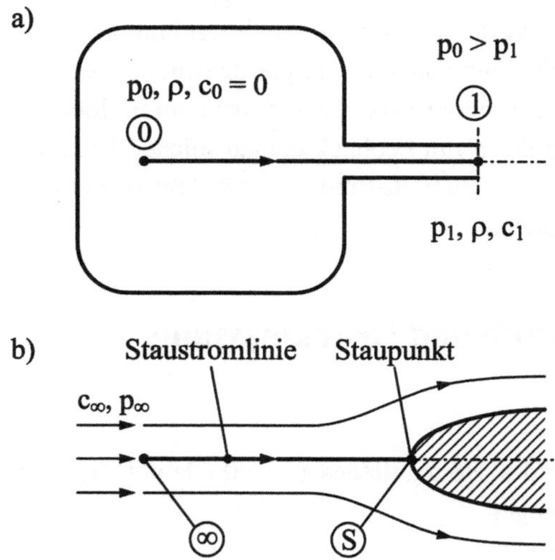

Abb. 2.5: Zur Verdeutlichung der Druckbegriffe bei Um- und Durchströmungsvorgängen

In Abb. 2.5a ist beispielhaft eine Stromlinie eingezeichnet, auf der Fluidteilchen aus dem Behälter ausströmen. Längs der Stromlinie gilt

$$p_0 = p + \frac{\rho}{2} c^2 = p_1 + \frac{\rho}{2} c_1^2 \, , \qquad (2.30)$$

d.h. entlang der Stromlinie wird Druckenergie in kinetische Energie umgewandelt. Die Geschwindigkeit steigt kontinuierlich bis auf den Wert c_1 an, während der statische Druck auf p_1 absinkt. Gesamtenergie und Totaldruck bleiben jedoch erhalten, denn der dynamische Druck (bzw. die kinetische Energie) wächst auf Kosten des statischen Druckes. Der dynamische Druck wird auch als Staudruck bezeichnet, darf aber nicht mit dem Druck im Staupunkt (Totaldruck p_0) verwechselt werden. In Abb. 2.5b sind die Verhältnisse bei der Umströmung eines Körpers dargestellt. Die Strömungsgrößen der ungestörten Anströmung sind durch den Index " ∞ " gekennzeichnet. Entlang der Staustromlinie werden die Fluidteilchen abgebremst und es gilt

$$p_\infty + \frac{\rho}{2}\, c_\infty^2 = p + \frac{\rho}{2}\, c^2 = p_0 \; . \tag{2.31}$$

Im Staupunkt ($c_0 = 0$) erreicht der statische Druck wieder den Wert $p = p_0$. Ergänzend sei noch angemerkt, daß bei diesem Beispiel der Totaldruck voraussetzungsgemäß auf sämtlichen Stromlinien denselben Wert hat.

- **Druckmessung**

Statische Drucksonde, Wanddruckbohrung

Die Messung des statischen Druckes läßt sich in einfacher Weise mit Hilfe einer Wanddruckbohrung durchführen, siehe Abb. 2.6. Die Bohrung muß dabei senkrecht zur Strömungsrichtung angeordnet sein, damit keine Komponente der Strömungsgeschwindigkeit in die Bohrung zeigt, denn dann würde die Messung des statischen Druckes durch dynamische Druckanteile verfälscht.

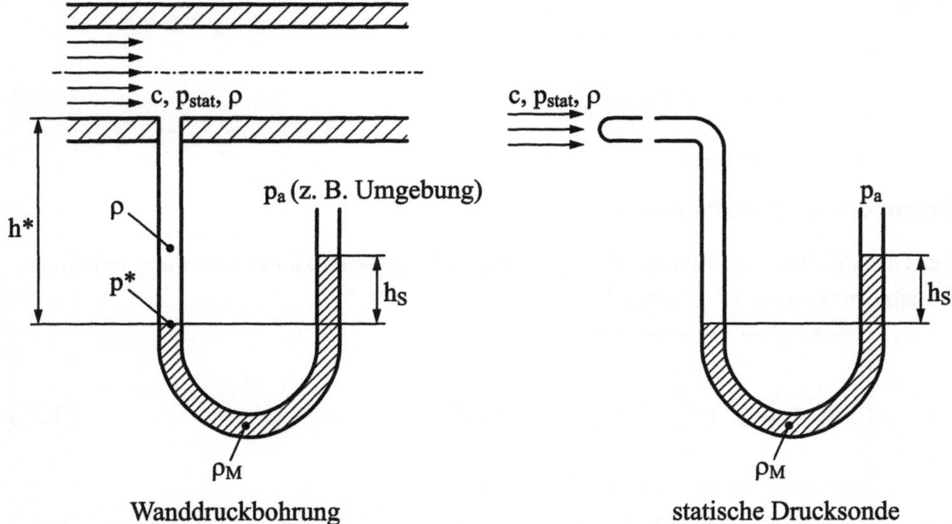

Abb. 2.6: Wanddruckbohrung und statische Drucksonde

Die statische Drucksonde funktioniert in analoger Weise, hier wirkt der statische Druck durch seitliche Bohrungen, die in ausreichendem Abstand von der Sondenspitze (Sondenspitze ist geschlossen !) angebracht sind, auf die im U-Rohr befindliche Flüssigkeit.

In der Realität sind Strömungen jedoch reibungs- und verlustbehaftet, d.h. es kommt zur Ausbildung sogenannter Grenzschichten an den Wänden. Weil der statische Druck in der Grenzschicht demjenigen in der Außenströmung entspricht (vgl. Kap. 5.2), wird die Messung des statischen Druckes dadurch aber nicht beeinflußt.

In Abb. 2.6 ist ein mit einer Meßflüssigkeit der Dichte ρ_M gefülltes U-Rohr an die statische Druckbohrung angeschlossen. Im U-Rohr stellt sich proportional zum statischen Druck ein Höhenunterschied h_S ein. Mit Hilfe der aus der Hydrostatik bekannten Beziehung (Gl. (1.1)) erhält man

$$p^* = p_{stat} + \rho\,g\,h^* = p_a + \rho_M\,g\,h_S$$

und daraus durch Umstellung

$$p_{stat} - p_a = \rho_M\,g\,h_S - \rho\,g\,h^* .$$

Für $\rho \ll \rho_M$ folgt $\rho\,h^* \ll \rho_M\,h_S$ und damit für den statischen Druck in der Strömung

$$\boxed{p_{stat} = p_a + g\,\rho_M\,h_S} . \qquad (2.32)$$

Gesamtdrucksonde, Pitot-Rohr

Der Gesamt- bzw. der Ruhedruck p_0 kann durch den Aufstau der Strömung mit einer Gesamtdrucksonde entsprechend

$$\boxed{p_0 \equiv p_{stat} + \frac{\rho}{2}\,c^2 = p_a + g\,\rho_M\,h_0} \qquad (2.33)$$

gemessen werden, siehe Abb. 2.7. In Gl. (2.33) wird wieder $\rho \ll \rho_M$ vorausgesetzt.

Die Gesamtdrucksonde wird zu Ehren des französischen Ingenieurs H. Pitot (1695-1771) als Pitot-Rohr bezeichnet.

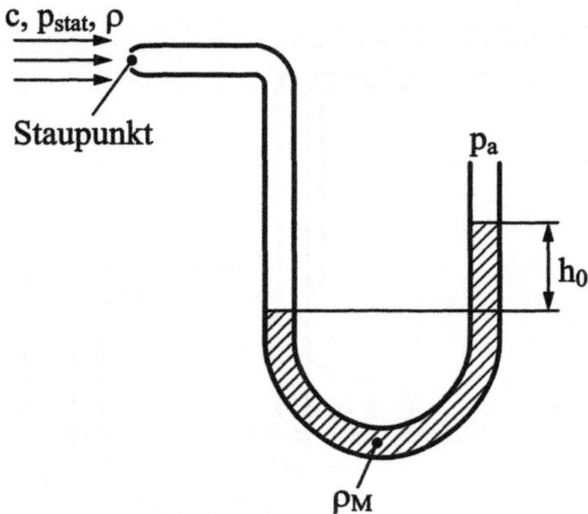

Abb. 2.7: Gesamtdrucksonde (Pitot-Rohr)

Dynamische Drucksonde, Prandtlsches Staurohr

Durch Kombination einer statischen Drucksonde mit dem Pitot-Rohr kann entsprechend

$$p_{dyn} = p_0 - p_{stat}$$

der dynamische Druck gemessen werden. Durch Einsetzen der oben angegebenen Beziehungen für die Drücke bzw. Druckdifferenzen (vgl. auch Abb. 2.8) erhält man

$$\frac{\rho}{2}\, c^2 = \rho_M\, g\, h_{dyn}$$

und daraus für die Geschwindigkeit

$$c = \sqrt{2\, g\, h_{dyn}\, \frac{\rho_M}{\rho}}\ . \tag{2.34}$$

Die dynamische Drucksonde wird zu Ehren des deutschen Physikers und Strömungsmechanikers Ludwig Prandtl (1875-1953) als Prandtlsches Staurohr bezeichnet.

Bei der Verwendung der Sonden muß beachtet werden, daß das ursprüngliche Strömungsfeld zumindest in unmittelbarer Nähe der Sonde gestört und damit verändert wird, d. h. jede Sonde muß vor Gebrauch kalibriert werden.

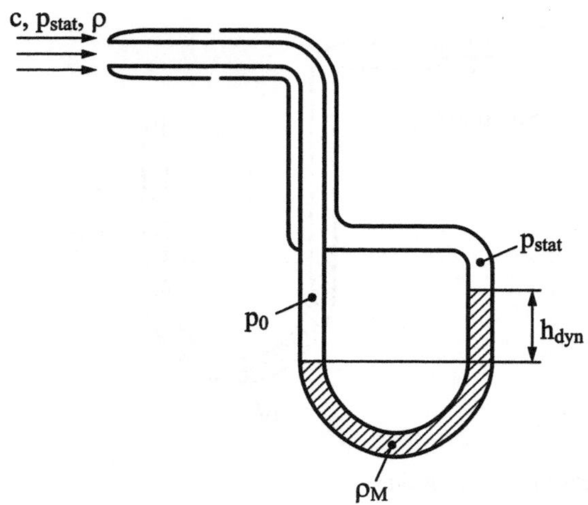

Abb. 2.8: Prandtlsches Staurohr

Zuletzt soll noch eine Methode zur Messung des Volumenstroms in einer Rohrleitung vorgestellt werden.

Venturirohr

Abb. 2.9 zeigt ein sog. Venturirohr. Das ist ein Rohr mit dem Querschnitt A_1, das an einer Stelle eine Einschnürung mit dem Querschnitt $A_2 < A_1$ aufweist. Im engsten Querschnitt und in ausreichendem Abstand vor der Einschnürung werden die statischen Drücke p_1 und p_2 mit Hilfe von Wanddruckbohrungen gemessen.

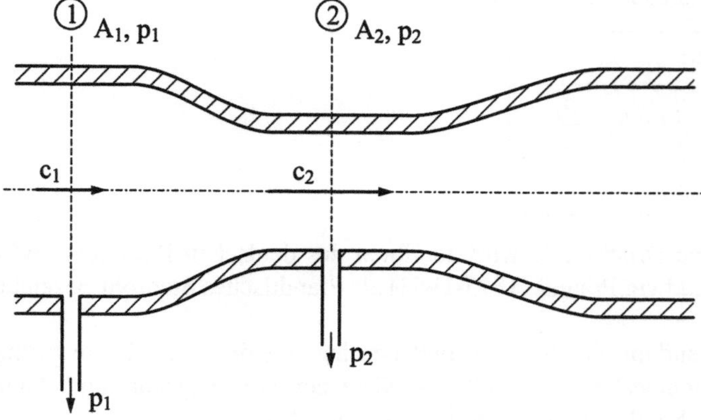

Abb. 2.9: Venturirohr

Für den Volumenstrom $\dot{V}$ durch die Querschnitte "1" und "2" folgt aus der Kontinuitätsgleichung für inkompressible Fluide

$$\dot{V} = \frac{\dot{m}}{\rho} = c_1 A_1 = c_2 A_2 \ . \tag{2.35}$$

Aus der Bernoulli-Gleichung erhält man

$$\rho \, \frac{c_1^2}{2} + p_1 = \rho \, \frac{c_2^2}{2} + p_2$$

und daraus durch Umstellung

$$c_2^2 \left[1 - \left(\frac{c_1}{c_2} \right)^2 \right] = \frac{2}{\rho} \, (p_1 - p_2) \ .$$

Mit $c_1/c_2 = A_2/A_1$ aus Gleichung (2.35) folgt daraus für die Geschwindigkeit im engsten Querschnitt

$$c_2 = \frac{1}{\sqrt{1 - \left(\dfrac{A_2}{A_1} \right)^2}} \sqrt{\frac{2 \, \Delta p_{12}}{\rho}} \tag{2.36}$$

und für den Massenstrom

$$\dot{m}_{th} = \rho \, c_2 \, A_2 = \frac{1}{\sqrt{1 - \left(\dfrac{A_2}{A_1} \right)^2}} \, A_2 \, \sqrt{2 \, \Delta p_{12} \, \rho} \ . \tag{2.37}$$

Dabei wird mit $\Delta p_{12} = (p_1 - p_2)$ die Differenz der statischen Drücke beider Querschnitte bezeichnet. Für praktische Anwendungen gilt unter der Voraussetzung eines inkompressiblen Fluids

$$\dot{m} = C \, \dot{m}_{th} \tag{2.38}$$

mit $C = f(A_2/A_1, \text{Re}, k_S)$. C ist der sogenannte Durchflußkoeffizient, der den Zusammenhang zwischen dem tatsächlichen und dem theoretischen Durchfluß durch das Meßgerät darstellt. Er nimmt in erster Näherung Werte zwischen 0,950 und 0,999 an. Re ist die Reynoldszahl und k_S die äquivalente Wandrauhigkeit (vgl. Kapitel 4.4.4).

Angaben über Zahlenwerte von C in Abhängigkeit der oben genannten Größen findet man z. B. in DIN EN ISO 5167-1.

2.3 Ausströmvorgänge

In diesem Kapitel wird zunächst der Ausströmvorgang eines inkompressiblen und anschließend der eines kompressiblen Fluids aus einem Behälter durch eine einfache konvergente Düse, d. h. eine Düse, bei der sich der Strömungsquerschnitt kontinuierlich bis zum Austritt verringert, behandelt. Dabei wird jeweils reibungsfreie Strömung vorausgesetzt. Einströmvorgänge werden nicht betrachtet, sie sind jedoch prinzipiell ähnlich, wenn auch nicht vollkommen analog zu Ausströmvorgängen zu behandeln.

2.3.1 Ausströmen eines inkompressiblen Fluids

Gegeben sei ein offener und mit einer inkompressiblen Flüssigkeit gefüllter Behälter. Der Stromfaden verläuft von der Flüssigkeitsoberfläche "1" bis zum Austrittsquerschnitt "2", siehe Abb. 2.10.

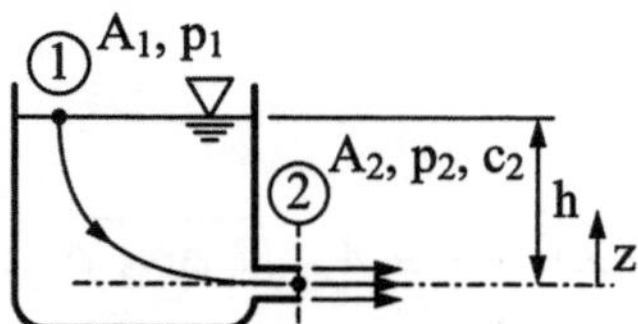

Abb. 2.10: Ausströmen einer inkompressiblen Flüssigkeit aus einem offenen Behälter

Für diesen Fall folgt mit der Annahme $A_2/A_1 \ll 1$ aus der Kontinuitätsgleichung $c_1/c_2 \ll 1$ und damit aus der Bernoulli-Gleichung

$$\frac{c_1^2}{2} + \frac{p_1}{\rho} + g\,z_1 = \frac{c_2^2}{2} + \frac{p_2}{\rho} + g\,z_2$$

für die Ausströmgeschwindigkeit im Querschnitt "2" die Beziehung

$$c_2 = \sqrt{\frac{2}{\rho}\,(p_1 - p_2) + 2\,g\,h}\;.$$

(2.39)

Durch die Vorgabe $A_1 \gg A_2$ wird sichergestellt, daß der Flüssigkeitsspiegel nicht oder nur sehr langsam absinkt, so daß h für den betrachteten Zeitraum als konstant angesehen werden kann und sich deshalb eine stationäre Ausströmungsgeschwindigkeit c_2 einstellt. Man kann die Höhe des Flüssigkeitsspiegels natürlich auch durch einen geeigneten Zufluß konstant halten.

Für den offenen Behälter folgt daraus wegen $p_1 = p_2$ die *Ausflußgleichung von Torricelli* für reibungsfreie Strömungen

$$c_2 = \sqrt{2\,g\,h}\;,$$

(2.40)

wobei die Richtung der Ausflußöffnung keinen Einfluß auf die Ausflußgeschwindigkeit hat. Es ist somit gleichgültig, ob der Strahl wie in Abb. 2.10 horizontal austritt oder aber durch entsprechende Gestaltung der Austrittsöffnung z. B. senkrecht nach oben oder nach unten umgelenkt wird. Die Gleichung von Torricelli beschreibt auch die Geschwindigkeit, die ein aus der Höhe h fallender Körper erreicht, wenn der Einfluß der Reibung vernachlässigbar ist.

Sofern die Lageenergie gegenüber der Druckenergie vernachlässigbar ist, folgt aus Gl. (2.39)

$$c_2 = \sqrt{\frac{2}{\rho}\,(p_1 - p_2)}\;.$$

(2.41)

Wird nun angenommen, daß sich im Behälter Luft mit einem Überdruck von 1 bar befindet ($p_1 = 2$ bar, $p_2 = 1$ bar) und daß diese als inkompressibel betrachtet werden darf, so folgt mit ρ_{Luft} (2 bar, Raumtemperatur) $= 2{,}34$ kg/m^3 der Wert $c_2 = 292$ m/s für die Austrittsgeschwindigkeit.

Im nächsten Kapitel wird der Ausströmungsvorgang eines kompressiblen Fluids näher untersucht. Es zeigt sich, daß die oben durchgeführte Berechnung der Austrittsgeschwindigkeit für Gase korrigiert werden muß.

2.3.2 Ausströmen eines kompressiblen Fluids

Betrachtet werde der Ausströmvorgang eines idealen Gases aus einem Behälter, siehe
Abb. 2.11. Der Druckbehälter sei so groß ausgelegt, daß der Ausströmvorgang als stationär und damit der Ruhezustand im Behälter als konstant betrachtet werden kann.

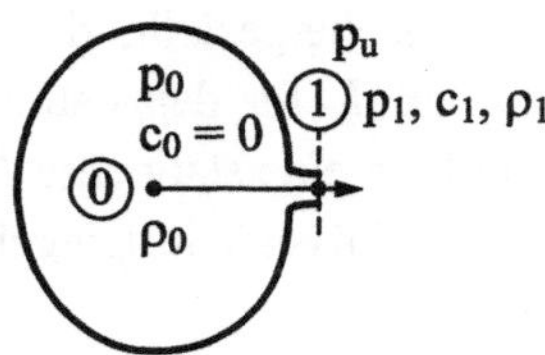

Abb. 2.11: Ausströmen eines idealen Gases aus einem großen Behälter

Der Ausströmvorgang wird durch die Bernoulli-Gleichung in der Form

$$\frac{c_1^2}{2} + \int_0^1 \frac{\mathrm{d}p}{\rho} = 0$$

beschrieben. Bei der Integration ist aber zu beachten, daß die Fluiddichte nicht konstant
ist. Man verwendet deshalb für die adiabate Strömung eines Fluids mit veränderlicher
Dichte statt der Bernoulli-Gleichung zweckmäßigerweise die Energiegleichung

$$h_0 = h_1 + \frac{c_1^2}{2} \ . \tag{2.42}$$

Strömungen kompressibler Fluide sind in der Regel Gasströmungen, bei denen der
Anteil der Lageenergie an der Gesamtenergie aufgrund der geringen Fluiddichten sehr
klein ist und deshalb vernachlässigt werden kann. Sollte dies einmal nicht zutreffen, so
gelten die im folgenden abgeleiteten Beziehungen nur für horizontale Strömungen und
müssen in anderen Fällen erweitert werden. Mit der thermischen Zustandsgleichung

$$\frac{p_0}{\rho_0} = R T_0 \tag{2.43}$$

und der kalorischen Zustandsgleichung

$$h = c_p T \tag{2.44}$$

für ideale Gase erhält man aus der Energiegleichung für die Ausströmgeschwindigkeit

$$c_1^2 = 2\,c_p\,(T_0 - T_1) = 2\,c_p\,T_0 \left(1 - \frac{T_1}{T_0}\right). \tag{2.45}$$

Für reversible adiabate und damit isentrope Strömungen folgt aus der Beziehung für die reversible Adiabate

$$\frac{p}{\rho^\kappa} = \text{konst.} \tag{2.46}$$

mit Gl. (2.43) schließlich

$$\frac{T_1}{T_0} = \left(\frac{p_1}{p_0}\right)^{\frac{\kappa - 1}{\kappa}}. \tag{2.47}$$

Der Isentropenexponent idealer Gase ist der Quotient aus spezifischer isobarer und spezifischer isochorer Wärmekapazität, $\kappa = c_p/c_v$.

Mit $R = c_p - c_v$ folgt

$$c_p = R\,\frac{\kappa}{\kappa - 1}. \tag{2.48}$$

Damit erhält man schließlich aus Gl. (2.45) für die Geschwindigkeit c_1 im Austrittsquerschnitt

$$c_1 = \sqrt{\frac{2\,\kappa}{\kappa - 1}\,R\,T_0 \left[1 - \left(\frac{p_1}{p_0}\right)^{\frac{\kappa - 1}{\kappa}}\right]}. \tag{2.49}$$

Das gleiche Ergebnis hätte man natürlich auch mit Hilfe der Bernoulli-Gleichung durch Integration des Druckterms längs des Weges $0 \to 1$ erhalten. Die Berechnung der Austrittsgeschwindigkeit c_1 mittels der Energiegleichung ist hier jedoch deutlich einfacher.

Für $p_1/p_0 \to 0$ folgt aus der obigen Gleichung für die theoretisch maximal mögliche Ausströmgeschwindigkeit

$$c_{1,max} = \sqrt{\frac{2\kappa}{\kappa-1}RT_0} = \sqrt{\frac{2\kappa}{\kappa-1}\frac{p_0}{\rho_0}} \ . \qquad (2.50)$$

Mit $p_1 = 1\,\text{bar}$, $p_0 = 2\,\text{bar}$, $\rho_0 = 2{,}34\ \text{kg}/\text{m}^3$ und $\kappa = 1{,}4$ folgt daraus für die Ausströmgeschwindigkeit $c_1 = 328\ \text{m}/\text{s}$. Dieses Ergebnis zeigt deutlich den Einfluß der Kompressibilität, denn bei Annahme inkompressibler Strömung ergaben sich dafür in Kap. 2.3.1 lediglich $292\ \text{m}/\text{s}$. Die Ausströmgeschwindigkeit ändert sich für eine konstante Druckdifferenz $\Delta p = p_1 - p_2$ bei inkompressibler Strömung nicht, während sie bei Berücksichtigung der Kompressibilität auch vom Druckniveau selbst abhängt und bei $p_1 = 0\ \text{bar}$ sowie $p_0 = 2\ \text{bar}$ den Maximalwert $c_{1,max} = 773\ \text{m}/\text{s}$ erreicht.

Ob die Geschwindigkeiten c_1 und $c_{1,max}$ allerdings auch wirklich erreicht werden, hängt ganz entscheidend von der Geometrie der Düse ab. Diese geht über die Kontinuitätsgleichung ein, die bisher nicht berücksichtigt wurde.

Für die ausströmende Masse gilt die Kontinuitätsgleichung in der Form

$$\dot{m} = A_1\,\rho_1\,c_1 \ ,$$

wobei die Dichte ρ_1 aus der Gleichung der Isentropen $p/\rho^\kappa = \text{konst.}$ zu

$$\rho_1 = \rho_0 \left(\frac{p_1}{p_0}\right)^{\frac{1}{\kappa}} \qquad (2.51)$$

berechnet werden kann. Mit c_1 nach Gl. (2.49) folgt damit für den Massenstrom

$$\dot{m} = A_1\rho_0 \left(\frac{p_1}{p_0}\right)^{\frac{1}{\kappa}} \sqrt{\frac{2\kappa}{\kappa-1}RT_0\left[1-\left(\frac{p_1}{p_0}\right)^{\frac{\kappa-1}{\kappa}}\right]} \ .$$

Mit $RT_0 = p_0/\rho_0$ erhält man daraus nach einfacher Umformung

$$\dot{m} = A_1\sqrt{2\,p_0\rho_0}\ \sqrt{\frac{\kappa}{\kappa-1}\left[\left(\frac{p_1}{p_0}\right)^{\frac{2}{\kappa}}-\left(\frac{p_1}{p_0}\right)^{\frac{\kappa+1}{\kappa}}\right]} \ . \qquad (2.52)$$

Der zweite Wurzelausdruck ist die sogenannte *Ausflußfunktion*

$$\psi\left(\frac{p_1}{p_0},\,\kappa\right) \equiv \sqrt{\frac{\kappa}{\kappa-1}\left[\left(\frac{p_1}{p_0}\right)^{\frac{2}{\kappa}} - \left(\frac{p_1}{p_0}\right)^{\frac{\kappa+1}{\kappa}}\right]}\,, \qquad (2.53)$$

die in Abb. 2.12 dargestellt ist.

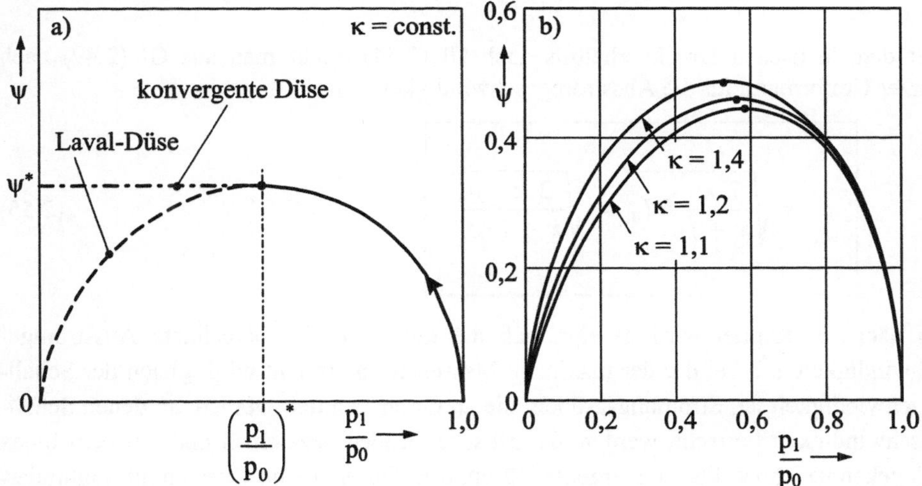

Abb. 2.12: a) Gültigkeitsbereiche der Ausflußfunktion für konvergente Düsen und Laval-Düsen, b) Ausflußfunktion $\psi = \psi(p_1/p_0, \kappa)$ nach Gl. (2.53)

Bevor näher auf die Ausflußfunktion eingegangen wird, soll zunächst der maximal mögliche Massenstrom ermittelt werden. Dazu differenziert man die Ausflußfunktion nach dem Druckverhältnis p_1/p_0 und setzt das Ergebnis gleich Null. Es folgt dann zunächst

$$\frac{\partial\psi}{\partial\left(\dfrac{p_1}{p_0}\right)} = \frac{1}{2\,\psi}\,\frac{\kappa}{\kappa-1}\left[\frac{2}{\kappa}\left(\frac{p_1}{p_0}\right)^{\frac{2}{\kappa}-1} - \frac{\kappa+1}{\kappa}\left(\frac{p_1}{p_0}\right)^{\frac{\kappa+1}{\kappa}-1}\right] = 0$$

und daraus für das sog. *kritische Druckverhältnis*, bei dem der Massenstrom einen Extremwert annimmt (durch Bildung der zweiten Ableitung läßt sich zeigen, daß es sich bei diesem Extremwert um ein Maximum handelt)

$$\left(\frac{p_1}{p_0}\right)^* = \left(\frac{2}{\kappa+1}\right)^{\frac{\kappa}{\kappa-1}}. \tag{2.54}$$

Für Luft mit $\kappa = 1,4$ folgt daraus $\left(p_1/p_0\right)^* = 0,528$.

Mit dem kritischen Druckverhältnis nach Gl. (2.54) erhält man aus Gl. (2.49) nach kurzer Umformung für die Ausströmgeschwindigkeit

$$c^* = \sqrt{\frac{2\,\kappa}{\kappa+1}\,R\,T_0} = \sqrt{\frac{2\,\kappa}{\kappa+1}\,\frac{p_0}{\rho_0}}. \tag{2.55}$$

Im nächsten Kapitel wird gezeigt, daß die mit Gl. (2.55) berechnete Ausströmgeschwindigkeit c^*, bei der der maximale Massenstrom erreicht wird, gleich der Schallgeschwindigkeit ist. Strömungsgrößen, die an Orten ermittelt werden, an denen Schallgeschwindigkeit herrscht, werden als kritische Größen bezeichnet und mit dem Index "*" gekennzeichnet. Für konvergente Düsen, d. h. Düsen, deren Querschnitt kontinuierlich abnimmt, ist c^* die maximal mögliche Austrittsgeschwindigkeit. Überschallgeschwindigkeiten können nur mit speziellen Düsen, den sog. Laval-Düsen, erreicht werden (Kap. 2.4.3). Mit den gleichen Zahlenwerten wie vorher, also $p_0 = 2$ bar, $\rho_0 = 2{,}34$ kg/m^3 und $\kappa = 1{,}4$ folgt $c^* = 316$ m/s.

Die in den Beispielrechnungen zur Expansion eines Fluids erhaltenen Zahlenwerte für die Ausströmgeschwindigkeit sollen noch einmal zusammengefaßt werden:

- Inkompressibles Fluid:

$$c_1 = 292 \text{ m/s}$$

- Kompressibles Fluid:

$$c_1 = \begin{cases} 773 \text{ m/s}: & \text{mathematisches Maximum} \\ 316 \text{ m/s}: & \text{physikalisches Maximum (für konvergente Düse)} \end{cases}$$

Die Ausflußfunktion ψ ist dimensionslos und nur von κ und dem Druckverhältnis p_1/p_0 abhängig. Setzt man den gegebenen Ruhezustand im Kessel als konstant voraus, so gilt für den spezifischen, auf die Fläche A_1 bezogenen Massenstrom

$$\dot{m}/A_1 = \sqrt{2\,p_0\,\rho_0}\,\psi = konst.\,\psi \,,$$

d. h. ψ ist direkt proportional zur Massenstromdichte. Zur Diskussion des Kurvenverlaufs von ψ werde ein Druckbehälter mit konstantem Ruhezustand ($p_0, T_0, \rho_0, c_0 = 0$) betrachtet, aus dem ein gegebenes Fluid (κ = konst.) in die Umgebung ausströmt. Dabei soll der Umgebungsdruck p_U variabel sein. Für $p_1/p_0 = p_U/p_0 = 1$ sind die Drücke im Kessel und in der Umgebung gleich groß, es findet also kein Ausströmvorgang statt ($\psi = 0$). Der Umgebungsdruck werde nun abgesenkt. Für $p_U/p_0 < 1$ strömt Fluid aus dem Kessel aus. Je größer der Druckunterschied, desto größer der austretende Massenstrom. Die Kurve der Ausflußfunktion wird in Abb. 2.12a von rechts nach links durchlaufen. Die Ausströmgeschwindigkeit im Querschnitt A_1 berechnet man mit Gl. (2.49), den Massenstrom mit Gl. (2.52). Diese Gleichungen sind allerdings nur solange gültig, wie die zu ihrer Herleitung verwendeten Voraussetzungen zutreffen. Bis zum kritischen Druckverhältnis $(p_1/p_0)^*$ nach Gl. (2.54) erfolgt der gesamte Expansionsvorgang von p_0 bis $p_1 = p_U$ in der konvergenten Düse. Bei Erreichen des kritischen Druckverhältnisses herrschen im Austrittsquerschnitt die Schallgeschwindigkeit c_1^* (Gl. (2.49)) mit $p_1/p_0 = (p_1/p_0)^*$ bzw. Gleichung (2.55)) und der kritische Druck $p_1^* = p_U$. Der Massenstrom erreicht mit

$$\dot{m}^* = A_1 \sqrt{2\,p_0\,\rho_0}\,\psi^*$$

seinen Maximalwert. Dabei wird ψ^* mit Gl. (2.53) in Verbindung mit Gl. (2.54) berechnet. Wird der Umgebungsdruck nun weiter abgesenkt, so reagiert die konvergente Düse nicht mehr. Der Druck p_1 im Austrittsquerschnitt bleibt konstant. Die Expansion von p_0 auf p_1^* erfolgt innerhalb der Düse, während außerhalb eine Nachexpansion von p_1^* auf p_U stattfindet. Die Geschwindigkeit $c_1 = c_1^*$ sowie der Massenstrom $\dot{m} = \dot{m}^*$ und damit auch $\psi = \psi^*$ bleiben bei weiterer Absenkung des Umgebungsdruckes konstant und der Anteil der Nachexpansion außerhalb der konvergenten Düse wächst an. Der Vorgang der Nachexpansion ist mit den bisher für verlustfreie, adiabate und damit isentrope Strömungen idealer Gase abgeleiteten Gleichungen nicht zu erfassen. Bei Beibehaltung der Düsengeometrie und des Fluids (A_1 und κ und damit auch ψ^* bleiben konstant) kann der Massenstrom $\dot{m}^*$ nur durch Erhöhung der Ruhegrößen p_0 und ρ_0 vergrößert werden.

Die Erhöhung der Strömungsgeschwindigkeit auf Überschallgeschwindigkeit für $(p_1/p_0) < (p_1/p_0)^*$ durch entsprechende Gestaltung der Düsengeometrie (Laval-Düse) wird in Kap. 2.4.3 diskutiert. Die Steigerung der Austrittsgeschwindigkeit auf Überschallgeschwindigkeit bewirkt ein Absinken des spezifischen, auf die Fläche bezogenen Massenstroms und damit auch der ψ-Werte in Abb. 2.12a. Damit wird die Kontinuitätsgleichung erfüllt, die für jede Düse und sämtliche Betriebszustände gültig ist.

2.4   Strömung kompressibler Fluide

In Kapitel 2.3.2 wurde bereits der Ausströmvorgang eines kompressiblen Fluids behandelt. In diesem Kapitel soll nun eine Einführung in die Grundlagen der kompressiblen Strömungen gegeben werden. Dabei werden im Wesentlichen die Begriffe *Schallgeschwindigkeit*, *Unter-* und *Überschallströmung* und *Laval-Düse* erläutert. Für eine ausführliche Darstellung sei z. B. auf Truckenbrodt (1992) und Prandtl et al. (1984) verwiesen.

2.4.1 Schallgeschwindigkeit

Die Schallgeschwindigkeit a ist die Ausbreitungsgeschwindigkeit kleiner Druckstörungen in einem kompressiblen Fluid, die gleichzeitig mit geringen Dichte- und Geschwindigkeitsschwankungen verbunden sind. Schallwellen lassen sich z. B. mit einer Lautsprechermembran erzeugen: Die Membran wird von einem Magneten vor und zurück bewegt und bewirkt damit kleine Druck- und Dichteschwankungen, die sich relativ zum Fluid mit Schallgeschwindigkeit ausbreiten. Es soll der Einfachheit halber nur eine einzige Druckfront betrachtet werden, die sich in ein ruhendes Fluid bewegt. Sie könnte mit einer Membran erzeugt werden, die sich ab einem bestimmten Zeitpunkt $t = 0$ plötzlich mit konstanter Geschwindigkeit c vorwärts bewegt und diese Bewegung für den Zeitraum der Untersuchung beibehält. Das Fluid vor der Membran wird geringfügig verdichtet und setzt sich direkt an der Membran sofort mit der Geschwindigkeit c in Bewegung, während an Orten mit größerem Abstand zur Membran diese Bewegung erst dann beginnt, wenn die Front der Verdichtungszone, die sich mit Schallgeschwindigkeit a ausbreitet, diese Orte erreicht hat. Während c also diejenige Geschwindigkeit ist, mit der sich die Fluidteilchen bewegen, berechnet sich a aus der zeitlichen Verzögerung, mit der ein Teilchen in gewissem Abstand von der Membran die Bewegung beginnt. Die Schallgeschwindigkeit *a* hat also die Bedeutung einer *Signalgeschwindigkeit* und darf nicht mit der *Teilchengeschwindigkeit* *c* verwechselt werden.

Zur Ableitung der Schallgeschwindigkeit werde die in Abb. 2.13 dargestellte Ausbreitung einer Wellenfront betrachtet, die sich mit der Geschwindigkeit *a* von links nach rechts in ein ruhendes Medium bewegt. Die Wellenfront stellt damit eine Diskontinuitätsfläche dar, an der sich die Zustandsgrößen Druck, Geschwindigkeit und Dichte sprunghaft ändern.

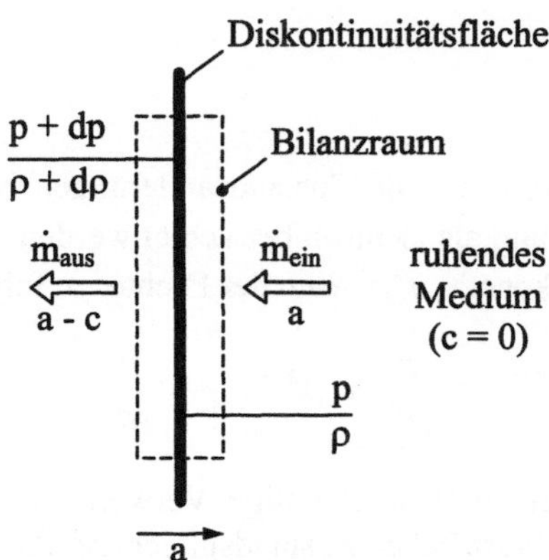

Abb. 2.13: Ausbreitung einer Wellenfront, Bilanzraum über die Diskontinuitätsfläche

In Abb. 2.13 ist ein Kontrollvolumen eingezeichnet, das diese Diskontinuitätsfläche beinhaltet und sich ebenfalls mit Schallgeschwindigkeit nach rechts bewegt. Die Bilanz der ein- und ausströmenden Massen ergibt

$$(\rho + \mathrm{d}\rho)(a - c) = \rho a \ .$$

Durch Auflösen der beiden Klammerausdrücke und bei Vernachlässigung des sehr kleinen Terms $\mathrm{d}\rho\,c$ folgt

$$\frac{\mathrm{d}\rho}{\rho} = \frac{c}{a} \tag{2.56}$$

Dadurch, daß sich das Kontrollvolumen mit der Wellenfront mitbewegt, ist die Strömung in diesem Gebiet stationär. Wird im Vorgriff auf Kapitel 4 der Impulssatz für stationäre Strömungen (Gl. (4.14)) auf den Bilanzraum angewandt, dann folgt

$$p + \rho a^2 = (p + \mathrm{d}p) + (\rho + \mathrm{d}\rho)(a - c)^2$$

und daraus durch einfache Umformung bei Vernachlässigung der für schwache Druck-
wellen ($c \ll a$) sehr kleinen Terme $(c)^2$ und $(c\,\mathrm{d}\rho)$

$$\mathrm{d}p = 2\,\rho\,a\,c - a^2\,\mathrm{d}\rho \ . \tag{2.57}$$

Durch Elimination von c in Gl. (2.56) und Gl. (2.57) und erhält man

$$\boxed{a^2 = \frac{\mathrm{d}p}{\mathrm{d}\rho}} \tag{2.58}$$

für die Schallgeschwindigkeit a. Die Zustandsänderungen bei der Schallausbreitung
können in sehr guter Näherung als isentrop betrachtet werden. Durch Differentation der
Isentropengleichung $p = (\text{konst.} \cdot \rho^\kappa)$ nach der Dichte ρ folgt

$$\frac{\mathrm{d}p}{\mathrm{d}\rho} = \text{konst.} \cdot \kappa\,\rho^{\kappa-1} = \frac{p}{\rho^\kappa}\,\kappa\,\rho^{\kappa-1} = \kappa\,\frac{p}{\rho} \ .$$

Die Konstante wurde dabei durch nochmalige Verwendung der Isentropengleichung
ersetzt. Zusammen mit der thermischen Zustandsgleichung für das ideale Gas

$$\frac{p}{\rho} = R\,T$$

erhält man die Beziehung

$$\frac{\mathrm{d}p}{\mathrm{d}\rho} = \kappa\,R\,T \ . \tag{2.59}$$

Durch Einsetzen dieser Gleichung in diejenige für die Schallgeschwindigkeit folgt

$$\boxed{a = \sqrt{\kappa\,\frac{p}{\rho}} = \sqrt{\kappa\,R\,T}} \ . \tag{2.60}$$

Für das ideale Gas ist die Schallgeschwindigkeit somit proportional zu $\sqrt{T}$.

Für die weiteren Betrachtungen wird eine dimensionslose Kennzahl, die sog. *Mach-Zahl*, eingeführt. Die Mach-Zahl ist definiert als das Verhältnis von Strömungsgeschwindigkeit c zur Schallgeschwindigkeit a,

$$\boxed{\; \text{Ma} \equiv \frac{c}{a} \;} . \tag{2.61}$$

Schallgeschwindigkeit und Mach-Zahl sind in einem Strömungsfeld in der Regel nicht konstant, sondern ändern sich entlang der Stromlinien in Abhängigkeit der am jeweiligen Ort herrschenden Strömungsgrößen Druck, Dichte, Temperatur und Geschwindigkeit. Man spricht daher auch von einer lokalen Mach-Zahl, denn die Mach-Zahl ist stets der Quotient aus lokaler Strömungsgeschwindigkeit und lokaler Schallgeschwindigkeit.

Mit der Definition der Mach-Zahl lassen sich folgende Strömungszustände unterscheiden:

$$\text{Ma} \begin{cases} < 1: & \text{Unterschall- oder subsonische Strömung} \\ = 0: & \text{Schall- oder sonische Strömung} \\ > 1: & \text{Überschall- oder supersonische Strömung} \end{cases}$$

Im folgenden werden zunächst einige einfache Grundgleichungen der Gasdynamik hergeleitet und anschließend die Strömung in einer Laval-Düse erläutert.

2.4.2 Grundgleichungen der Gasdynamik

Es sollen nun Beziehungen zur Berechnung der Strömungsgrößen Temperatur, Druck, Geschwindigkeit und Dichte abgeleitet werden. Mit der Energiegleichung

$$h_0 = h + \frac{c^2}{2}$$

für die isentrope Strömung und der kalorischen Zustandsgleichung

$$h = c_p T$$

für das ideale Gas sowie der ebenfalls bereits bekannten Beziehung für die isobare spezifische Wärmekapazität

$$\frac{c_p}{R} = \frac{\kappa}{\kappa - 1}$$

erhält man

$$\frac{2\,\kappa}{\kappa - 1}\, RT \left(\frac{T_0}{T} - 1\right) = c^2$$

und daraus folgt mit der Beziehung für die lokale Schallgeschwindigkeit

$$a^2 = \kappa\, RT$$

schließlich der Ausdruck

$$\boxed{\frac{T_0}{T} = 1 + \frac{\kappa - 1}{2}\, \mathrm{Ma}^2} \tag{2.62}$$

für das Temperaturverhältnis T_0/T . In dieser Beziehung ist Ma die lokale Mach-Zahl, also die Mach-Zahl bei der Temperatur T . Die Temperatur T_0 ist die sog. Ruhetemperatur, bezeichnet also den Zustand, bei dem die Strömungsgeschwindigkeit $c = 0$ ist (Ruhezustand in einem Druckkessel). Wenn die Mach-Zahl Ma der Anströmung gegeben ist, kann mit dieser Beziehung auch die Temperatur im Staupunkt eines angeströmten Körpers berechnet werden. Mit der Temperatur $T = 300$ K der Anströmung erhält man dafür die in Tabelle 2.1 angegebenen Werte.

Tab. 2.1: Staupunktstemperatur T_0 für verschiedene Anströmgeschwindigkeiten, $T = 300$ K, $\kappa = 1,4$

Ma	T_0/T	T_0
1	1,2	360 K
2	1,8	540 K
5	6,0	1800 K

Damit werden z. B. die hohen Temperaturen und die daraus resultierenden Probleme beim Wiedereintritt des space shuttle in die Erdatmosphäre verständlich.

Mit

$$\frac{p_0}{p} = \left(\frac{T_0}{T}\right)^{\frac{\kappa}{\kappa - 1}} \tag{2.63}$$

und

$$\frac{\rho_0}{\rho} = \left(\frac{T_0}{T}\right)^{\frac{1}{\kappa - 1}}$$

(2.64)

für isentrope Strömungen erhält man aus Gl. (2.62) die Beziehung

$$\frac{p_0}{p} = \left(1 + \frac{\kappa - 1}{2}\,\mathrm{Ma}^2\right)^{\frac{\kappa}{\kappa - 1}}$$

(2.65)

für den statischen Druck p und

$$\frac{\rho_0}{\rho} = \left(1 + \frac{\kappa - 1}{2}\,\mathrm{Ma}^2\right)^{\frac{1}{\kappa - 1}}$$

(2.66)

für die Dichte ρ .

Bezieht man die Energiegleichung auf zwei beliebige Zustände "1" und "2", also

$$h_1 + \frac{c_1^2}{2} = h_2 + \frac{c_2^2}{2}\ ,$$

dann erhält man dafür analog zu vorher

$$\frac{T_2}{T_1} = 1 + \frac{\kappa - 1}{2}\,\mathrm{Ma}_1^2\left(1 - \frac{c_2^2}{c_1^2}\right)$$

bzw. nach Ersetzen der Mach-Zahl

$$\frac{T_2}{T_1} = 1 + \frac{\kappa - 1}{2\,\kappa}\,\frac{1}{R\,T_1}\,(c_1^2 - c_2^2)\ .$$

(2.67)

An dieser Stelle sei angemerkt, daß man, wenn man die Gleichungen (2.63) und (2.64) für beliebige Zustände "1" und "2" formuliert, aus Gl. (2.67) analog zur Herleitung von

Gl. (2.65) und (2.66) Beziehungen für die Berechnung der Verhältnisse ρ_2/ρ_1 und p_2/p_1 für beliebige Punkte "1" und "2" auf dem Stromfaden ableiten kann.

In Strömungsquerschnitten, in denen Ma = 1 gilt, werden die Zustandsgrößen mit "*" gekennzeichnet. Aus den obigen Beziehungen folgt für diesen Fall

$$\frac{T_0}{T^*} = \frac{\kappa + 1}{2} \qquad \left(= \frac{1}{0,833} \qquad \text{für} \qquad \kappa = 1,4 \right) \qquad (2.68)$$

$$\frac{p_0}{p^*} = \left(\frac{\kappa + 1}{2} \right)^{\frac{\kappa}{\kappa - 1}} \qquad \left(= \frac{1}{0,528} \qquad \text{für} \qquad \kappa = 1,4 \right) \qquad (2.69)$$

$$\frac{\rho_0}{\rho^*} = \left(\frac{\kappa + 1}{2} \right)^{\frac{1}{\kappa - 1}} \qquad \left(= \frac{1}{0,634} \qquad \text{für} \qquad \kappa = 1,4 \right) \qquad (2.70)$$

Beim Ausströmen eines idealen Gases mit $\kappa = 1,4$ aus einem Behälter mit dem Ruhedruck p_0 wird demnach im Austrittsquerschnitt einer konvergenten Düse Schallgeschwindigkeit erreicht, wenn der Umgebungsdruck gleich oder kleiner $0,528 \cdot p_0$ ist.

2.4.3 Laval-Düse

In diesem Kapitel soll die Frage geklärt werden, wie eine Düse aussehen muß, aus der die Strömung bei geeigneten Randbedingungen mit Überschallgeschwindigkeit austreten kann. Dazu soll in einem ersten Schritt untersucht werden, welche Auswirkungen eine Variation der Querschnittsfläche auf die Strömungsgrößen hat. Der Zusammenhang zwischen den Strömungsgrößen entlang des Stromfadens wird mit Hilfe der Euler-Gleichung erfaßt, die Variation der Querschnittsfläche des Stromfadens geht über die Kontinuitätsgleichung ein.

Ausgangspunkt ist also die stationäre Euler-Gleichung für den Stromfaden (Gl. (2.6)). Es werden wieder horizontale Strömungen betrachtet bzw. der Einfluß der Gravitation wird vernachlässigt. Damit folgt

$$c \, \frac{\mathrm{d}c}{\mathrm{d}x} = - \frac{1}{\rho} \, \frac{\mathrm{d}p}{\mathrm{d}x} \ .$$

Dabei ist x die in Strömungsrichtung zeigende Koordinate. Nach einfacher Umformung folgt daraus

$$c \, \frac{\mathrm{d}c}{\mathrm{d}x} = - \frac{1}{\rho} \frac{\mathrm{d}p}{\mathrm{d}\rho} \frac{\mathrm{d}\rho}{\mathrm{d}x} = - \frac{1}{\rho} \, a^2 \, \frac{\mathrm{d}\rho}{\mathrm{d}x}$$

und weiter unter Verwendung der Mach-Zahl

$$- \mathrm{Ma}^2 \, \frac{1}{c} \frac{\mathrm{d}c}{\mathrm{d}x} = \frac{1}{\rho} \frac{\mathrm{d}\rho}{\mathrm{d}x} \ . \tag{2.71}$$

Die relative Geschwindigkeitsänderung in Strömungsrichtung ist also proportional zur relativen Dichteänderung. Damit kann aber noch keine direkte Aussage über die Auswirkungen einer Variation der Querschnittsfläche der Düse in Strömungsrichtung x gemacht werden. Dazu wird noch die Kontinuitätsgleichung

$$\dot{m} = A \, c \, \rho = \mathrm{konst.}$$

benötigt, die nach x differenziert den Ausdruck

$$\frac{\mathrm{d}\dot{m}}{\mathrm{d}x} = A \, c \, \frac{\mathrm{d}\rho}{\mathrm{d}x} + A \, \rho \, \frac{\mathrm{d}c}{\mathrm{d}x} + c \, \rho \, \frac{\mathrm{d}A}{\mathrm{d}x} = 0$$

liefert, woraus durch nochmalige Verwendung der Kontinuitätsgleichung zunächst

$$\frac{\dot{m}}{\rho} \frac{\mathrm{d}\rho}{\mathrm{d}x} + \frac{\dot{m}}{c} \frac{\mathrm{d}c}{\mathrm{d}x} + \frac{\dot{m}}{A} \frac{\mathrm{d}A}{\mathrm{d}x} = 0$$

und nach Division durch $\dot{m}$ schließlich

$$\frac{1}{\rho} \frac{\mathrm{d}\rho}{\mathrm{d}x} + \frac{1}{c} \frac{\mathrm{d}c}{\mathrm{d}x} + \frac{1}{A} \frac{\mathrm{d}A}{\mathrm{d}x} = 0 \ .$$

folgt. Die Elimination des ersten Terms mit Hilfe der aus der Euler-Gleichung folgenden Beziehung (2.71) führt auf

$$- \mathrm{Ma}^2 \, \frac{1}{c} \frac{\mathrm{d}c}{\mathrm{d}x} + \frac{1}{c} \frac{\mathrm{d}c}{\mathrm{d}x} + \frac{1}{A} \frac{\mathrm{d}A}{\mathrm{d}x} = 0$$

und daraus folgt schließlich

$$\frac{1}{c}\frac{\mathrm{d}c}{\mathrm{d}x} = \frac{1}{\mathrm{Ma}^2 - 1}\frac{1}{A}\frac{\mathrm{d}A}{\mathrm{d}x} \ . \tag{2.72}$$

Mit Hilfe dieser Beziehung kann nun angeben werden, wie sich die Querschnittsfläche in einer Düse verändern muß, wenn eine Unterschallströmung auf Überschallgeschwindigkeit beschleunigt werden soll. Für den dafür erforderlichen positiven Geschwindigkeitsgradienten in Strömungsrichtung folgen daraus die drei Fälle

$$\frac{\mathrm{d}c}{\mathrm{d}x} > 0 \quad \left\{ \begin{array}{lll} \dfrac{\mathrm{d}A}{\mathrm{d}x} < 0 & \text{falls} & \mathrm{Ma} < 1 \\[2ex] \dfrac{\mathrm{d}A}{\mathrm{d}x} = 0 & \text{falls} & \mathrm{Ma} = 1 \\[2ex] \dfrac{\mathrm{d}A}{\mathrm{d}x} > 0 & \text{falls} & \mathrm{Ma} > 1 \end{array} \right.$$

Der erste Fall ist der einfache Fall der subsonischen Strömung: Die Geschwindigkeit nimmt zu, wenn sich der Strömungsquerschnitt verengt. Der dritte Fall ist neu: Bei der Überschallströmung nimmt die Geschwindigkeit mit größer werdendem Strömungsquerschnitt zu. Im Bereich subsonischer Strömung hätte man es hier mit einem Diffusor zu tun, der die Strömung verzögern und damit zum Aufbau von statischem Druck beitragen würde. Zwischen subsonischer und supersonischer Strömung liegt der Grenzfall mit Ma = 1. Diese Verhältnisse sind in Abb. 2.14 verdeutlicht.

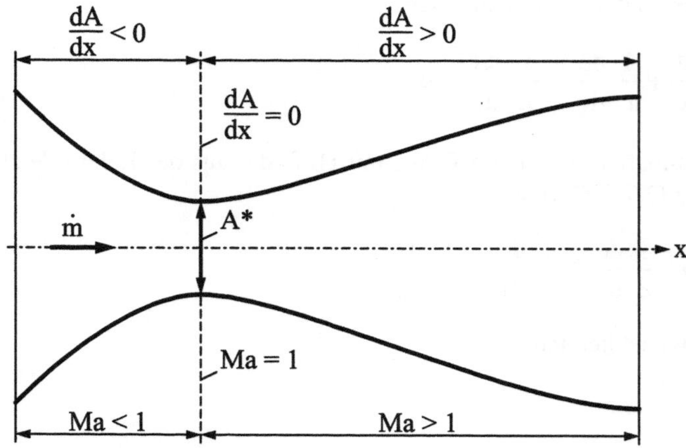

Abb. 2.14: Laval-Düse

Bei gegebenem Ruhedruck p_0 und vorgegebener Düsengeometrie stellen sich je nach Umgebungsdruck p_U verschiedene Druckverläufe bei der Expansion des Gases in der Laval-Düse ein, die jeweils einer der in Abb. 2.15 dargestellten fünf Expansionsverläufen zugeordnet werden können.

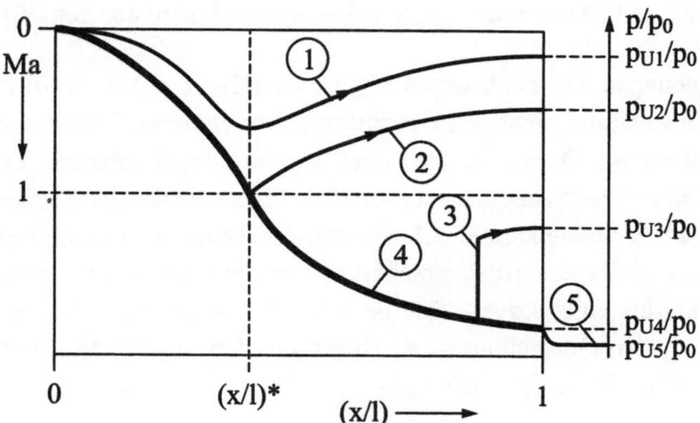

Abb. 2.15: Strömungsverhältnisse in der Laval-Düse

Entlang der gesamten Kurve ① herrscht Unterschallströmung, denn der Expansionsenddruck p_{U1} liegt nur geringfügig unterhalb p_0. Im konvergenten Teil der Düse wird die Strömung beschleunigt, erreicht aber im engsten Querschnitt nicht die Schallgeschwindigkeit. Der divergente Düsenabschnitt wirkt als Diffusor und der statische Druck steigt wieder an.

Kurve ② stellt den Fall dar, daß p_{U2} gerade so weit unterhalb von p_0 liegt, daß im engsten Querschnitt der Düse Schallgeschwindigkeit erreicht wird ($Ma = 1$). Dadurch wird der statische Druck im engsten Querschnitt aber so weit unter den Expansionsenddruck p_{U2} abgesenkt, daß der gesamte divergente Teil zum Druckrückgewinn benötigt wird (Unterschallströmung).

Für $p_{U2} > p_U > p_{U4}$ (Kurve ③) wird die Strömung im ersten Abschnitt des divergenten Teils auf Überschallgeschwindigkeit beschleunigt. Dadurch sinkt der statische Druck aber unter den Expansionsenddruck p_{U3}. Die Düse ist damit für den gegebenen Umgebungsdruck p_{U3} zu lang, d.h. der Austrittsquerschnitt ist zu groß gewählt. In der Düse tritt dann ein sog. Verdichtungsstoß auf, der die Strömung schlagartig auf eine Unterschallströmung verzögert und das Fluid dabei verdichtet. Diese nicht isentrope

Zustandsänderung hat eine sprunghafte Erhöhung des Druckes zur Folge und bewirkt, daß bei Austritt aus der Düse p_{U3} erreicht wird.

Kurve ④ stellt den Auslegungsfall dar: Die Expansion verläuft derart, daß der statische Druck kontinuierlich bis zum Austritt sinkt und dort den Umgebungsdruck p_{U4} erreicht. Die Strömung tritt dann mit Überschallgeschwindigkeit aus der Düse aus.

Wird der Umgebungsdruck noch weiter abgesenkt (Kurve ⑤), so wird die Expansion innerhalb der Düse davon nicht mehr beeinflußt. Der statische Druck in der Strömung liegt bei Austritt aus der Düse dann aber oberhalb des Umgebungsdruckes p_{U5}, so daß außerhalb der Düse eine Nachexpansion erfolgt. Eine vollständige Expansion von p_0 auf p_{U5} innerhalb der Düse kann durch eine entsprechende Verlängerung der Düse und damit Vergrößerung des Austrittsquerschnittes erreicht werden. Die richtige Wahl des Austrittsquerschnittes einer Laval-Düse ist somit bei gegebenem Ruhedruck p_0 von der Größe des engsten Querschnittes A^* (bestimmt den Massenstrom) und dem anliegenden Druckverhältnis p_U / p_0 abhängig.

2.5 Übungsaufgaben

Aufgabe 2.1:

Aus einem See mit konstanter Spiegelhöhe H fließt Wasser (Dichte: ρ) durch eine Rohrleitung in ein tiefer gelegenes Vorratsbecken. An die Rohrleitung sind ein Steigrohr, in dem das Wasser bis zur Höhe h_a aufsteigt, und ein Meßgerät zur Bestimmung des statischen Druckes im Querschnitt 2 angeschlossen. Die Strömung sei verlustfrei, stationär und inkompressibel. Der Umgebungsdruck beträgt p_0.

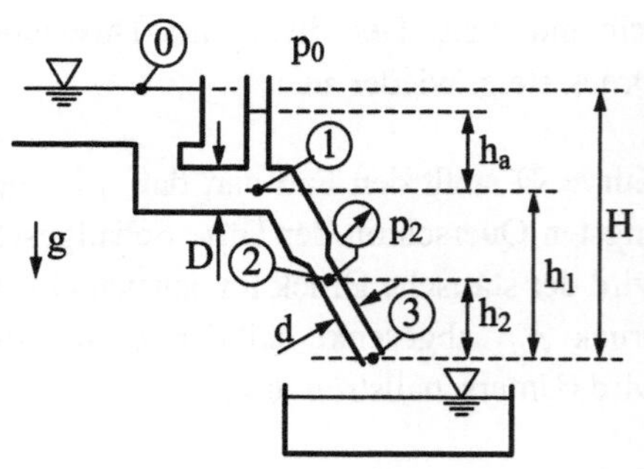

Gegeben: $D = 0{,}2$ m; $d = 0{,}1$ m; $H = 10$ m; $h_1 = 5$ m; $h_2 = 1$ m;
             $\rho = 1000$ kg/m^3; $g = 9{,}81$ m/s^2; $p_0 = 10^5$ Pa

Man berechne:

a)   die Strömungsgeschwindigkeit c_3 des Wassers bei Austritt aus dem Rohr,

b)   die Steighöhe h_a und

c)   den vom Meßgerät angezeigten statischen Druck p_2 im Querschnitt 2.

Aufgabe 2.2:

Gegeben ist eine mit Wasser der Dichte ρ gefüllte zylindrische Tonne (Innenradius: R), die mit konstanter
Winkelgeschwindigkeit ω um ihre Längsachse rotiert.
Man berechne die Verteilung des hydrostatischen Druckes $p_1(r)$ in der durch h_1 festgelegten Horizontalebene. Das Fluid sei inkompressibel.

Gegeben: R; H; h_1; p_0; g; ρ

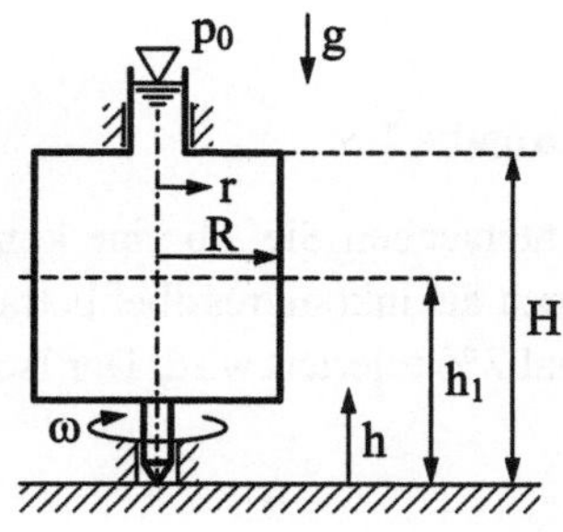

Aufgabe 2.3:

Aus einem See soll Wasser (Dichte: ρ) durch eine Rohrleitung (Länge: L, Innen-
durchmesser: d) in ein höher gelegenes Vorratsbecken gepumpt werden. Dabei wird ein
Volumenstrom von $\dot{V} = 0,5\ \mathrm{m^3/s}$ gefordert. In diesem Betriebspunkt beträgt der
Druckverlust der Rohrstrecke infolge Reibung $\Delta p_v/L = 2500\ \mathrm{Pa/m}$. Man berechne die
Leistung, die die Pumpe der Strömung zuführen muß. Die Strömung sei inkompressibel
und der Umgebungsdruck betrage p_0.

Gegeben: $H = 50$ m;
$\quad\quad\quad L = 100$ m;
$\quad\quad\quad d = 0,3$ m;
$\quad\quad\quad \dot{V} = 0,5\ \mathrm{m^3/s}$;
$\quad\quad\quad \Delta p_v/L = 2500\ \mathrm{Pa/m}$;
$\quad\quad\quad \rho = 1000\ \mathrm{kg/m^3}$;
$\quad\quad\quad p_0$; g; h

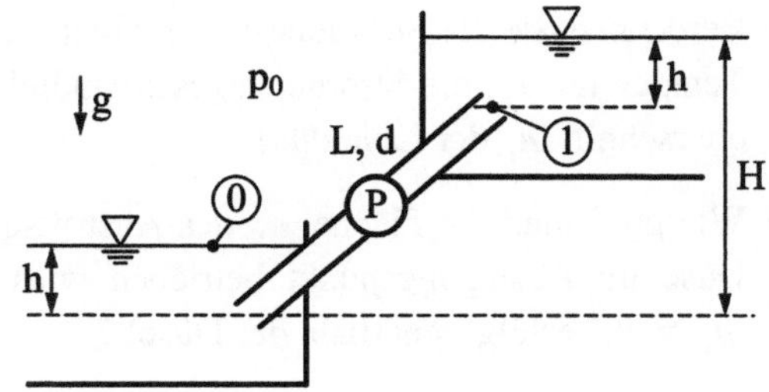

Aufgabe 2.4:

Aus einem Druckbehälter (Ruhegrößen: p_0, T_0) strömt Helium (ideales Gas, Isentro-
penexponenet: κ) durch eine konvergente Düse (Austrittsquerschnitt: A_1) in die Umgebung. Die Strömung sei stationär und isentrop, der Umgebungsdruck beträgt p_U.

Gegeben: $p_0 = 6$ bar; $T_0 = 200$ K; $\kappa = c_p/c_v = 5/3$; $A_1 = 5\ \mathrm{cm^2}$, $p_U = 1$ bar;
$\quad\quad\quad c_p = 5,24\ \mathrm{kJ/(kg\ K)}$;

a) Mit welcher Geschwindigkeit c_1 tritt das Fluid aus der konvergenten Düse aus?

b) Berechnen Sie den aus dem Behälter austretenden Massenstrom.

c) Berechnen Sie Druck p_1, Temperatur T_1 und Dichte ρ_1 des Heliums im Querschnitt A_1.

Aufgabe 2.5:

Untersuchen Sie, ob eine kompressible Strömung bei einer Mach-Zahl von $Ma = 0{,}1$ noch als inkompressibel betrachtet werden kann, wenn eine Dichteänderung von maximal 2 % toleriert wird. Der Isentropenexponent des Fluids betrage $\kappa = 1{,}4$.

Aufgabe 2.6:

Aus einem großen Druckluftspeicher (Ruhezustand: p_0, T_0) strömt Luft (Isentropenexponent: κ, Gaskonstante: R_L) durch eine Lavaldüse (Durchmesser des engsten Querschnittes: d^*) in die Umgebung. Sie wird dabei auf den Umgebungsdruck p_U entspannt und gleichzeitig auf Überschallgeschwindigkeit beschleunigt. Die Luft kann als ideales Gas betrachtet werden. Die Strömung sei stationär und isentrop.

Gegeben: $p_0 = 9$ bar; $p_U = 1$ bar; $t_0 = 230\ °C$; $R_L = 287$ J/(kg K); $\kappa = 1{,}4$;
$\quad\quad\quad d^* = 4$ cm

a) Berechnen Sie die Strömungsgeschwindigkeit c^* im engsten Querschnitt sowie die Temperatur T_1, die Strömungsgeschwindigkeit c_1 und die Dichte ρ_1 im Austrittsquerschnitt A_1 der Lavaldüse.

b) Wie groß muß die Fläche A_1 des Austrittsquerschnittes gewählt werden, damit die Düse im Auslegungspunkt betrieben wird (vollständige Expansion von p_0 auf $p_1 = p_U$ erfolgt innerhalb der Düse) ?

3 Reibungsfreie, mehrdimensionale Strömungen

Während die Stromfadentheorie eine eindimensionale Theorie ist und deshalb die Dreidimensionalität von Strömungsfeldern nicht berücksichtigen kann, werden in diesem Kapitel Grundgleichungen zur Behandlung zwei- und dreidimensionaler reibungsfreier Strömungen abgeleitet. Dazu ist es aber notwendig, zwei neue Begriffe, nämlich das *Kontinuum* und die *kinematischen Eigenschaften* eines Strömungsfeldes zu erläutern.

3.1   Das Kontinuum

Der Kontinuumsmechanik liegen idealisierte mathematische Modelle für das mechanisch-thermodynamische Verhalten der Materie zugrunde. Diese Modelle gehen davon aus, daß Materie *kontinuierlich* im Raum verteilt ist und daß ihr Zustand (Dichte, Temperatur, Geschwindigkeit usw.) durch *Felder* beschrieben werden kann. Geschwindigkeit, Druck, Temperatur und Dichte der das Kontinuum konstituierenden materiellen "Raumpunkte" werden damit als stetige Funktionen des Orts und der Zeit vorausgesetzt, siehe Becker und Bürger (1975). Die Verteilung der Strömungsgrößen in Abhängigkeit des Ortes und der Zeit wird dabei wie folgt dargestellt: Das Fluid besteht aus unendlich vielen Teilchen (sog. "materielle Raumpunkte") ohne räumliche Ausdehnung, während das Kontrollvolumen selbst in ebenso viele ortsfeste Raumpunkte aufgeteilt wird. Die Strömungsgrößen werden als Eigenschaften der Teilchen und der Zeit betrachtet. Zu jedem festen Zeitpunkt ist der Wert einer Strömungsgröße an einem ortsfesten Raumpunkt gleich demjenigen des sich gerade dort befindlichen Teilchens.

Im Gegensatz zu diesem kontinuierlichen Modell besteht die Materie jedoch aus diskreten Molekülen, deren Eigenbewegung (Braunsche Molekularbewegung) der makroskopischen Fluidbewegung überlagert ist. Die Moleküle selbst sind aus Atomen aufgebaut und die Masse eines Atoms ist im wesentlichen im Atomkern, der hauptsächlich aus Protonen und Neutronen besteht, konzentriert. Die Masse ist also keineswegs gleichmäßig im Raum verteilt. Auch die Angabe einer Geschwindigkeit eines bestimmten "Raumpunktes" ergibt somit vom Standpunkt der Moleküle aus betrachtet keinen Sinn.

Trotz dieses offensichtlichen Widerspruchs ist es jedoch in vielen Fällen möglich, die Materie als Kontinuum zu betrachten. Dies soll am Beispiel der Dichte erläutert werden. Die Dichte ist durch die Beziehung

$$\rho(\vec{x},t) = \lim_{\Delta V \to 0} \left(\frac{\Delta m}{\Delta V} \right) \tag{3.1}$$

definiert, wobei Δm die Masse eines Volumenelementes der Größe ΔV ist. Wenn der Einfachheit halber angenommen wird, daß das betrachtete Medium aus lauter gleichen Molekülen der Sorte "i" besteht, so ist die Masse Δm gleich dem Produkt aus der Zahl der Moleküle N_i und der Molekülmasse m_i, also

$$\rho(\vec{x},t) = \lim_{\Delta V \to 0} \left(\frac{N_i\, m_i}{\Delta V} \right) . \tag{3.2}$$

Sollten unterschiedliche Moleküle vorliegen, so muß in Gl. (3.2) über "i" summiert werden. Beim Grenzübergang $\Delta V \to 0$ ist nun Vorsicht geboten. Das Volumenelement ΔV muß hinreichend klein sein, so daß der Ausdruck $N_i\, m_i/\Delta V$ konstant wird. Im Inneren des Volumenelementes treten dann keine räumlichen Unterschiede in der Dichte auf, man sagt die Materie ist *lokal im Gleichgewicht*. Andererseits muß das Volumenelement so groß sein, daß es hinreichend viele Moleküle enthält so daß keine statistischen Schwankungen der Dichte berücksichtigt werden müssen. Die Zusammenhänge sind in Abb. 3.1, die den Wert der Dichte in Abhängigkeit der Größe des gewählten Volumenelements zeigt, verdeutlicht. Das Volumenelement ΔV^* ist zu klein, es enthält zu wenig Moleküle. In diesem Fall ist die mittlere freie Weglänge, d.h. der Weg, den ein Molekül zwischen zwei Stößen zurücklegt, von der gleichen Größe wie die Abmessungen des Volumenelements. Die Beschreibung des Verhaltens der Moleküle in diesem System ist nur mit Hilfe der Gaskinetik möglich. Das Volumenelement ΔV^{**} ist zu groß, die Dichte innerhalb dieses Elements ist nicht an jeder Stelle gleich groß (z. B. Dichteunterschied aufgrund von Geschwindigkeits-, Druck- oder Temperaturunterschieden). Diese räumlichen Schwankungen werden jedoch bei Verwendung zu großer Kontrollvolumina herausgemittelt und damit nicht berücksichtigt. Diese Tatsache stellt aber letztlich keine Einschränkung für die Anwendbarkeit der Kontinuumshypothese dar, denn das Modell der kontinuierlichen Verteilung der Strömungsgrößen basiert auf der Betrachtung von Raumpunkten und damit unendlich kleiner Kontrollvolumina. Die Anwendbarkeit der Kontinuumshypothese ist somit eine Frage der geforderten "Auflösung" des Strömungsfeldes.

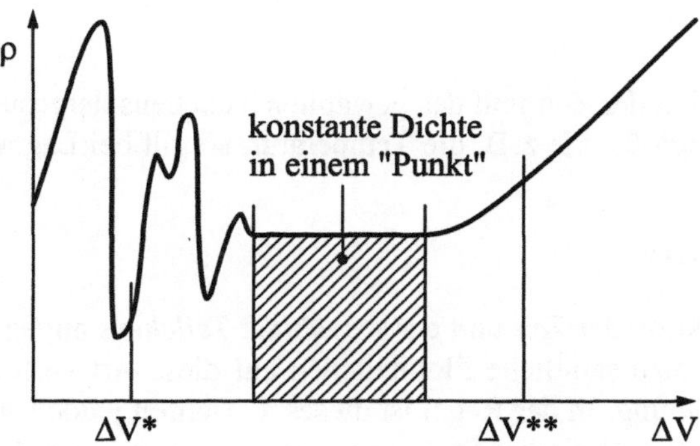

Abb. 3.1: Zur Betrachtung realer Fluide als Kontinuum

Die gaskinetische Betrachtung liefert die höchste Auflösung und ist damit grundsätzlich die allgemein gültigere. Dabei ist es jedoch notwendig, Ort und Impuls eines jeden Moleküls zu jedem Zeitpunkt anzugeben. Wegen der großen Zahl der Moleküle in einem endlichen System ist diese Aufgabe jedoch praktisch nicht lösbar. Andererseits ist eine so ins Detail gehende Aussage für technische Aufgabenstellungen meist gar nicht erforderlich. Für die Beschreibung makroskopischer Strömungsphänomene kann das Modell des Kontinuums ohne Einschränkungen in der Strömungsmechanik verwendet werden. Für die weiteren Betrachtungen wird deshalb seine Gültigkeit vorausgesetzt.

3.2 Kinematische Eigenschaften

Eine Strömung besteht aus bewegten Fluidteilchen, die ortsfeste Punkte im Strömungsfeld passieren. Bei der mathematischen Beschreibung von Strömungsfeldern stehen zwei unterschiedliche Formulierungen zur Verfügung, die *Lagrangesche* und die *Eulersche*.

• **Lagrangesche Betrachtungsweise**

In Anlehnung an die in der allgemeinen Mechanik der Festkörperbewegung verwendete Methode wird bei der Lagrangeschen Beschreibung von Strömungen der zeitliche Verlauf der Bewegung jedes einzelnen Fluidelementes verfolgt. Das Fluid wird dabei als zusammenhängende Ansammlung von Masseteilchen betrachtet. Um bei dieser an Materie gebundenen Lagrangeschen oder auch materiellen Betrachtungsweise einzelne Fluidelemente unterscheiden zu können, wird jedem sein Ortsvektor $\vec{x}_0$ zu einem bestimmten Referenzzeitpunkt t_0 zugewiesen. Die Position im Strömungsfeld wird dann durch

$$\vec{x} = \vec{x}(\vec{x}_0, t) \tag{3.3}$$

und somit als Funktion der Zeit und des gewählten Teilchens dargestellt. Sei F nun eine beliebige Strömungsgröße wie z. B. die Temperatur, so gilt bei Lagrangescher Betrachtungsweise

$$F = F(\vec{x}_0, t) \; , \tag{3.4}$$

d. h. F wird als Funktion der *Zeit* und des *gewählten Teilchens* angegeben (mitbewegter Beobachter). Wenn man sämtliche Fluidteilchen auf diese Art verfolgt, ergibt sich ein Gesamtbild der Strömung. In der Regel ist dieses Verfahren jedoch sehr aufwendig und wird zur Beschreibung technischer Strömungen nur selten angewendet.

Bei der Aufstellung von Impuls- und Kräftebilanzen werden bei der Lagrangeschen Formulierung stets mitbewegte Kontrollvolumina, die massedicht sind und damit eine feste Anzahl zusammenhängender Fluidteilchen beinhalten, betrachtet. Diese Kontrollvolumina verformen sich in Abhängigkeit der Bewegung der eingeschlossenen Fluidteilchen.

Die Lagrangesche Beschreibung eignet sich z. B. für die Verfolgung einzelner Tropfen bei der Zerstäubung von Flüssigkeiten in einer Gasatmosphäre (Lackzerstäubung, Kraftstoffeinspritzung und Spraybildung in Motorbrennräumen usw.).

- **Eulersche Betrachtungsweise**

Die sog. Eulersche Formulierung beschreibt das Verhalten der Strömungsgrößen (Druck, Geschwindigkeit, Temperatur usw.) als Funktion des *Ortes* $\vec{x}$ und der *Zeit t* für das gesamte Strömungsfeld (Feldbeschreibung). Sei F wieder die betrachtete Größe, so gilt

$$F = F(\vec{x}, t) \; . \tag{3.5}$$

Es werden also nicht wie bei der materiellen Formulierung einzelne Fluidteilchen auf ihrem Weg in der Strömung verfolgt, sondern es interessieren die Strömungsgrößen an sämtlichen raumfesten Orten $\vec{x}$ im Feld in Abhängigkeit der Zeit (ortsfester Beobachter). Die Strömungsgrößen an einem festen Punkt entsprechen bei dieser Betrachtungsweise dabei natürlich stets denjenigen des sich gerade zum betrachteten Zeitpunkt dort befindlichen Fluidteilchens.

Bei der Aufstellung von Bilanzen werden bei der Eulerschen Formulierung raumfeste Kontrollvolumina mit unveränderlicher Geometrie betrachtet, die von den Fluidteilchen ungehindert durchdrungen werden.

In diesem Buch wird die Eulersche Formulierung verwendet, die bei der Beschreibung homogener Fluidströmungen wesentlich vorteilhafter als die Lagrangesche ist.

● **Ableitung nach der Zeit**

Oft wird die Änderung einer Größe mit der Zeit benötigt. In Lagrangescher Darstellung folgt für die zeitliche Änderung von F

$$\frac{\partial F(\bar{x}_0, t)}{\partial t} = \frac{\mathrm{D}F}{\mathrm{D}t} \ . \tag{3.6}$$

Diese sog. *substantielle Ableitung* (oft auch als *totale* oder auch *materielle Ableitung* bezeichnet) beschreibt die vollständige Änderung der Eigenschaft F des Teilchens. Im Gegensatz zur Eulerschen Formulierung (siehe unten) wird dabei nicht unterschieden, ob die Änderung von F nur aufgrund der Fortbewegung des Teilchens in einem stationären Strömungsfeld geschieht, oder ob auch eine zeitliche Veränderung des Strömungsfeldes (instationäre Strömung) einen Beitrag zur substantiellen Ableitung leistet. Die substantielle Ableitung wird in der allgemeinen Mechanik mit $\mathrm{d}F/\mathrm{d}t$ bezeichnet, denn die partielle Ableitung von F nach der Zeit hängt bei festem Teilchen nur von der Zeit ab. In der Strömungsmechanik wird sie zur Unterscheidung von anderen Ableitungen mit $\mathrm{D}F/\mathrm{D}t$ gekennzeichnet.

Bei Eulerscher (ortsfester) Betrachtung folgt für die partielle Ableitung der Größe F nach der Zeit am festen Ort $\bar{x}$

$$\frac{\partial F(\bar{x}, t)}{\partial t} \ .$$

Diese sog. *lokale Ableitung* erfaßt allerdings nur den Anteil der Änderung von F, der in Abhängigkeit der Zeit am Ort $\bar{x}$ wirksam ist. Bei einer stationären Strömung ist z. B. die lokale Ableitung der Strömungsgeschwindigkeit an sämtlichen Orten im Strömungsfeld gleich Null. Obwohl sich die Geschwindigkeit am betrachteten Ort nicht mit der Zeit ändert, kann die Beschleunigung, die ein vorbei fließendes Teilchen an diesem Punkt erfährt, durchaus von Null verschieden sein (benachbarte Orte weisen höhere oder niedrigere stationäre Geschwindigkeiten auf). Um die vollständige substantielle Änderung der Größe F in Eulerscher Formulierung auszudrücken, bedarf es noch eines weiteren Anteils, der sog. *konvektiven Ableitung*.

Zur Herleitung der substantiellen Ableitung in Eulerscher Formulierung werde ein dreidimensionales Strömungsfeld betrachtet, das durch die Angaben seines Geschwindigkeitsvektors

$$\vec{v}\,(\vec{x},t) \;=\; \begin{Bmatrix} u\,(x,y,z,t) \\ v\,(x,y,z,t) \\ w\,(x,y,z,t) \end{Bmatrix}$$

vollständig beschrieben ist (bei der Behandlung mehrdimensionaler Strömungen wird die Strömungsgeschwindigkeit mit $\vec{v}$ gekennzeichnet), wobei mit x, y und z die Komponenten des Ortsvektors $\vec{x}$ und mit u, v und w die Komponenten des Geschwindigkeitsvektors $\vec{v}$ bezeichnet werden, siehe auch Abb. 3.2. Statt der Vektorschreibweise wird häufig auch die Tensornotation (siehe auch Anhang) $v_j\,(x_i,t)$ verwendet, wobei j und i sog. Laufindizes sind, die der Reihe nach die Werte 1, 2 und 3 annehmen können. Dann gilt vereinbarungsgemäß $x_1 = x$, $x_2 = y$ und $x_3 = z$, sowie $v_1 = u$, $v_2 = v$ und $v_3 = w$.

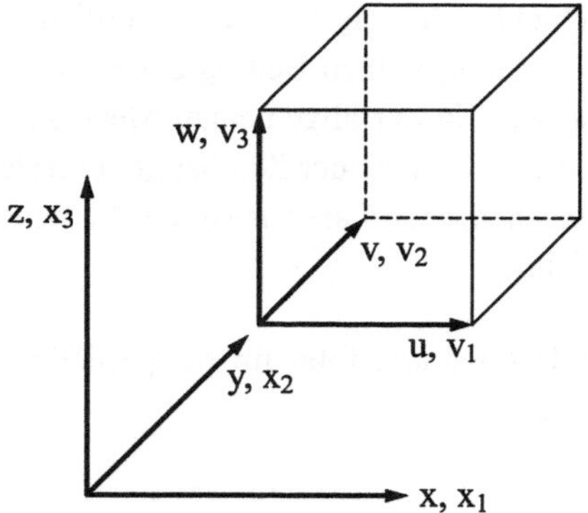

Abb. 3.2: Kartesisches Koordinatensystem und Geschwindigkeitsvektor

Ein Strömungsfeld wird ganz allgemein durch die abhängigen Größen v_i, ρ, p und T beschrieben, als unabhängige Größen treten im instationären Fall x_i und t und im stationären Fall nur x_i auf. Wird mit dem Strömungsfeld irgendeine Eigenschaft (extensive Zustandsgröße) $F\,(x,y,z,t)$ des Fluids wie z. B. die Temperatur transportiert, dann gilt für das vollständige (totale) Differential dieser Eigenschaft für einen festen Punkt im Strömungsfeld

$$\mathrm{D}F = \frac{\partial F}{\partial t}\,\mathrm{d}t + \frac{\partial F}{\partial x}\,\mathrm{d}x + \frac{\partial F}{\partial y}\,\mathrm{d}y + \frac{\partial F}{\partial z}\,\mathrm{d}z \;. \tag{3.7}$$

Ein Fluidteilchen bewegt sich nun im Zeitintervall $\mathrm{d}t$ um die Strecke $\mathrm{d}x_i = v_i\mathrm{d}t$ mit der Strömung weiter. Der Ort x_i, an dem sich ein Fluidteilchen befindet, ist somit über die Strömungsgeschwindigkeit v_i mit der Zeit t gekoppelt. Damit lassen sich die Strecken dx_i durch die Geschwindigkeiten v_i ausdrücken und man erhält

$$\frac{DF}{Dt} = \frac{\partial F}{\partial t} + u\frac{\partial F}{\partial x} + v\frac{\partial F}{\partial y} + w\frac{\partial F}{\partial z} \ . \tag{3.8}$$

Diese *substantielle Ableitung* gibt die zeitliche Änderung der Größe F an, die ein bestimmtes Fluidelement erfährt, das sich gerade am Ort $\bar{x}$ befindet. Der erste Term auf der rechten Seite beschreibt die oben bereits besprochene *lokale Änderung* der Eigenschaft F an einer bestimmten Stelle (partielle Ableitung nach der Zeit t bei festem Ort $\bar{x}$), die letzten drei Terme beschreiben die *konvektive Änderung* von F infolge der Strömungsgeschwindigkeit v_i (partielle Ableitung nach $\bar{x}$ bei fester Zeit t). Als Beispiel für eine Strömung, bei der nur der konvektive Anteil auftritt, sei eine sich stromab erweiternde Rohrleitung genannt, die von einem konstanten Massenstrom durchflossen wird. Bei zusätzlicher zeitabhängiger Variation des Massenstromes kommt der lokale Anteil hinzu.

In Lagrangescher Formulierung sind diese beiden Anteile in der Ableitung nach der Zeit zusammen enthalten und können nicht getrennt betrachtet werden.

Mit Gl. (3.8) erhält man für die totale Änderung einer skalaren Feldeigenschaft F im Strömungsfeld bei Verwendung der Vektorschreibweise

$$\frac{DF}{Dt} = \frac{\partial F}{\partial t} + (\vec{v}\cdot\nabla)F \ . \tag{3.9}$$

und bei Verwendung der Tensorschreibweise

$$\frac{DF}{Dt} = \frac{\partial F}{\partial t} + v_i\frac{\partial F}{\partial x_i} \ . \tag{3.10}$$

Im Falle eines Vektorfeldes wie der Geschwindigkeit ($\vec{F} = \vec{v}$) gilt Gl. (3.10) für die einzelnen Komponenten F_j von $\vec{F}$:

$$\frac{DF_j}{Dt} = \frac{\partial F_j}{\partial t} + v_i\frac{\partial F_j}{\partial x_i} \ . \tag{3.11}$$

Gl. (3.11) stellt somit die Vorschrift zur Bildung der Komponentenzeilen in karthesischen Koordinaten dar und ist daher der Vektordarstellung gleichwertig. Im Sinne dieser Betrachtung können Vektoren $\vec{F}$ in Tensornotation durch F_i ausgedrückt werden. Für einen konkreten Wert i bedeutet F_i allerdings die jeweilige Komponente des Vektors.

Statt der Vektorschreibweise wird im folgenden der Tensorschreibweise der Vorzug gegeben, weil diese Schreibweise der Gleichungen formal mit der Komponentendarstellung im kartesischen Koordinatensystem übereinstimmt.

3.3 Euler-Gleichungen

Es werden zunächst die Grundgleichungen für instationäre Strömungen abgeleitet, später werden aber im Wesentlichen nur stationäre Strömungen inkompressibler Fluide behandelt.

3.3.1 Kontinuitätsgleichung

Betrachtet werde das in Abb. 3.3 dargestellte infinitesimal kleine Kontrollvolumen $dV = dx\,dy\,dz$. Dieses Kontrollvolumen sei ortsfest, habe eine feste Geometrie und werde vom Fluid ungehindert durchströmt. Die Masse im Kontrollraum nimmt zu, falls mehr Masse ein- als ausströmt, im umgekehrten Fall nimmt sie ab. Dies kann nur in Verbindung mit einer Variation der Dichte geschehen. Die Massenbilanz über das Volumen liefert die Änderung der im Kontrollraum vorhandenen Masse

$$\frac{\partial}{\partial t}(dx\,dy\,dz\rho) = d\dot{m}_x + d\dot{m}_y + d\dot{m}_z \; . \tag{3.12}$$

Die Bilanzierung der ein- und austretenden Massenströme in x-Richtung liefert die zeitliche Änderung der Masse im Kontrollraum aufgrund der Strömung in x-Richtung,

$$d\dot{m}_x = \left(\dot{m}_x\right)_x - \left(\dot{m}_x\right)_{x+dx} \; ,$$

bzw.

$$d\dot{m}_x = dy\,dz\,(\rho u)_x - dy\,dz\,(\rho u)_{x+dx} \; . \tag{3.13}$$

Mit der Taylorreihenentwicklung folgt für den zweiten Term auf der rechten Seite von Gl. (3.13)

$$(\rho u)_{x+dx} = (\rho u)_x + \frac{\partial}{\partial x}(\rho u)_x \, dx$$

und damit

$$d\dot{m}_x = - \, dy\,dz \, \frac{\partial}{\partial x} \, (\rho\,u)_x \, dx \; .$$

(3.14)

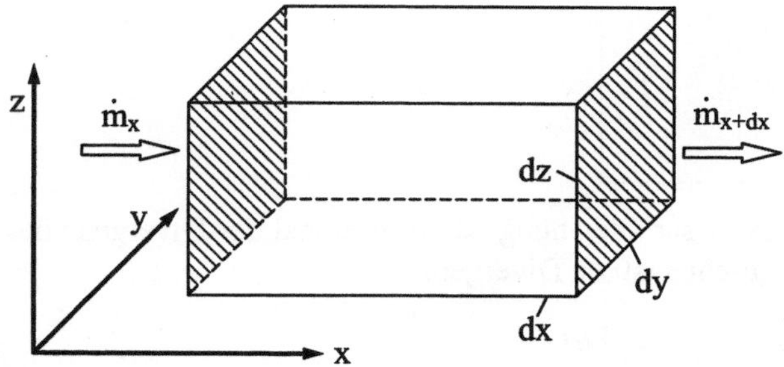

Abb. 3.3: Zur Ableitung der Kontinuitätsgleichung

Die Bilanzierung des Massenstroms in y- und z-Richtung erfolgt analog. Das Kontrollvolumen wurde zwar als ortsfest vorausgesetzt, doch ist seine Stelle in der Strömung beliebig. Die Massenbilanz gilt somit an jeder beliebigen Stelle (x, y, z) im Strömungsfeld. Wenn man die Terme für die Massenströme $d\dot{m}_x, d\dot{m}_y$ und $d\dot{m}_z$ in Gl. (3.12) einsetzt und dabei beachtet, daß das Kontrollvolumen $dx\,dy\,dz$ konstant ist, so erhält man schließlich

$$\frac{\partial \rho}{\partial t} = - \frac{\partial}{\partial x}(\rho\,u) - \frac{\partial}{\partial y}(\rho\,v) - \frac{\partial}{\partial z}(\rho\,w)$$

(3.15)

für die Kontinuitätsgleichung. Bei Verwendung der Tensornotation ergibt sich die wesentlich kürzere sog. "*1. Formulierung*"

$$\frac{\partial \rho}{\partial t} + \frac{\partial}{\partial x_i}(\rho\,v_i) = 0 \; .$$

(3.16)

Wendet man auf den zweiten Term die Produktregel an, so folgt

$$\frac{\partial \rho}{\partial t} + v_i\,\frac{\partial \rho}{\partial x_i} + \rho\,\frac{\partial v_i}{\partial x_i} = 0 \; .$$

Die ersten beiden Terme sind identisch mit der kinematischen Beziehung (3.8), wenn F durch ρ ersetzt wird. Damit folgt die sog. "*2. Formulierung*" der Kontinuitätsgleichung

$$\boxed{\frac{D\rho}{Dt} + \rho \frac{\partial v_i}{\partial x_i} = 0}\ . \tag{3.17}$$

Der zweite Term in dieser Gleichung ist proportional der Divergenz des Strömungsfeldes. Physikalisch gesehen ist die Divergenz

$$\frac{\partial v_i}{\partial x_i} \equiv div\ \bar{v} = -\frac{1}{\rho}\frac{D\rho}{Dt} \tag{3.18}$$

die Ergebigkeit (Quelldichte) eines Strömungsfeldes. Der Term $\partial v_i/\partial x_i$ stellt für einen festen Punkt im Strömungsfeld die Summe der Geschwindigkeitsanstiege in Richtung der drei Koordinatenachsen dar. Integriert man $div\ \bar{v}$ über das Kontrollvolumen, so erhält man den nach außen gerichteten Netto-Volumenstrom durch die Oberfläche des Kontrollraumes (Divergenzsatz von Gauß, vgl. z. B. Meyberg und Vachenauer, 1990).

Für stationäre Strömungen reduziert sich die Kontinuitätsgleichung auf

$$\frac{\partial}{\partial x_i}(\rho\,v_i) = 0 \tag{3.19}$$

und für stationäre Strömungen inkompressibler Fluide schließlich auf

$$\frac{\partial v_i}{\partial x_i} = 0\ , \tag{3.20}$$

bzw. auf $div\ \bar{v} = 0$. Dies ist die Form der Kontinuitätsgleichung, die bei der Behandlung von Potentialströmungen in Kapitel 3.4 verwendet wird.

3.3.2   Bewegungsgleichung

Aus Kapitel 2.1.2 ist bereits die Eulersche Gleichung für den eindimensionalen Stromfaden (Gl. (2.6)) bekannt. Sie beschreibt das Verhalten der Strömung an ortsfesten Punkten auf der Bahnlinie. Es soll nun die Eulersche Bewegungsgleichung für dreidimensionale reibungsfreie Strömungen abgeleitet werden. Dazu wird das Newtonsche Trägheitsgesetz

$$
\left.\begin{array}{c}
\text{Totale Änderung des Impulses} \\
\text{oder} \\
\text{Masse * Beschleunigung} \\
\text{oder} \\
\text{Trägheitskraft}
\end{array}\right\} \; = \; \sum \text{äußere Kräfte}
$$

auf das in Abb. 3.4 dargestellte infinitesimal kleine ortsfeste Kontrollvolumen angewendet. Die Beschleunigung muß dabei als substantielle Ableitung der Geschwindigkeit berechnet werden. Man erhält für die Kräftebilanz in x-Richtung

$$
\mathrm{d}x\,\mathrm{d}y\,\mathrm{d}z\,\rho\,\frac{\mathrm{D}u}{\mathrm{D}t} = -\,\mathrm{d}y\,\mathrm{d}z\,\frac{\partial p}{\partial x}\,\mathrm{d}x \;+\; \mathrm{d}x\,\mathrm{d}y\,\mathrm{d}z\,f_x
$$

und daraus nach Division durch $\mathrm{d}x\,\mathrm{d}y\,\mathrm{d}z$

$$
\rho\,\frac{\mathrm{D}u}{\mathrm{D}t} = -\,\frac{\partial p}{\partial x} + f_x \tag{3.21}
$$

für ortsfeste Punkte im Strömungsfeld.

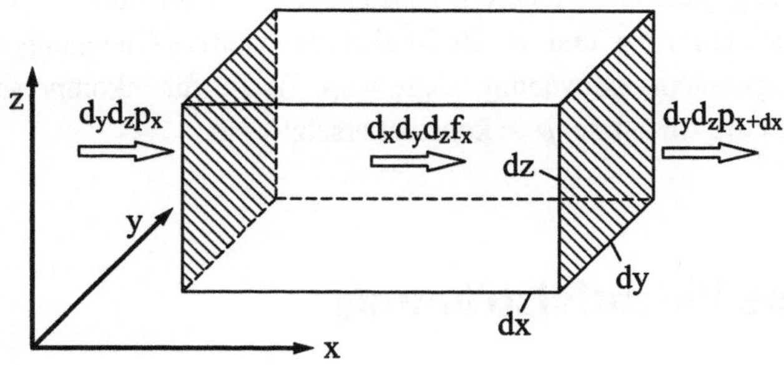

Abb. 3.4: Zur Ableitung der Bewegungsgleichung

Der letzte Term in Gl. (3.21) beschreibt die Massenkraft. Falls das Koordinatensystem so angenommen wird, daß die Erdbeschleunigung in negativer z-Richtung wirkt, gilt $f_x = f_y = 0$ und $f_z = -\rho\,g$. Aus den Kräftebilanzen in y- und z-Richtung erhält man analoge Gleichungen. Insgesamt folgen damit die drei *Bewegungsgleichungen*

$$\rho \frac{\mathrm{D}u}{\mathrm{D}t} = -\frac{\partial p}{\partial x}$$

$$\rho \frac{\mathrm{D}v}{\mathrm{D}t} = -\frac{\partial p}{\partial y}$$

$$\rho \frac{\mathrm{D}w}{\mathrm{D}t} = -\frac{\partial p}{\partial z} - \rho g \qquad (3.22)$$

für die drei Koordinatenrichtungen. Bei Verwendung der Tensornotation lassen sich diese drei Gleichungen zu

$$\rho \frac{\mathrm{D}v_i}{\mathrm{D}t} = -\frac{\partial p}{\partial x_i} + f_i \qquad (3.23)$$

mit $i = 1, 2, 3$ und $f_1 = f_2 = 0$ sowie $f_3 = -\rho g$ zusammenfassen. Die Kontinuitäts- und die Bewegungsgleichungen liefern zusammen vier Gleichungen zur Bestimmung der fünf Unbekannten v_i, p und ρ. Es ist also eine weitere Gleichung zur Schließung dieses Gleichungssystems notwendig (siehe Kap. 5), die für inkompressible Strömungen jedoch durch die Annahme $\rho = \text{konstant}$ ersetzt wird.

3.4　Ebene Potentialströmung

Betrachtet werden zweidimensionale und reibungsfreie Strömungen inkompressibler Fluide. Bei zweidimensionalen (ebenen) Strömungen ändern sich in einer Raumrichtung (hier die z-Richtung) die Strömungsgrößen nicht. Solche Strömungsformen, bei denen die Strömungsverhältnisse in zueinander parallelen Ebenen völlig identisch sind, treten in der Realität nicht auf. In vielen Fällen stellen sie aber eine gute Näherung dar.

Für reibungsfreie stationäre und inkompressible ebene Strömungen gelten die Kontinuitätsgleichung

$$\frac{\partial u}{\partial x} + \frac{\partial v}{\partial y} = 0 \qquad (3.24)$$

und bei Vernachlässigung der Massenkraft die Eulerschen Bewegungsgleichungen für die x- bzw. y-Richtung in der Form

$$u\frac{\partial u}{\partial x} + v\frac{\partial u}{\partial y} = -\frac{1}{\rho}\frac{\partial p}{\partial x}\,,$$
$$u\frac{\partial v}{\partial x} + v\frac{\partial v}{\partial y} = -\frac{1}{\rho}\frac{\partial p}{\partial y}\,. \tag{3.25}$$

Im folgenden soll die Bewegung von Fluidteilchen in der Strömung näher untersucht werden. Während ein Teilchen bei rein translatorischer Bewegung seine Orientierung im Raum beibehält, führt es, sofern die Bewegung einen zusätzlichen rotatorischen Anteil aufweist, auch eine Drehung um sich selbst aus. Strömungen bei denen Rotation auftritt werden als *drehungsbehaftet* und solche ohne Rotation als *drehungsfrei* bezeichnet.

Das Geschwindigkeitsfeld der in den folgenden Abschnitten betrachteten ebenen, drehungsfreien, inkompressiblen und reibungsfreien Strömungen läßt sich als Gradient eines skalaren Geschwindigkeitspotentials darstellen. Diese Strömungen werden deshalb als *Potentialströmungen* bezeichnet. Sie sind Lösungen der Eulerschen Bewegungsgleichung. Bevor näher auf die Potentialströmungen eingegangen wird, soll zunächst noch der Begriff der *Drehungsfreiheit* (oder auch Wirbelfreiheit, Rotationsfreiheit) erläutert werden.

3.4.1   Drehungsfreiheit

Aus den Eulerschen Bewegungsgleichungen kann der Druck p eliminiert werden. Substrahiert man die nach y differenzierte Bewegungsgleichung für die Geschwindigkeitskomponente u von der nach x differenzierten für v, so erhält man

$$\frac{\partial}{\partial x}\left(u\frac{\partial v}{\partial x}+v\frac{\partial v}{\partial y}\right)-\frac{\partial}{\partial y}\left(u\frac{\partial u}{\partial x}+v\frac{\partial u}{\partial y}\right)=\frac{\partial}{\partial x}\left(-\frac{1}{\rho}\frac{\partial p}{\partial y}\right)-\frac{\partial}{\partial y}\left(-\frac{1}{\rho}\frac{\partial p}{\partial x}\right)\,.$$

Die rechte Seite dieser Gleichung ist identisch Null. Durch Umformung folgt

$$\frac{\partial u}{\partial x}\frac{\partial v}{\partial x}+\frac{\partial v}{\partial x}\frac{\partial v}{\partial y}-\frac{\partial u}{\partial y}\frac{\partial u}{\partial x}-\frac{\partial v}{\partial y}\frac{\partial u}{\partial y}+u\frac{\partial^2 v}{\partial x^2}+v\frac{\partial^2 v}{\partial x\partial y}-u\frac{\partial^2 u}{\partial x\partial y}-v\frac{\partial^2 u}{\partial y^2}=0\,,$$

und daraus durch Umordnung

$$\frac{\partial v}{\partial x}\left(\frac{\partial u}{\partial x}+\frac{\partial v}{\partial y}\right)-\frac{\partial u}{\partial y}\left(\frac{\partial u}{\partial x}+\frac{\partial v}{\partial y}\right)-u\frac{\partial}{\partial x}\left(\frac{\partial u}{\partial y}-\frac{\partial v}{\partial x}\right)-v\frac{\partial}{\partial y}\left(\frac{\partial u}{\partial y}-\frac{\partial v}{\partial x}\right)=0\,. \tag{3.26}$$

Die ersten beiden Terme sind wegen der Kontinuitätsgleichung identisch Null. Die Drehung eines Fluidteilchens in Abhängigkeit des Ortes im Strömungsfeld läßt sich mit Hilfe des Dreh- oder Wirbelvektors

$$\bar{\omega} = \frac{1}{2} \, rot \, \bar{v}$$

darstellen (vgl. z.B. Truckenbrodt, 1980). Für ebene Strömungen reduziert sich diese Beziehung auf

$$\omega = \frac{1}{2} \left(\frac{\partial v}{\partial x} - \frac{\partial u}{\partial y} \right) . \tag{3.27}$$

Damit erhält man aus Gl. (3.26) die sog. *Wirbeltransportgleichung*

$$u \frac{\partial \omega}{\partial x} + v \frac{\partial \omega}{\partial y} = 0 \, , \tag{3.28}$$

die besagt, daß der Gradient der Drehung ω senkrecht auf dem Geschwindigkeitsvektor steht. Dies wiederum hat zur Folge, daß die Drehung ω somit entlang einer Stromlinie konstant ist. Betrachtet werden nun drehungsfreie Strömungen. Für sie gilt $rot \, \bar{v} = 0$ bzw. im ebenen Fall $\omega = 0$. Für drehungsfreie Strömungen läßt sich das Geschwindigkeitsfeld als Gradient eines skalaren Potentials ϕ darstellen, also

$$\bar{v} = grad \, \phi \, , \tag{3.29}$$

denn es gilt

$$rot \, (grad \, \phi) = 0 \quad (\phi : \text{Skalarfeld}) \, ,$$

wie man durch einfaches Nachrechnen verifiziert. Wirbelfreie Strömungen werden deshalb als Potentialströmungen bezeichnet. Für *ebene Potentialströmungen* folgt aus Gl. (3.27) wegen $\omega = 0$

$$\frac{\partial v}{\partial x} - \frac{\partial u}{\partial y} = 0 \, . \tag{3.30}$$

Als Beispiel für eine drehungsfreie Strömung werde der bereits früher vorgestellte Potentialwirbel mit der Geschwindigkeitsverteilung

$$c = \frac{k}{r} \tag{3.31}$$

betrachtet. Dabei ist c der Betrag der aus der u - und v-Komponente resultierenden Geschwindigkeit. Mit den in Abb. 3.5a dargestellten Bezeichnungen erhält man für die Geschwindigkeitskomponenten

$$u = -c \sin \varphi = -k\frac{\sin \varphi}{r} = -k\frac{y}{r^2}$$

$$v = c \cos \varphi = k\frac{\cos \varphi}{r} = k\frac{x}{r^2} \; . \tag{3.32}$$

Damit folgt

$$2\,\omega = \frac{\partial v}{\partial x} - \frac{\partial u}{\partial y} = 0 \; ,$$

d. h. der Potentialwirbel ist eine drehungsfreie Strömung.

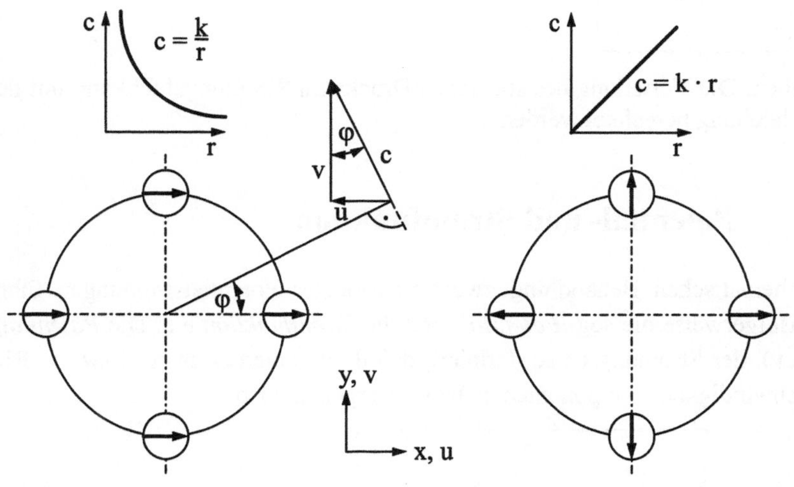

Abb. 3.5: Potential- und Festkörperwirbel

Im Gegensatz dazu stellt der Festkörperwirbel (Abb. 3.5b) mit

$$c = k \cdot r \tag{3.33}$$

und

$$u = -c \sin \varphi = -k \cdot y$$

$$v = c \cos \varphi = k \cdot x \tag{3.34}$$

keine Potentialströmung dar, denn

$$2\,\omega = 2\,k \neq 0 \ .$$

Potentialströmungen werden damit durch die beiden Gleichungen für die Geschwindigkeitskomponenten u und v

$$\boxed{\ \frac{\partial u}{\partial x} + \frac{\partial v}{\partial y} = 0\ } \qquad \text{(Kontinuität)} \hspace{4cm} (3.35)$$

$$\boxed{\ \frac{\partial v}{\partial x} - \frac{\partial u}{\partial y} = 0\ } \qquad \text{(Drehungsfreiheit)} \hspace{3.5cm} (3.36)$$

beschrieben. Die Verteilung des statischen Drucks im Strömungsfeld kann mit der Bernoulli-Gleichung berechnet werden.

3.4.2 Potential- und Stromfunktion

Zur mathematischen Behandlung zweidimensionaler Potentialströmungen führt man zweckmäßigerweise die sog. *Potential-* und die *Stromfunktion* ein. Die *Potentialfunktion* $\phi(x, y)$ der Strömung ist so definiert, daß die Gradienten in x- bzw. y-Richtung die Geschwindigkeitskomponenten u bzw. v ergeben, also

$$\boxed{\ u \equiv \frac{\partial \phi}{\partial x} \qquad \text{und} \qquad v \equiv \frac{\partial \phi}{\partial y}\ } \ . \hspace{3cm} (3.37)$$

Die Potentialfunktion (oder auch das Geschwindigkeitspotential ϕ) ist eine skalare Funktion. Im vorangegangenen Kapitel wurde gezeigt, daß Potentialströmungen mit Hilfe der Kontinuitätsgleichung und derjenigen für die Drehungsfreiheit beschrieben werden. Mit der in Gl. (3.37) definierten Potentialfunktion ergibt sich für die Kontinuitätsgleichung die Bedingung

$$0 = \frac{\partial u}{\partial x} + \frac{\partial v}{\partial y} = \frac{\partial^2 \phi}{\partial x^2} + \frac{\partial^2 \phi}{\partial y^2} = \Delta \phi \ ,$$

die Potentialfunktion erfüllt damit die sog. *Laplace-Gleichung* (oder auch die Potential-gleichung)

$$\boxed{\Delta \phi = 0} \ . \tag{3.38}$$

Die Gleichung für die Drehungsfreiheit wird identisch erfüllt, denn

$$\frac{\partial v}{\partial x} - \frac{\partial u}{\partial y} = \frac{\partial^2 \phi}{\partial x \partial y} - \frac{\partial^2 \phi}{\partial x \partial y} = 0 \ .$$

Damit sind die zur Beschreibung von Potentialströmungen hergeleiteten Beziehungen (Gl. (3.35) und Gl. (3.36)) auf eine Gleichung (Gl. (3.38)) für die Potentialfunktion ϕ reduziert worden, die durch Gl. (3.37) definiert ist.

Die *Stromfunktion* $\psi(x, y)$ ist durch

$$\boxed{u \equiv \frac{\partial \psi}{\partial y} \qquad \text{und} \qquad v = -\frac{\partial \psi}{\partial x}} \tag{3.39}$$

definiert. Sie erfüllt die Kontinuitätsgleichung identisch, denn

$$\frac{\partial u}{\partial x} + \frac{\partial v}{\partial y} = \frac{\partial^2 \psi}{\partial x \partial y} - \frac{\partial^2 \psi}{\partial x \partial y} = 0 \ .$$

Setzt man die Stromfunktion in die Beziehung für die Drehungsfreiheit

$$0 = \frac{\partial v}{\partial x} - \frac{\partial u}{\partial y} = -\left(\frac{\partial^2 \psi}{\partial x^2} + \frac{\partial^2 \psi}{\partial y^2} \right)$$

ein, so folgt, daß die Stromfunktion der Laplace-Gleichung

$$\boxed{\Delta \psi = 0} \tag{3.40}$$

genügen muß. Analog zu oben sind damit wieder die Gleichung für die Drehungsfreiheit und die Kontinuitätsgleichung zu einer Gleichung für die Stromfunktion ψ, die durch Gl. (3.39) definiert ist, zusammengefaßt. Potentialströmungen werden somit durch die Laplace-Gleichung für die Potential- und die Stromfunktion vollständig beschreiben. Die Laplace-Gleichung ist linear und Lösungen dieser Gleichung können deshalb superponiert werden. Wenn man also mehrere bekannte Lösungen (z.B. Lösungen elementarer Strömungsformen, vgl. Tab. (3.1)) zu

$$\phi = a_1\,\phi_1 + a_2\,\phi_2 + \dots + a_n\,\phi_n$$

linear überlagert ($a_1 \dots a_n$: Konstanten), so erhält man die Potentialfunktion einer weiteren Potentialströmung. Bei geeigneter Kombination lassen sich auf diese Weise gezielt Strömungsformen nachbilden (vgl. Aufgabe 3.3).

Potentiallinien sind Linien, auf denen $\phi = $ konstant gilt. Sie verbinden somit Punkte gleichen Potentials im Strömungsfeld. Für $\phi = $ konstant gilt für eine stationäre Strömung wegen

$$\mathrm{D}\phi = \frac{\partial\phi}{\partial x}\,\mathrm{d}x + \frac{\partial\phi}{\partial y}\,\mathrm{d}y = u\,\mathrm{d}x + v\,\mathrm{d}y = 0 \ ,$$

$$\left(\frac{\mathrm{d}y}{\mathrm{d}x}\right)_{\phi\,=\,\mathrm{konstant}} = -\frac{u}{v} \ . \tag{3.41}$$

Die Steigung in einem beliebigen Punkt auf der Potentiallinie läßt sich also mit Hilfe der am jeweiligen Ort herrschenden Geschwindigkeitskomponenten u und v berechnen.

Stromlinien dagegen sind Linien auf denen $\psi = $ konstant gilt. Dafür folgt wegen

$$\mathrm{D}\psi = \frac{\partial\psi}{\partial x}\,\mathrm{d}x + \frac{\partial\psi}{\partial y}\,\mathrm{d}y = -v\,\mathrm{d}x + u\,\mathrm{d}y = 0 \ ,$$

$$\left(\frac{\mathrm{d}y}{\mathrm{d}x}\right)_{\psi\,=\,\mathrm{konstant}} = \frac{v}{u} \ . \tag{3.42}$$

Die Steigung in den Punkten der Stromlinie stimmt somit stets mit der Richtung des Geschwindigkeitsvektors eines gerade am jeweiligen Punkt befindlichen Fluidteilchens überein. Bei den aus der Stromfunktion durch Vorgabe eines Wertes für ψ berechenbaren Stromlinien handelt es sich also um die bereits aus den vorherigen Kapiteln bekannten Stromlinien, auf denen sich die Fluidteilchen bei stationärer Strömung bewegen.

Aus Gl. (3.41) und Gl. (3.42) folgt auch, daß Potential- und Stromlinien im gesamten Strömungsfeld ein orthogonales Kurvennetz bilden, siehe Abb. 3.6.

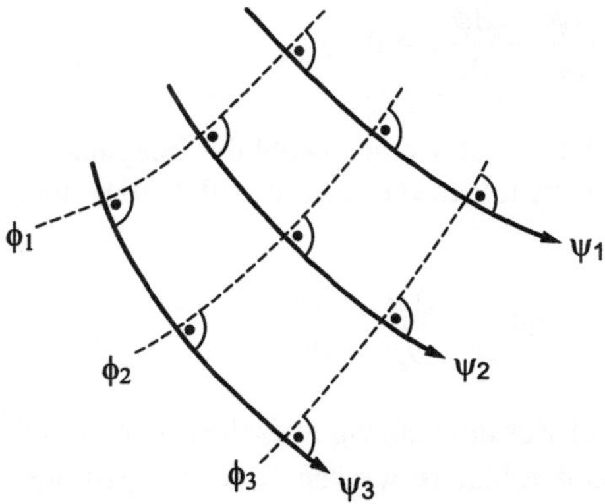

Abb. 3.6: Potential- und Stromlinien

Wie bereits gezeigt genügen Potential- und Stromfunktion jeweils der Laplace-Gleichung. Jede differenzierbare komplexe Funktion $F(z) = F(x + iy)$ ist eine Lösung der Laplace-Gleichung, denn mit $(\partial z/\partial x)^2 = 1$ und $(\partial z/\partial y)^2 = i^2 = -1$ folgt

$$\Delta F = \frac{\partial^2 F}{\partial x^2} + \frac{\partial^2 F}{\partial y^2} = \frac{\partial^2 F}{\partial z^2}\left(\frac{\partial z}{\partial x}\right)^2 + \frac{\partial^2 F}{\partial z^2}\left(\frac{\partial z}{\partial y}\right)^2 = 0 \; .$$

Betrachtet werde nun die komplexe Funktion

$$F(z) = F(x + iy) = H(x, y) + i\, G(x, y) \; .$$

Wählt man als Realteil die Potentialfunktion $\phi(x, y)$ und als Imaginärteil die Stromfunktion $\psi(x, y)$, so folgt für dieses sog. *komplexe Potential*

$$F(z) = \phi(x, y) + i\, \psi(x, y) \tag{3.43}$$

Wegen $\partial z/\partial x = 1$ und $\partial z/\partial y = i$ gilt für die partiellen Ableitungen nach x und y

$$\frac{\partial F}{\partial x} = \frac{\partial F}{\partial z}\frac{\partial z}{\partial x} = \frac{\partial F}{\partial z} = \frac{\partial \phi}{\partial x} + i\frac{\partial \psi}{\partial x} \tag{3.44}$$

$$\frac{\partial F}{\partial y} = \frac{\partial F}{\partial z}\frac{\partial z}{\partial y} = i\frac{\partial F}{\partial z} = \frac{\partial \phi}{\partial y} + i\frac{\partial \psi}{\partial y} \; . \tag{3.45}$$

Multipliziert man die erste Gleichung mit $(-i)$ und addiert beide Gleichungen, so erhält man nach einer Neuordnung der Terme

$$\frac{\partial \phi}{\partial y} + \frac{\partial \psi}{\partial x} + i\left(\frac{\partial \psi}{\partial y} - \frac{\partial \phi}{\partial x}\right) = 0$$

Eine komplexe Zahl ist dann Null, wenn sowohl der Imaginär- als auch der Realteil den Wert Null annehmen. Damit folgen die zwischen Potential- und Stromfunktion geltenden Beziehungen

$$\frac{\partial \phi}{\partial y} = -\frac{\partial \psi}{\partial x} \qquad \text{und} \qquad \frac{\partial \psi}{\partial y} = \frac{\partial \phi}{\partial x} \; .$$

Zum Schluß soll noch der Zusammenhang zwischen dem komplexen Potential und der Strömungsgeschwindigkeit erläutert werden. Für die partielle Ableitung $\partial F(z)/\partial x$ erhält man wegen Gl. (3.44)

$$\frac{\partial F(z)}{\partial z} = \frac{\partial F(z)}{\partial x} = \frac{\partial \phi}{\partial x} + i\frac{\partial \psi}{\partial x} = u - iv \; ,$$

d. h. die Ableitung der komplexen Funktion $F(z)$ nach z ergibt den konjugiert komplexen Geschwindigkeitsvektor. Man kann die Geschwindigkeitskomponenten u und v also direkt aus der Ableitung von $F(z)$ berechnen. Deshalb wird $F(z)$ auch als komplexes Potential bezeichnet.

3.4.3   Elementare Potentialströmungen

In diesem Kapitel sollen die wichtigsten elementaren ebenen Potentialströmungen behandelt werden, mit denen man durch Überlagerung weitere Potentialströmungen erhalten und damit gezielt kompliziertere Strömungsverhältnisse nachbilden kann.

- **Parallelströmung**

Bei der ebenen Parallelströmung bewegen sich die Fluidteilchen im gesamten Strömungsfeld auf zueinander parallelen geraden Stromlinien. Der Betrag der Strömungsgeschwindigkeit ist an jedem Ort gleich groß. Die ebene Parallelströmung wird durch die komplexe Funktion

$$F(z) = (u_\infty - iv_\infty)z = (u_\infty - iv_\infty)(x + iy) \tag{3.46}$$

beschrieben. Durch Multiplikation der Klammerausdrücke und Umformung folgt

$$F(z) = (u_\infty\, x + v_\infty\, y) + i\,(u_\infty\, y - v_\infty\, x)\ .$$

Der Vergleich mit Gl. (3.43) liefert

$$\phi(x, y) = u_\infty\, x + v_\infty\, y \tag{3.47}$$

und

$$\psi(x, y) = u_\infty\, y - v_\infty\, x\ . \tag{3.48}$$

Mit ψ = konstant erhält man für die Gleichung der Stromlinie

$$y = \frac{v_\infty}{u_\infty} x + \text{konstant}\ . \tag{3.49}$$

Die Stromlinien stellen damit erwartungsgemäß parallele Geraden dar. Für die Geschwindigkeitskomponenten folgt

$$u = \frac{\partial\phi}{\partial x} = u_\infty\ , \tag{3.50}$$

$$v = \frac{\partial\phi}{\partial y} = v_\infty\ , \tag{3.51}$$

und für den Betrag der resultierenden Geschwindigkeit

$$c_\infty = \sqrt{u_\infty{}^2 + v_\infty{}^2}\ . \tag{3.52}$$

In Tabelle 3.1 sind die wichtigsten Ergebnisse für die ebene Parallelströmung zusammengestellt.

- **Quell- und Senkenströmung**

Bei der Quellströmung tritt Fluid an einem bestimmten Punkt im Strömungsfeld radial und gleichmäßig verteilt in alle Richtungen der x-y-Ebene aus (Abb. 3.7a). Die Senkenströmung stellt den umgekehrten Fall dar, bei dem Fluid in einem Punkt "verschwindet" (Abb. 3.7b).

Diese beiden Strömungsformen werden durch die komplexe Funktion

$$F(z) = \frac{Q}{2\pi} \ln z \tag{3.53}$$

beschrieben. Q ist dabei die sog. *Quell-* ($Q > 0$) bzw. *Senkenstärke* ($Q < 0$). Die komplexe Variable $z = x + i\,y$ läßt sich in Polarkoordinaten in der Form

$$z = r\,\exp(i\varphi)$$

mit $r = \sqrt{x^2 + y^2}$ und $\varphi = \arctan(x/y)$ darstellen. Mit $\ln z = \ln r + i\varphi$ folgt aus Gl. (3.53) zunächst

$$F(z) = \frac{Q}{2\pi}\left(\ln\sqrt{x^2 + y^2} + i\arctan\frac{y}{x}\right)$$

und somit

$$\phi(x,y) = \frac{Q}{2\pi}\ln\sqrt{x^2 + y^2}\ , \tag{3.54}$$

$$\psi(x,y) = \frac{Q}{2\pi}\arctan\frac{y}{x}\ . \tag{3.55}$$

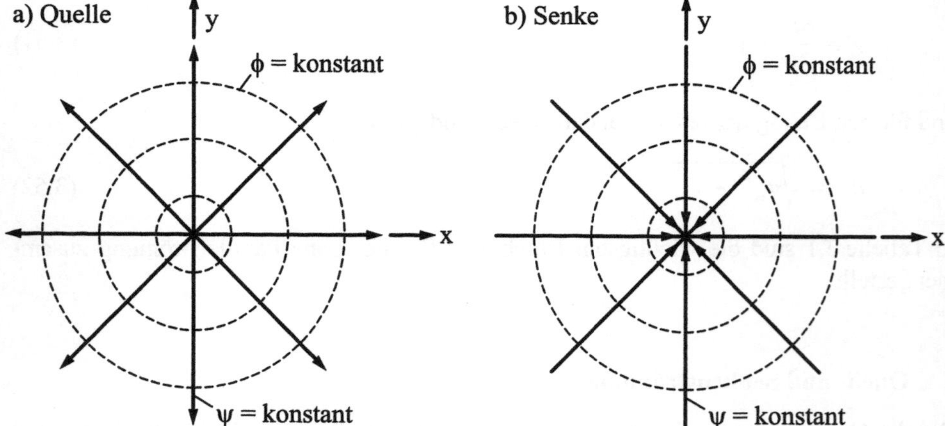

Abb. 3.7: Strom- und Potentiallinien der ebenen Quell- bzw. Senkenströmung

Daraus erhält man die Geschwindigkeitskomponenten

$$u = \frac{\partial\phi}{\partial x} = \frac{Q}{2\pi}\frac{x}{x^2 + y^2}\ , \tag{3.56}$$

$$v = \frac{\partial\phi}{\partial y} = \frac{Q}{2\pi}\frac{y}{x^2 + y^2} \tag{3.57}$$

und für die resultierende Geschwindigkeit folgt

$$c = \sqrt{u^2 + v^2} = \frac{Q}{2\pi} \frac{\sqrt{x^2 + y^2}}{x^2 + y^2} = \frac{Q}{2\pi r} \ . \tag{3.58}$$

Damit ist die Quell- oder Senkenstärke gegeben durch

$$Q = 2\pi r c \ .$$

Wählt man in Abb. 3.7 eine Potentiallinie mit dem Radius r als Kontrollinie, so stellt

$$Q = \frac{(2\pi r b)c}{b} = \frac{\dot{V}}{b} \tag{3.59}$$

den auf die Tiefe b (in z-Richtung) bezogenen und aus der Quelle aus- bzw. in die Senke einströmenden Volumenstrom $\dot{V}$ dar.

- **Wirbelströmung**

Die komplexe Funktion

$$F(z) = -\frac{\Gamma}{2\pi} i \ln z \tag{3.60}$$

beschreibt die Wirbelströmung, siehe Abb. 3.8. Es handelt sich dabei um die bereits bekannte Potentialwirbelströmung.

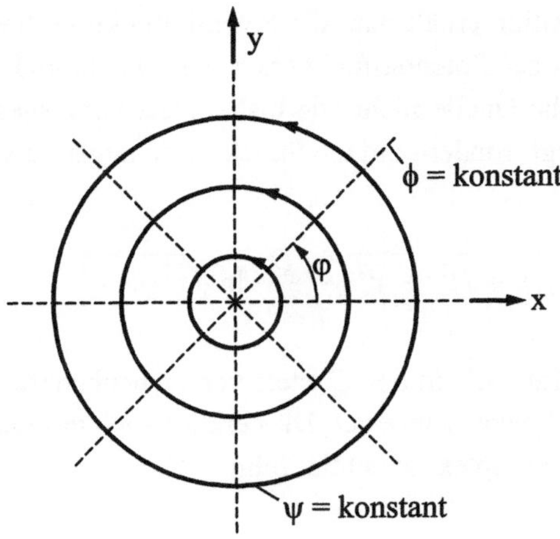

Abb. 3.8: Strom- und Potentiallinien für die ebene Potentialströmung, $\Gamma > 0$

Mit Hilfe einiger einfacher Umformungen erhält man

$$\phi(x, y) = \frac{\Gamma}{2\pi} \arctan \frac{y}{x} \qquad (3.61)$$

$$\psi(x, y) = -\frac{\Gamma}{2\pi} \ln \sqrt{x^2 + y^2} \qquad (3.62)$$

$$u(x, y) = -\frac{\Gamma}{2\pi} \frac{y}{x^2 + y^2} \qquad (3.63)$$

$$v(x, y) = \frac{\Gamma}{2\pi} \frac{x}{x^2 + y^2} \qquad (3.64)$$

und für die resultierende Geschwindigkeit

$$c(x, y) = \frac{\Gamma}{2\pi \sqrt{x^2 + y^2}} = \frac{\text{konst.}}{r} \ . \qquad (3.65)$$

Die sog. *Zirkulations-* oder *Wirbelstärke* $\Gamma = 2\pi r c$ ist ein Maß für die Drehgeschwindigkeit bzw. Rotationsstärke.

• Dipolströmung

Zunächst wird die in Abb. 3.9 gezeigte Anordnung betrachtet, bei der eine Quelle und eine Senke gleicher Quell- bzw. Senkenstärke im Abstand l auf der x-Achse angeordnet sind. Der aus der Quelle austretende Volumenstrom fließt somit vollständig in die Senke. Durch Superposition erhält man die Potentialfunktion dieser neuen Strömungsform. Bei der Addition der Potentialfunktionen von Quelle und Senke muß allerdings beachtet werden, daß die Quelle nicht wie bisher stets vorausgesetzt im Ursprung des Koordinatensystems liegt, sondern um die Strecke l in negative x-Richtung verschoben wurde, also

$$\phi_{ges} = \frac{Q}{2\pi} \ln \sqrt{(x + l)^2 + y^2} - \frac{Q}{2\pi} \ln \sqrt{x^2 + y^2}$$

folgt. Abweichend zu Tab. 3.1, in der Q stets vorzeichenbehaftet ist, stellt Q hier den Betrag der Quell- bzw. Senkenstärke dar. Dies erklärt auch das negative Vorzeichen des zweiten Terms. Für das komplexe Potential folgt

$$F(z) = \frac{Q}{2\pi} \left(\ln(z + l) - \ln(z) \right).$$

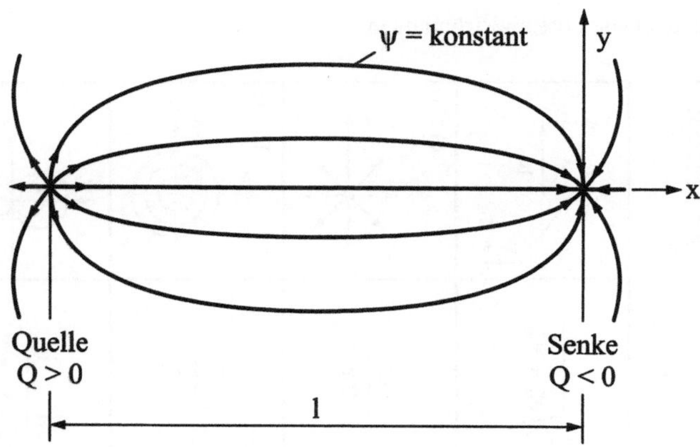

Abb. 3.9: Stromlinien eines Quell-Senken-Paares

Die sog. ebene Dipolströmung erhält man, indem man den Abstand l zwischen Quelle und Senke gegen Null gehen läßt und dabei das *Dipolmoment*

$$M = Q\,l \tag{3.66}$$

konstant hält ($Q \to \infty$). Für das komplexe Potential des Dipols erhält man

$$F(z) = \lim_{l \to 0} \frac{M}{2\pi} \frac{\ln(z + l) - \ln(z)}{l}$$

$$= \frac{M}{2\pi z} = \frac{M}{2\pi} \left(\frac{1}{x + i\,y} \right) = \frac{M}{2\pi} \frac{(x - i\,y)}{x^2 + y^2}\,. \tag{3.67}$$

Für Potential- und Stromfunktion folgt daraus

$$\phi(x, y) = \frac{M}{2\pi} \frac{x}{x^2 + y^2} \tag{3.68}$$

$$\psi(x, y) = -\frac{M}{2\pi} \frac{y}{x^2 + y^2}\,. \tag{3.69}$$

Potential- und Stromlinien sind in Abb. 3.10 graphisch dargestellt. Die Geschwindigkeitskomponenten berechnet man wieder durch partielle Differentation (vgl. Tab. 3.1).

Tab. 3.1: Elementare ebene Potentialströmungen

Komplexes Potential $F(z)$	Potential-funktion $\phi(x, y)$	Strom-funktion $\psi(x, y)$	Geschwindigkeiten			Stromlinien $\psi = \text{konstant}$
			u	v	c	
Parallel-strömung $(u_\infty - i\, v_\infty)\, z$	$u_\infty \cdot x + v_\infty \cdot y$	$u_\infty \cdot y - v_\infty \cdot x$	u_∞	v_∞	$\sqrt{u_\infty^2 + v_\infty^2}$	
Quell- (Senken-) strömung $Q > 0\,(Q < 0)$ $\dfrac{Q}{2\pi}\ln z$	$\dfrac{Q}{2\pi}\ln r$ $r = \sqrt{x^2 + y^2}$	$\dfrac{Q}{2\pi}\varphi$ $\varphi = \arctan\dfrac{y}{x}$	$\dfrac{Q}{2\pi}\dfrac{x}{\left(x^2 + y^2\right)}$	$\dfrac{Q}{2\pi}\dfrac{y}{\left(x^2 + y^2\right)}$	$\dfrac{Q}{2\pi r}$	
Wirbelströmung $\Gamma > 0:$ linksdrehend $-\dfrac{\Gamma}{2\pi}i\ln z$	$\dfrac{\Gamma}{2\pi}\varphi$ $\varphi = \arctan\dfrac{y}{x}$	$-\dfrac{\Gamma}{2\pi}\ln r$ $r = \sqrt{x^2 + y^2}$	$-\dfrac{\Gamma}{2\pi}\dfrac{y}{\left(x^2 + y^2\right)}$	$\dfrac{\Gamma}{2\pi}\dfrac{x}{\left(x^2 + y^2\right)}$	$\dfrac{\Gamma}{2\pi r}$	
Dipol $\dfrac{M}{2\pi z}$	$\dfrac{M}{2\pi}\dfrac{x}{x^2 + y^2}$	$-\dfrac{M}{2\pi}\dfrac{y}{x^2 + y^2}$	$-\dfrac{M}{2\pi}\dfrac{x^2 - y^2}{\left(x^2 + y^2\right)^2}$	$-\dfrac{M}{2\pi}\dfrac{2xy}{\left(x^2 + y^2\right)^2}$	$\dfrac{M}{2\pi}\dfrac{1}{x^2 + y^2}$	

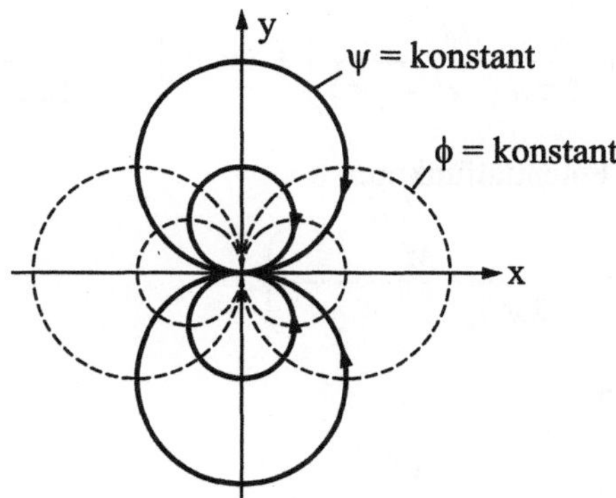

Abb. 3.10: Strom- und Potentiallinien für die ebene Dipolströmung, $M > 0$

Anmerkung: Ein Dipol läßt sich auch dadurch erzeugen, daß man auf der y-Achse zwei gegensinnig drehende Potentialwirbel gleicher Zirkulationsstärke Γ im Abstand l anordnet und beim Grenzübergang $l \rightarrow 0$ das Dipolmoment $M = \Gamma l$ konstant hält.

Die Ergebnisse der bisher behandelten vier elementaren Potentialströmungen sind in Tab. 3.1 zusammengefaßt.

3.4.4 Zylinderumströmung

Im folgenden wird eine Potentialströmung betrachtet, die die reibungsfreie Umströmung eines querangeströmten Zylinders nachbildet. Diese Strömungsform erhält man durch Überlagerung elementarer Potentialströmungen. Zunächst wird die Strömung um einen feststehenden Zylinder (Überlagerung von Parallel- und Dipolströmung) betrachtet. Durch zusätzliche Addition eines Potentialwirbels erfährt der dann rotierende Zylinder eine Auftriebskraft.

- **Parallelströmung mit Dipolströmung**

Diese Strömungsform wird durch die komplexe Funktion

$$F(z) = u_\infty z + \frac{M}{2\pi z} \tag{3.70}$$

beschrieben, die man durch Addition der komplexen Potentiale von Parallelströmung (in diesem Fall parallel zur x-Achse) und Dipolströmung erhält. Durch einfache Umformung folgt daraus

$$F(z) = u_\infty x \left(1 + \frac{M}{2\pi u_\infty (x^2 + y^2)} \right) + i u_\infty y \left(1 - \frac{M}{2\pi u_\infty (x^2 + y^2)} \right).$$

Damit erhält man für die Potentialfunktion

$$\phi(x, y) = u_\infty x \left(1 + \frac{M}{2\pi u_\infty (x^2 + y^2)} \right) \qquad (3.71)$$

und für die Stromfunktion

$$\psi(x, y) = u_\infty y \left(1 - \frac{M}{2\pi u_\infty (x^2 + y^2)} \right) \qquad (3.72)$$

Ein Vergleich mit Tab. 3.1 zeigt, daß man dieses Ergebnis auch durch einfache Addition der Strom- und Potentialfunktionen erhält (Superpositionsprinzip). Der Verlauf der Stromlinien ist in Abb. 3.11 dargestellt.

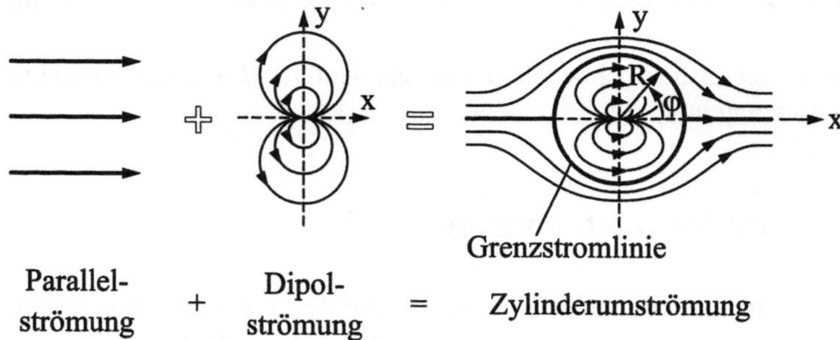

Abb. 3.11: Zylinderumströmung

Es existiert eine Grenzstromlinie in Form eines Kreises, die die Außenströmung von der Innenströmung trennt. Die Strömung im Zylinder ist in diesem Fall nicht von Interesse. Betrachtet wird das Strömungsfeld außerhalb der Grenzstromlinie (Körperkontur). Auf der Kontur bilden sich zwei Staupunkte, für die $u = v = 0$ gilt. Die Beziehungen zur Berechnung der Geschwindigkeitskomponenten u und v im Strömungsfeld um den Zylinder erhält man wieder durch partielle Differentation der Potentialfunktion nach x und y oder aber durch Superposition aus Tab. 3.1 zu

$$u(x, y) = u_\infty - \frac{M}{2\pi} \frac{x^2 - y^2}{\left(x^2 + y^2 \right)^2} \qquad (3.73)$$

und

$$v\,(x,y) = -\,\frac{M}{2\,\pi}\,\frac{2\,xy}{\left(x^2 + y^2\right)^2}\;.\tag{3.74}$$

Mit der Bedingung $u = v = 0$ erhält man aus Gl. (3.73) und Gl. (3.74) die Koordinaten der Staupunkte. Aus Gl. (3.72) folgt schließlich der Wert $\psi_K = 0$ für die Grenzstromlinie

$$x^2 + y^2 = R^2\;,\tag{3.75}$$

die wie erwartet einen Kreis darstellt. Neben der Kreiskontur gehört auch die x-Achse zur Nullstromlinie, denn aus der Bedingung

$$\psi_K = 0 = y\left(u_\infty - \frac{M}{2\,\pi}\,\frac{1}{x^2 + y^2}\right)$$

folgt

$$y = 0 \qquad \text{oder} \qquad \frac{M}{2\,\pi\,u_\infty} = x^2 + y^2 = R^2\;.$$

Es soll nun noch der Druckverlauf auf der Kontur ermittelt werden. Für eine beliebige Stromlinie um den Kreiszylinder liefert die Bernoulli-Gleichung

$$p + \frac{\rho}{2}\,c^2 = p_\infty + \frac{\rho}{2}\,u_\infty^2 = p_0\;.$$

Damit folgt für den Druckkoeffizienten

$$c_p \equiv \frac{p - p_\infty}{\dfrac{\rho}{2}\,u_\infty^2}\tag{3.76}$$

die Beziehung

$$c_p = 1 - \left(\frac{c}{u_\infty}\right)^2\tag{3.77}$$

mit $c^2 = u^2 + v^2$ und u bzw. v aus Gl. (3.73) bzw. Gl. (3.74). Auf der Zylinderoberfläche gilt

$$x^2 + y^2 = \frac{M}{2\,\pi\,u_\infty} = R^2\;.$$

Führt man zusätzlich noch den Winkel φ (Abb. 3.11) durch

$$\sin \varphi = \frac{y}{R} = \frac{y \, 2\pi u_\infty}{M}$$

ein, so folgt nach einigen Umformungen für die resultierende Geschwindigkeit parallel
zur Zylinderoberfläche

$$c = 2 u_\infty \left| \sin \varphi \right| . \tag{3.78}$$

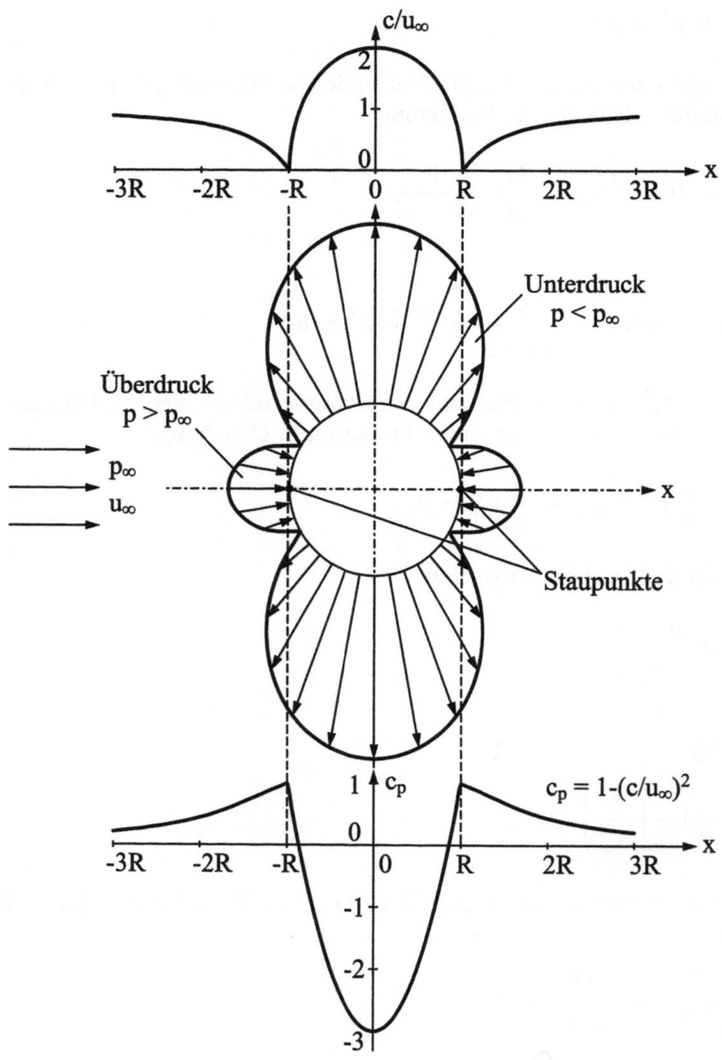

Abb. 3.12: Zylinderumströmung: Geschwindigkeits- und Druckverteilung auf der Kontur

Für den Druckkoeffizienten erhält man damit

$$c_p = 1 - 4\sin^2 \varphi \ . \tag{3.79}$$

Die Verläufe des Geschwindigkeitsverhältnisses c/u_∞ und des Druckkoeffizienten c_p sind in Abb. 3.12 dargestellt. Während die lokale Geschwindigkeit im Scheitelpunkt des Zylinders den Maximalwert $c = 2u_\infty$ annimmt, sinkt der Druckkoeffizient dort auf den minimalen Wert von $c_p = -3$ ab. Negative c_p-Werte bedeuten Unterdruck, denn $p < p_\infty$. Im umgekehrten Fall gilt $c_p > 0$.

Bei der Betrachtung der Druckverteilung um den Zylinder fällt auf, daß diese symmetrisch zur x- und y-Achse ist, d. h. es treten weder in x-Richtung eine resultierende Widerstandskraft noch in y-Richtung eine Auftriebskraft auf.

In Abb. 3.13 ist die reibungsbehaftete Umströmung eines realen Zylinders für Re = 1 dargestellt. Die Stromlinien sind bei dieser niedrigen Reynoldszahl (siehe Kap. 4.3.5) praktisch identisch mit denen der Potentialströmung, obwohl die Ursache dafür im Gegensatz zur reibungsfreien Potentialströmung gerade in der Tatsache begründet liegt, daß die Reibungskräfte das Strömungsverhalten dominieren.

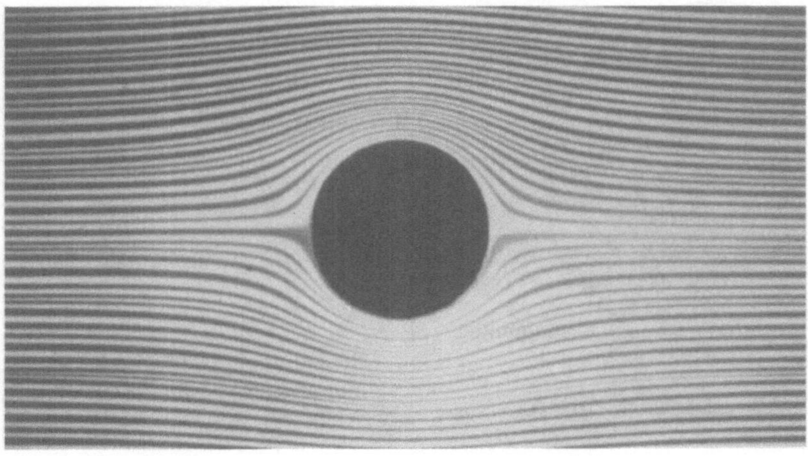

Abb. 3.13: Querangeströmter Zylinder, Re = 1 (entnommen aus Van Dyke, 1982)

- **Zylinderumströmung mit Wirbel**

Überlagert man nun der Zylinderumströmung zusätzlich noch eine Wirbelströmung, so gilt für das komplexe Potential

$$F(z) = u_\infty \left(z + \frac{R^2}{z} \right) + \frac{\Gamma}{2\pi} i \ln z \ . \tag{3.80}$$

Die Geschwindigkeit c auf der Grenzstromlinie muß jetzt um den Anteil erweitert werden, den der Wirbel beiträgt (Tab. 3.1), so daß

$$c = 2 u_\infty \ |\sin \varphi| + \frac{\Gamma}{2\pi R} \tag{3.81}$$

folgt. Für den Druckkoeffizienten

$$c_p = 1 - \left(\frac{c}{u_\infty} \right)^2$$

erhält man

$$c_p = 1 - \left(2 \ |\sin \varphi| + \frac{\Gamma}{2\pi R u_\infty} \right)^2 \ . \tag{3.82}$$

Der Verlauf $c_p \ (\varphi)$ ist in Abb. 3.14 graphisch dargestellt.

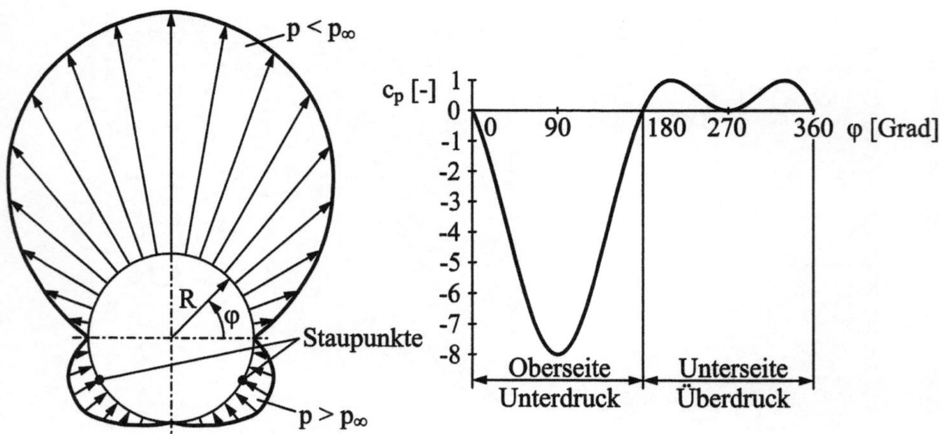

Abb. 3.14: Zylinderumströmung mit Wirbel: Druckverteilung auf der Kontur

Die Stromfunktion dieser aus Parallelströmung, Dipol und Potentialwirbel zusammengesetzten Strömungsform lautet jetzt

$$\psi = u_\infty \, y - \frac{M}{2\pi} \frac{y}{x^2 + y^2} - \frac{(-\Gamma)}{2\pi} \ln \sqrt{x^2 + y^2} \tag{3.83}$$

Die Zirkulationsstärke Γ ist mit einem negativen Vorzeichen versehen, da ein rechtsdrehender Wirbel verwendet worden ist.

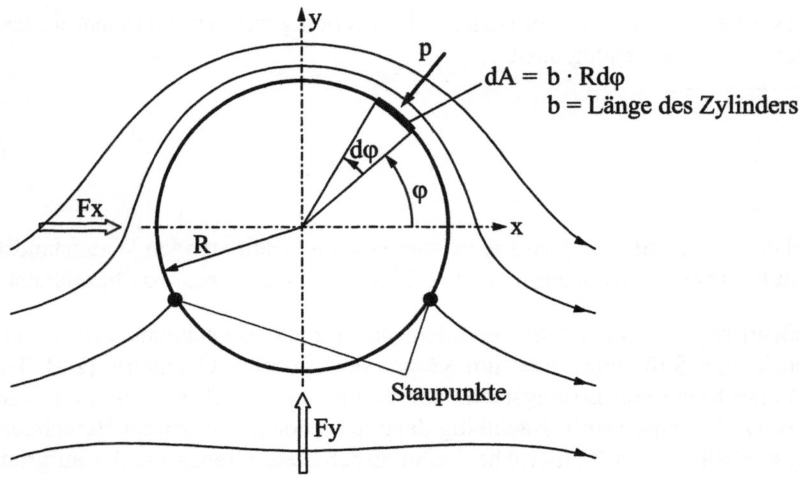

Abb. 3.15: Stromlinienbild

In Abb. 3.15 ist das Stromlinienbild dargestellt. Mit steigendem Betrag der Zirkulationsstärke wandern die beiden Staupunkte aufeinander zu, bis schließlich im Schnittpunkt der Kontur mit der negativen y-Achse nur noch ein Staupunkt vorliegt, der sich bei weiterer Steigerung von Γ sogar entlang der y-Achse nach unten in das Strömungsfeld verlagert. Das Stromlinienbild ist nicht mehr symmetrisch zur x-Achse. Dies gilt ebenfalls für die Druckverteilung auf der Kontur. Dadurch entsteht eine resultierende Kraft in y-Richtung (Auftriebskraft), die man durch Integration des Druckverlaufs über den Umfang zu

$$F_y = - \int\limits_0^{2\pi} b\,R\,(p - p_\infty)\,\sin\varphi\;\mathrm{d}\varphi$$

erhält. Dabei ist b die Länge des Zylinders. Mit den Beziehungen für den Druckkoeffizienten Gl. (3.76) und Gl. (3.77) und der für die Geschwindigkeit c, Gl. (3.81), folgt daraus schließlich die sog. *Kutta-Joukowski-Beziehung*

$$\boxed{F_y = \varrho\,u_\infty\,b\,\Gamma}\quad,\tag{3.84}$$

nach der der Auftrieb proportional zur Zirkulation Γ und zur Anströmgeschwindigkeit u_∞ ist.

Für die resultierende Kraft, die in horizontaler Richtung auf den reibungsfrei umströmten Körper wirkt, folgt analog dazu

$$\boxed{F_x = 0} \quad . \tag{3.85}$$

Aufgrund der Symmetrie zur y-Achse existieren keine resultierenden Widerstandskräfte in x-Richtung. Dieses Phänomen wird als *D'Alembertsches Paradoxon* bezeichnet.

Abschließend sei noch darauf hingewiesen, daß für die Berechnung zwei- und auch dreidimensionaler Strömungsfelder um Körper vorgegebener Geometrie (z. B. Tragflügelprofil) eine Reihe von Lösungsmethoden und mathematischen Verfahren existieren (siehe z. B. O. Tietjens, 1960). Nachteilig dabei ist jedoch, daß bei der Berechnung der Strömungsverhältnisse in Körpernähe (reibungsbehaftete Grenzschicht!) aufgrund der Vorraussetzung der Reibungsfreiheit zum Teil erhebliche Abweichungen von der Realität auftreten. Die Haftbedingung an festen Wänden kann nicht erfüllt werden. Ein besonderer Vorteil ist jedoch der Erhalt geschlossener Lösungen und die Möglichkeit, diese Lösungen in einfacher Weise zu superponieren. Dadurch können neue Potentialströmungen erstellt und gegebene Geometrien und Strömungsverhältnisse abgebildet werden. Teilt man das Strömungsfeld in eine reibungsfreie Außenströmung und eine reibungsbehaftete Grenzschicht in Wandnähe ein (vgl. Kap. 5.2), so kann die Außenströmung mit Hilfe der Potentialtheorie berechnet werden. Damit sind dann auch die Strömungsgrößen am äußeren Rand der Grenzschicht bekannt, die zur Lösung der Grenzschichtgleichungen benötigt werden.

3.5 Übungsaufgaben

Aufgabe 3.1:

Gegeben ist das folgende Geschwindigkeitsfeld einer ebenen Strömung:

$$\vec{v} = \begin{pmatrix} u \\ v \end{pmatrix} = \begin{pmatrix} 2\,A\,x \\ -2\,A\,y \end{pmatrix}, \qquad A = \text{konst.}$$

a)   Weisen Sie nach, daß es sich bei der angegebenen Geschwindigkeitsverteilung um das Geschwindigkeitsfeld einer Potentialströmung handelt.

b)   Berechnen Sie die Lage des Staupunktes.

c)   Bestimmen Sie eine Stromfunktion.

d)   Skizzieren Sie die Stromlinien im Bereich $-\infty < x < \infty$ und $y \geq 0$ für den Fall $A > 0$.

Aufgabe 3.2:

Leiten Sie eine Beziehung zur Berechnung des Volumenstroms eines inkompressiblen Fluids zwischen zwei Stromlinien für die ebene stationäre Potentialströmung her.

Aufgabe 3.3:

Zur näherungsweisen Berechnung der Strömung durch eine konvergente Düse werden zwei Potentialwirbel mit unterschiedlichem Drehsinn im Abstand $2L$ voneinander auf einer Senkrechten angeordnet. Man berechne die Geschwindigkeitsverteilung $u(x,0)$ in der Düsenachse.

Gegeben: L; Γ

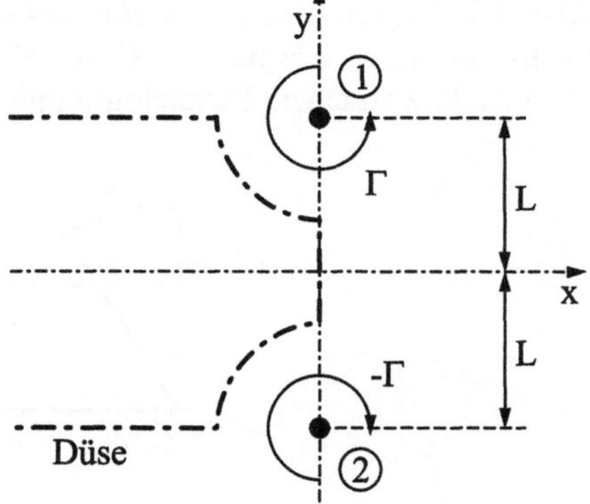

4 Einfache reibungsbehaftete Strömungen

4.1 Elastizität und Viskosität

In diesem Abschnitt wird der Unterschied zwischen festen Körpern und Fluiden hinsichtlich des Zusammenhangs zwischen *Schubspannung* und *Formänderung* bzw. *Formänderungsgeschwindigkeit* erläutert. Zuerst werde dazu die Verformung des in Abb. 4.1 dargestellten *festen elastischen Körpers* betrachtet. Für den Fall, daß an der Oberseite dieses Körpers die Kraft F angreift, verformt sich der ursprünglich rechteckige Klotz zu einem Parallelogramm.

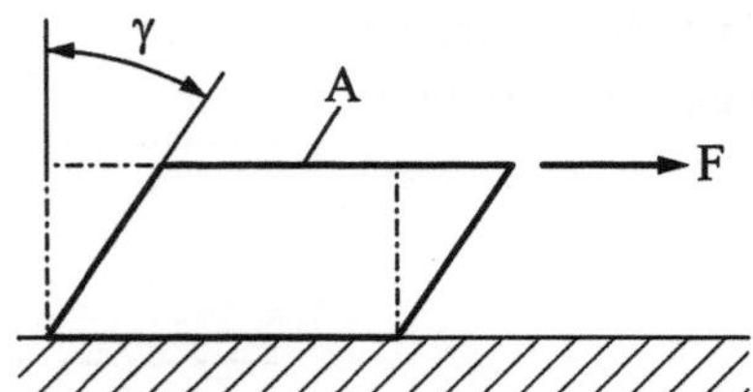

Abb. 4.1: Verformung eines festen elastischen Körpers

Das *Hooksche Gesetz* liefert für die Schubspannung im *linear-elastischen Körper*

$$\tau = \frac{F}{A} = \gamma G \tag{4.1}$$

mit dem Schubmodul G und dem Scherwinkel γ. Der Scherwinkel ist ein Maß für die Verformung, die im folgenden auch als Formänderung bezeichnet wird. Damit gilt bei festen linear-elastischen Körpern der Zusammenhang:

Schubspannung ~ Formänderung.

Zur Ableitung einer für Fluide geltenden Beziehung werde die in Abb. 4.2 dargestellte Flüssigkeit zwischen zwei Platten betrachtet, wobei die untere Platte ruht und die obere mit einer konstanten Kraft F gezogen wird. Aufgrund der Haftbedingung an den Platten wird die Schubspannung $\tau = F/A$ auf das Fluid übertragen.

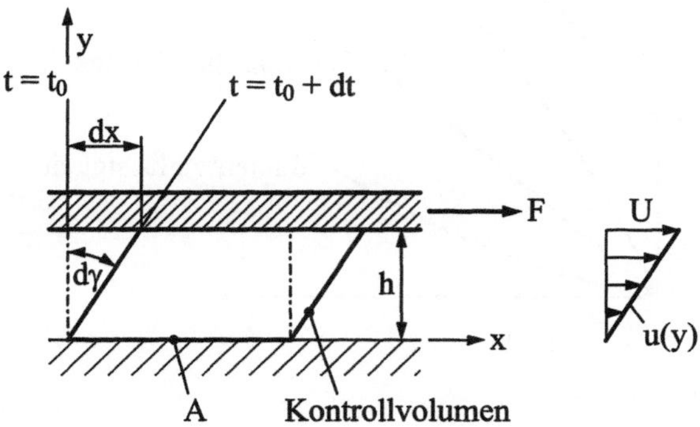

Abb. 4.2: Übertragung von Schubspannungen durch Fluide

Weil Flüssigkeiten in Ruhe keine Scherspannungen aufnehmen und übertragen können, beginnt das Fluid im Gegensatz zum festen elastischen Körper zu fließen. Das Flüssigkeitsvolumen verformt sich deshalb solange, wie die Kraft F auf die obere Platte einwirkt. Die Strecke dx wächst somit bei konstanter Schubbeanspruchung gleichförmig entsprechend $dx = U\,dt$ und der Scherwinkel γ nimmt kontinuierlich zu. Zwischen den Platten bildet sich eine Fluidströmung aus, bei der die Fließgeschwindigkeit linear mit y ansteigt. Für diese sog. *Couette-Strömung* gilt die Geschwindigkeitsverteilung

$$u(y) = U\,\frac{y}{h}. \tag{4.2}$$

Die Geschwindigkeit U ist die Verschiebung dx der oberen Platte pro Zeit,

$$U = \frac{dx}{dt}.$$

Für die Verschiebung dx erhält man mit der differentiellen Winkeländerung $d\gamma$

$$dx = h\,d\gamma.$$

Mit den beiden letzten Beziehungen folgt damit

$$U = h\,\frac{d\gamma}{dt} = h\dot{\gamma}. \tag{4.3}$$

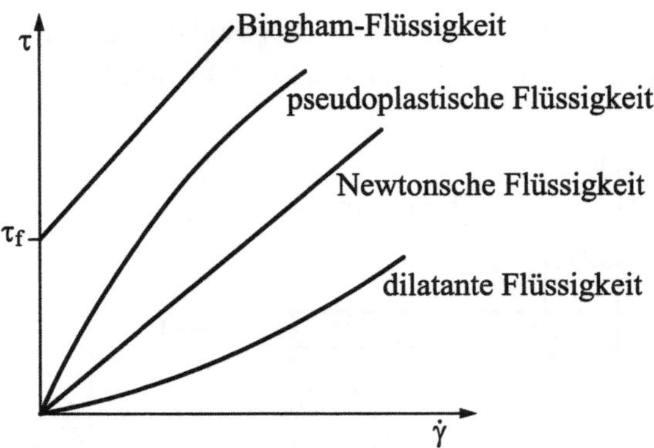

Abb. 4.3: Fließfunktionen

Die Übertragung der Schubspannung innerhalb eines viskosen (zähen) Fluids geschieht durch Reibung zwischen den Fluidteilchen der unterschiedlich schnell strömenden Schichten. Die Formänderungsgeschwindigkeit $\dot{\gamma}$ ist ein Maß für die Größe der Geschwindigkeitsunterschiede zwischen zwei benachbarten Fluidschichten und damit ebenfalls ein Maß für die übertragene Schubspannung. Der Zusammenhang zwischen der Schubspannung τ und der Formänderungsgeschwindigkeit $\dot{\gamma}$ ist im allgemeinen Fall durch die *Fließfunktion*

$$\tau = f(\dot{\gamma})$$

gegeben, die für unterschiedliche Fluidgruppen in Abb. 4.3 dargestellt ist. Danach unterscheidet man zwischen Bingham-Flüssigkeiten, pseudoplastischen, dilatanten und Newtonschen Fluiden. Das Bingham-Medium verhält sich bei Scherbeanspruchung bis zu einer gewissen Schubspannung, der Fließspannung τ_F, wie ein fester elastischer Körper und beginnt erst für $\tau > \tau_F$ wie ein Newtonsches Fluid zu fließen. Zusätzlich zu den in Abb. 4.3 dargestellten Fluiden gibt es noch die sog. viskoelastischen Medien, die sich bei Stoßbelastung wie ein elastischer Körper und bei Dauerbelastung wie eine Flüssigkeit verhalten. Im folgenden sollen die Betrachtungen auf Newtonsche Fluide beschränkt werden. Das Modell des Newtonschen Fluids ist für viele praktisch interessante Fluide wie z. B. Wasser und Luft in guter Näherung gültig. Für diese Fluide ist der Zusammenhang zwischen τ und $\dot{\gamma}$ linear. Für die von einem Newtonschen Fluid übertragene Schubspannung folgt also

$$\tau = \frac{F}{A} \sim \dot{\gamma} = \frac{U}{h} \ .$$

Als Proportionalitätsfaktor verwendet man die sog. *dynamische Viskosität* η mit der Dimension $\mathrm{Ns/m^2}$. Damit folgt

$$\tau = \eta \, \frac{U}{h} = \eta \, \dot{\gamma} \tag{4.4}$$

bzw. der Schubspannungsansatz

$$\boxed{\tau = \eta \, \frac{\mathrm{d}u}{\mathrm{d}y}} \tag{4.5}$$

Für Newtonsche Fluide ergibt sich damit der Zusammenhang:

Schubspannung ~ Formänderungsgeschwindigkeit.

Die dynamische Viskosität ist eine charakteristische Größe für die Übertragung von Kräften. Sie ist bei Newtonschen Fluiden für feste Werte von Druck und Temperatur eine Konstante und entspricht der Steigung der Ursprungsgeraden in Abb. 4.3. In der Strömungsmechanik wird neben der dynamischen Viskosität η noch eine weitere Zähigkeit, die sog. *kinematische Viskosität* ν mit der Dimension $\mathrm{m/s^2}$ verwendet. Sie ist die eigentliche Transportgröße für den Impuls und kann mittels der Gaskinetik als Produkt aus mittlerer freier Weglänge und mittlerer Molekulargeschwindigkeit interpretiert werden. Die beiden Viskositäten η und ν sind durch die Beziehung

$$\boxed{\rho \nu = \eta} \tag{4.6}$$

miteinander verknüpft.

Tabelle 4.1: Dynamische und kinematische Viskositäten von Luft und Wasser bei 1 bar und 20°C

		Luft	Wasser
Dynamische Viskosität η	$\left[\dfrac{\mathrm{N\,s}}{\mathrm{m^2}}\right]$	$18{,}24 \cdot 10^{-6}$	$1002 \cdot 10^{-6}$
Kinematische Viskosität ν	$\left[\dfrac{\mathrm{m^2}}{\mathrm{s}}\right]$	$15{,}35 \cdot 10^{-6}$	$1{,}004 \cdot 10^{-6}$

In Tabelle 4.1 sind für Wasser und Luft Zahlenwerte für die dynamische und kinematische Viskosität bei 1 bar und 20°C angegeben (vgl. z. B. VDI-Wärmeatlas).

4.2 Impulssatz

4.2.1 Allgemeine Formulierung

Mit dem Impulssatz kann man Veränderungen der Fluidgeschwindigkeit und Strömungsrichtung berechnen, die aufgrund äußerer Kräfte hervorgerufen werden, oder anders herum auch Kräfte auf um- und durchströmte Körper ermitteln, wenn die durch sie hervorgerufenen Änderungen der Strömungsgrößen bekannt sind.

Der Impuls einer Masse m, die sich mit der Geschwindigkeit $\vec{c}$ bewegt, ist definiert als

$$\vec{I} = m \, \vec{c} \; . \tag{4.7}$$

Für ein System von n Massenpunkten m_i, die sich jeweils mit den Geschwindigkeiten $\vec{c}_i$ bewegen, erhält man

$$\vec{I} = \sum_{i=1}^{n} m_i \, \vec{c}_i \; . \tag{4.8}$$

Handelt es sich um eine abgeschlossene Fluidmenge, so muß über das Volumen integriert werden und es folgt wegen $\mathrm{d}\vec{I} = \vec{c} \, \mathrm{d}m = \rho \, \vec{c} \, \mathrm{d}V$

$$\vec{I}(t) = \int_{V(t)} \rho \, \vec{c} \, \mathrm{d}V \; . \tag{4.9}$$

Der aus der Festkörpermechanik bekannte Impulssatz

$$\frac{\mathrm{D}\vec{I}(t)}{\mathrm{D}t} = \sum \vec{F} \; , \tag{4.10}$$

der besagt, daß die zeitliche Änderung des Impulses (substantielle Ableitung) gleich der Summe der äußeren und auf das mitbewegte Kontrollvolumen wirkende Kräfte ist, läßt sich auch auf abgeschlossene Fluidmengen (mitbewegtes Kontrollvolumen) anwenden, wenn der Impuls nach Gl. (4.9) bestimmt wird.

Für *ortsfeste* und damit *durchströmte Kontrollräume* läßt sich die linke Seite von Gl. (4.10) in der Form

$$\frac{D\vec{I}}{Dt} = \int\limits_{V(t)} \frac{\partial \rho\,\vec{c}}{\partial t}\,dV + \oint\limits_{A(t)} \rho\,\vec{c}\,(\vec{c}\,\vec{n})\,dA = \frac{\partial \vec{I}}{\partial t} + \vec{I}_2 - \vec{I}_1 \tag{4.11}$$

schreiben, wobei V das Volumen und A die Oberfläche des Kontrollraumes bedeuten, (siehe dazu z. B. Truckenbrodt, 1980). Der Einheitsnormalenvektor $\vec{n}$ steht senkrecht auf dem Flächenstück dA und ist stets nach außen gerichtet, zeigt also aus dem Kontrollvolumen heraus. Die totale Änderung des Gesamtimpulses mit der Zeit läßt sich somit bei Betrachtung ortsfester Kontrollräume in einen rein zeitabhängigen und einen weiteren Anteil, der die Impulsänderung aufgrund zu- und abfließender Massen- und damit auch Impulsströme bilanziert, aufspalten. $\vec{I}_1$ ist die Summe aller durch die Oberfläche A in den Kontrollraum einfließenden Impulsströme, $\vec{I}_2$ faßt die ausfließenden Impulsströme zusammen, siehe auch Abb. 4.4. Für den Betrag des Impulsstromes $d\vec{I}$ gilt $\left| d\vec{I} \right| = \rho\,dA\,c^2$, seine Orientierung stimmt mit derjenigen der Strömungsgeschwindigkeit $\vec{c}$ überein. Mit Gl. (4.10) und Gl. (4.11) folgt

$$\boxed{\; \frac{\partial \vec{I}}{\partial t} = \vec{I}_1 - \vec{I}_2 + \sum \vec{F} \;} \,, \tag{4.12}$$

d. h. die zeitliche Änderung des Impulses in einem ortsfesten Kontrollvolumen ist gleich der Differenz der ein- und austretenden Impulsströme zuzüglich der Summe der auf das Kontrollvolumen wirksamen Kräfte.

In Kap. 2 und Kap. 3 wurde der Impulssatz bisher in einer Form verwendet, die die totale Änderung des Impulses an ortsfesten *Punkten* im Strömungsfeld bilanziert. Sie ergibt sich formal aus dem Transporttheorem für die Feldgröße (Gl. (3.11)), wenn für die Eigenschaft F der Impuls gewählt wird. Die in diesem Kapitel verwendete Form des Impulssatzes läßt sich aus dem Transporttheorem für die Volumeneigenschaft (siehe Literaturangabe unter Gl.(4.11)) ableiten und gilt für ortsfeste *Kontrollräume*.

Für stationäre Strömungen reduziert sich Gl. (4.12) auf

$$\vec{I}_2 - \vec{I}_1 = \sum \vec{F} = \vec{F}_p + \vec{F}_g + \vec{F}_{12} \,. \tag{4.13}$$

Als Kräfte wirken die *Druckkraft*

$$\vec{F}_p = - \int_A p\,\vec{n}\,\mathrm{d}A\ ,$$

die *Gewichtskraft*

$$\vec{F}_g = \varrho\,V\,\vec{g}$$

und die *Oberflächenkraft* $\vec{F}_{12}$, die von einer Wand auf das Fluid übertragen wird.

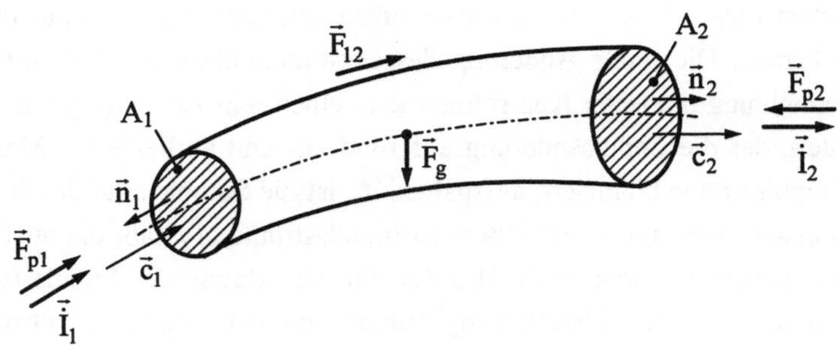

Abb. 4.4: Formulierung des Impulssatzes

Zur Ableitung des Impulssatzes für den Stromfaden werde nun die Strömung durch den in Abb. 4.5 dargestellten Rohrkrümmer betrachtet. Bei stationärer Strömung ändern sich die Geschwindigkeiten c_1 und c_2 nicht. Aufgrund des raumfesten Kontrollvolumens sind auch die Querschnittsflächen A_1 und A_2 konstant. Damit folgt

$$\vec{I}_1 = \rho\,A_1\,c_1^2\,\vec{e}_{t,1}\ ,$$

$$\vec{I}_2 = \rho\,A_2\,c_2^2\,\vec{e}_{t,2}\ ,$$

$$\vec{F}_{p1} = A_1\,p_1\,\vec{e}_{t,1}\ ,$$

und

$$\vec{F}_{p2} = -\,A_2\,p_2\,\vec{e}_{t,2}$$

mit

$$\vec{e}_{t,1} = (-1,0) \qquad \text{und} \qquad \vec{e}_{t,2} = (0,1)\ .$$

Statt der Normaleneinheitsvektoren $\vec{n}$, deren Orientierung stets aus dem Kontrollraum heraus gerichtet ist, werden jetzt die in Strömungsrichtung weisenden Einheitsvektoren $\vec{e}_t$ verwendet, mit deren Hilfe sich der *Impulssatz für den Stromfaden*

$$\left(\rho_2\, A_2\, c_2^2 + p_2\, A_2\right) \vec{e}_{t,2} - \left(\rho_1\, A_1\, c_1^2 + p_1\, A_1\right) \vec{e}_{t,1} = \vec{F}_{12} \qquad (4.14)$$

übersichtlich darstellen läßt.

Wenn man Gl. (4.14) in Komponentenschreibweise verwendet, so stellt die erste Zeile den Impulssatz in x-Richtung und die zweite Zeile denjenigen in y-Richtung dar. Dabei ist $\vec{F}_{12} = (F_{12,x}\,, F_{12,y})$ die resultierende Kraft, die die Wand auf die Strömung ausübt. Die Gewichtskraft des Fluids im Rohrkrümmer ist in $\vec{F}_{12}$ allerdings nicht enthalten, da beim Übergang von Gl. (4.13) auf Gl. (4.14) die Schwerkraft nicht mehr berücksichtigt wurde.

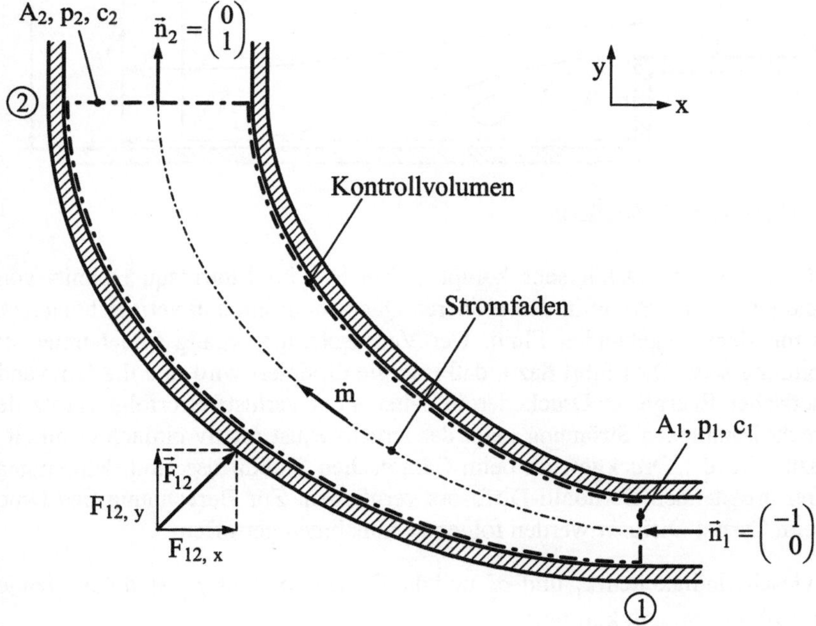

Abb. 4.5: Strömung durch einen Rohrkrümmer, Ableitung des Impulssatzes

Im folgenden Abschnitt wird der Impulssatz auf die Strömung in einem Diffusor angewendet. Ziel ist dabei die Berechnung von Strömungsverlusten.

4.2.2 Carnotscher Stoßdiffusor

In Abb. 4.6 ist die Strömung in einem Rohr bei *plötzlicher Erweiterung* des Strömungs-
querschnittes von A_1 auf A_2 dargestellt.

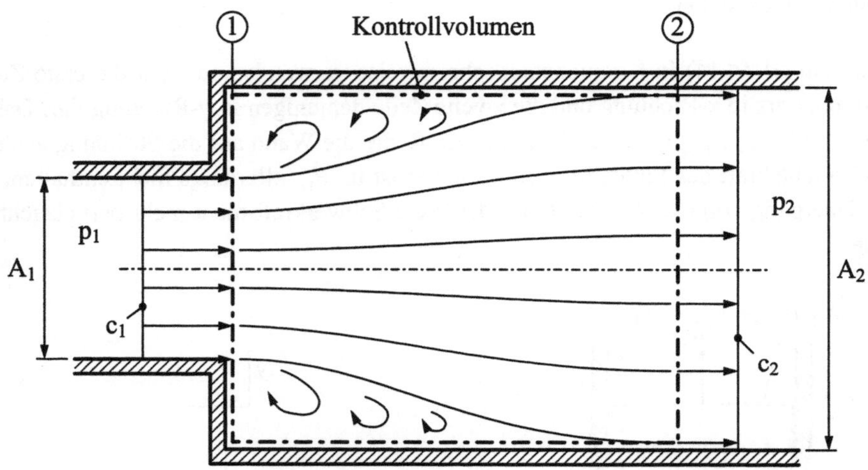

Abb. 4.6: Carnotscher Stoßdiffusor

Die Strömung ist im Detail sehr komplex. Sie löst im Eintrittsquerschnitt von der
Rohrwand ab, tritt als Strahl in den größeren Querschnitt ein und vermischt sich stromabwärts mit dem umgebenden Fluid. Der Vermischungsvorgang findet unter starker
Wirbelbildung statt. Dies führt dazu, daß Energie dissipiert wird und die Umwandlung
von kinetischer Energie in Druckenergie daher nicht verlustfrei erfolgt. Trotz der im
Detail recht komplexen Strömung kann der Druckverlust relativ einfach ermittelt werden. Dazu wird der Druckgewinn beim Carnotschen Stoßdiffusor mit demjenigen des
verlustfrei arbeitenden Bernoulli-Diffusors verglichen. Zur Berechnung des Druckanstiegs beim Carnot-Diffusor werden folgende Annahmen getroffen:

- Die Geschwindigkeiten c_1 und c_2 und die Drücke p_1 und p_2 sind über den jeweiligen Rohrquerschnitt konstant,
- der Druck p_1 wirkt im Querschnitt "1" schon über der gesamten Querschnittsfläche
  A_2,
- die Strömung sei stationär und inkompressibel und
- die Wandreibung sei vernachlässigbar.

Der Querschnitt "2" liege dabei in ausreichender Entfernung von der Querschnittserweiterung, so daß dort von einer vollständig vermischten und wiederangelegten Strö-

mung ausgegangen werden kann. Durch die Vernachlässigung der Reibung zwischen Fluid und Wand entfällt die Beachtung der Oberflächenkraft $\bar{F}_{12}$ in Gl. (4.14). Damit wird derjenige Anteil am Druckverlust vernachlässigt, der sich aufgrund der Haftbedingung an der Wand ergibt (Kapitel 4.3 und 4.4). Innerhalb des Fluids dagegen wird jedoch der Einfluß der Viskosität nicht vernachlässigt. Er bewirkt, daß sich keine freie Trennfläche zwischen Totwasser und Strahl einstellt, die ruhendes und strömendes Fluid reibungsfrei voneinander trennen würde, sondern daß das Fluid im Totwasser aufgrund von Schubspannungen (Reibung) von der Strömung mitgerissen und verwirbelt wird (verlustbehaftete Vermischung).

Mit den oben getroffenen Annahmen liefert der Impulssatz

$$\rho \, c_1^2 \, A_1 - \rho \, c_2^2 \, A_2 + p_1 \, A_2 - p_2 \, A_2 = 0 \; .$$

Da sich die Strömungsrichtung nicht ändert kann hier auf die vektorielle Schreibweise verzichtet werden. Nur die x-Komponente von Gl. (4.14) liefert einen Beitrag. Aus der Kontinuitätsgleichung folgt

$$c_2 = \frac{c_1 \, A_1}{A_2} \; .$$

Für die Druckdifferenz

$$\Delta p_C \equiv p_2 - p_1$$

bei plötzlicher Querschnittserweiterung erhält man schließlich nach einfacher Umformung den Ausdruck

$$\boxed{\; \frac{\Delta p_C}{\dfrac{\rho \, c_1^2}{2}} = 2 \, \frac{A_1}{A_2} \left(1 - \frac{A_1}{A_2} \right) \;} \; . \tag{4.15}$$

Aufgrund der Querschnittserweiterung findet eine Umwandlung von kinetischer Energie statt, der zu einem Anstieg Δp_C des statischen Druckes führt. Die Energieumwandlung geschieht jedoch aufgrund der mit der abrupten Querschnittsänderung verbundenen Wirbelbildung und Vermischung nicht verlustfrei, d. h. es wird kinetische Energie *dissipiert*. Um diesen Anteil ermitteln zu können, muß zunächst der Druckanstieg bei verlustfreier Umwandlung von kinetischer Energie in Druckenergie berechnet werden (Bernoulli-Diffusor).

4.2.3 Bernoulli-Diffusor

Es werde nun die Strömung in einem sich stetig erweiternden Rohr (Bernoulli-Diffusor) betrachtet und angenommen, daß die Strömung an der Rohrwand nicht ablöst, siehe Abb. 4.7.

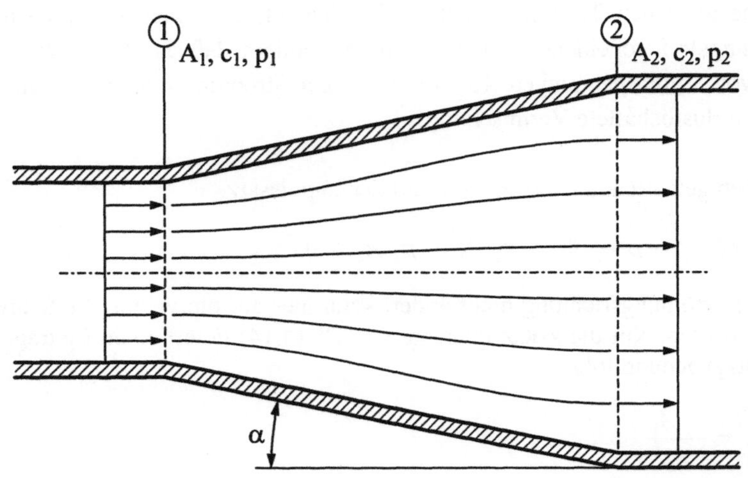

Abb. 4.7: Bernoulli-Diffusor

Für die *verlustfreie* Strömung im Bernoulli-Diffusor liefert die Bernoulli-Gleichung

$$p_1 + \frac{\rho\, c_1^2}{2} = p_2 + \frac{\rho\, c_2^2}{2}$$

und die Kontinuitätsgleichung

$$\rho\, c_1 A_1 = \rho\, c_2 A_2 \ .$$

Nach einfacher Umformung folgt daraus für den Druckanstieg

$$\frac{\Delta p_B}{\dfrac{\rho\, c_1^2}{2}} = 1 - \left(\frac{A_1}{A_2}\right)^2 \ . \tag{4.16}$$

Anmerkung: Statt der Bernoulli-Gleichung könnte zur Herleitung von Gl. (4.16) grundsätzlich auch der Impulssatz verwendet werden. Dann müßte aber die Oberflächenkraft F_{12} berücksichtigt werden, die sich aus den von der Wand auf das Fluid längs des Weges von "1" nach "2" ausgeübten Kraftanteilen in Strömungsrichtung zusammensetzt. Ebenso könnte man auch grundsätzlich die für verlustbehaftete Strömungen erweiterte Bernoulli-Gleichung zur Herleitung des Druckanstiegs Δp_c des Carnotschen Stoßdiffusors (Gl. (4.15)) verwenden, denn sowohl der Impulssatz als auch die (erweiterte) Bernoulli-Gleichung sind bei reibungsbehafteten sowie reibungsfreien Strömungen anwendbar. Dieser Weg führt allerdings nicht zum Ziel, da für die drei Unbekannten $\Delta p_{v_{12}}$, c_2 und p_2 nur zwei Gleichungen zur Verfügung stehen. Die fehlende dritte Gleichung müßte die Entstehung des Druckverlustes $\Delta p_{v_{12}}$ entlang des Wegs "12" beschreiben.

Die Differenz aus dem Druckanstieg im Bernoulli-Diffusor (verlustfrei) und dem im Carnotschen Stoßdiffusor (verlustbehaftet) ist der gesuchte Druckverlust durch Dissipation

$$\frac{\Delta p_{Diss}}{\dfrac{\rho \, c_1^2}{2}} \equiv \frac{\Delta p_B - \Delta p_C}{\dfrac{\rho \, c_1^2}{2}} = \left(1 - \frac{A_1}{A_2}\right)^2 . \tag{4.17}$$

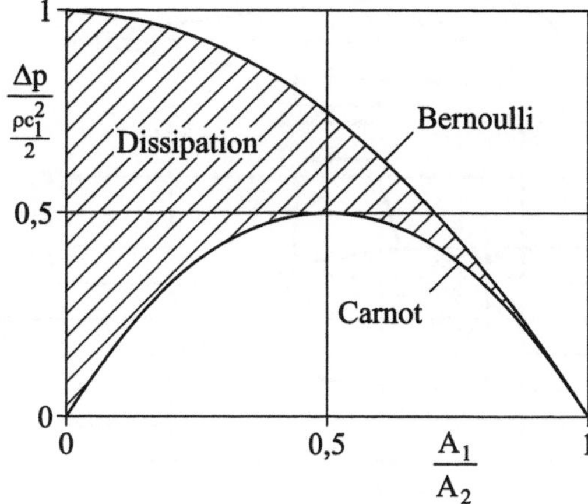

Abb. 4.8: Umwandlung von dynamischem Druck in statischen Druck beim Carnot- und Bernoulli-Diffusor

In Abb. 4.8 sind Druckanstieg und Druckverlust in Abhängigkeit der Querschnittsänderung A_1/A_2 dargestellt. Für eine unendlich große Querschnittserweiterung mit $A_2 \to \infty$ wird beim Carnotschen Stoßdiffusor die gesamte Geschwindigkeitsenergie $\rho\, c_1^2/2$ dissipiert und der Druckverlust erreicht seinen Maximalwert

$$\Delta p_{Diss,max} = \frac{\rho\, c_1^2}{2} \qquad \text{für} \qquad A_1/A_2 \to 0 \ .$$

Damit folgt allgemein, daß Diffusoren immer dann einen geringeren Druckverlust haben, wenn die Querschnittserweiterung so allmählich verläuft, daß die Strömung stets an der Rohrwand anliegt und nicht ablöst. Bei vorgegebenem Fluid und festen Querschnittsflächen A_1 und A_2 ist der dafür maximal zulässige Öffnungswinkel α (siehe Abb. 4.7) eine Funktion der Strömungsgeschwindigkeit. Er nimmt mit steigender Strömungsgeschwindigkeit ab und sollte bei technischen Apparaten in erster Näherung kleiner als etwa $3° - 5°$ sein.

4.2.4 Schub eines Flugtriebwerks

Als weiteres Beispiel für die Anwendung des Impulssatzes wird die Schubkraft eines Flugtriebwerks berechnet. Die Kontrollflächen "1" und "2" des in Abb. 4.9 skizzierten Kontrollvolumens sollen dabei so weit vom Triebwerk entfernt sein, daß mit Ausnahme der Teilfläche A_{aus} die Strömungsgrößen der ungestörten Umgebung herrschen.

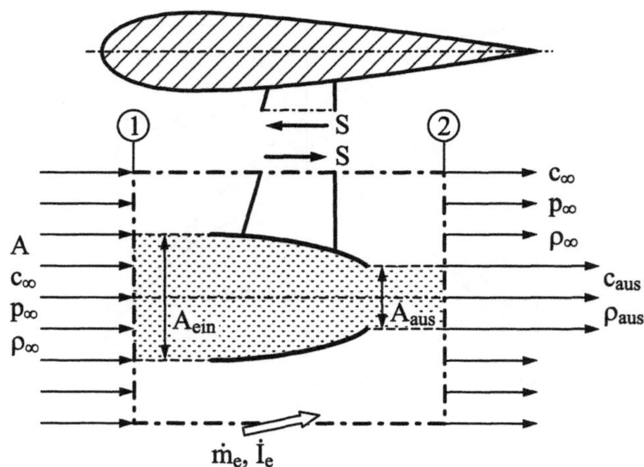

Abb. 4.9: Zur Berechnung des Schubes eines Flugtriebwerks

Beim Vergleich der Geschwindigkeitsprofile in Abb. 4.9 wird deutlich, daß mehr Masse den Querschnitt "2" verläßt als in Querschnitt "1" eintritt. Es existiert somit noch ein weiterer Massenstrom $\dot{m}_e$, der seitlich in das Kontrollvolumen eintritt. Der Brennstoffmassenstrom $\dot{m}_B$ wird vernachlässigt. Mit der Kontinuitätsgleichung erhält man für die Strömung außerhalb der Düse die Beziehung

$$(A - A_{ein})\rho_\infty c_\infty + \dot{m}_e = (A - A_{aus})\rho_\infty c_\infty \ .$$

Daraus folgt für das sog. Entrainment

$$\dot{m}_e = (A_{ein} - A_{aus})\rho_\infty c_\infty \ .$$

Für das gesamte Kontrollvolumen liefert der Impulssatz

$$\dot{I}_1 - \dot{I}_2 + \dot{I}_{e,x} + S = 0$$

und nach Einsetzen der einzelnen Terme

$$A\rho_\infty c_\infty^2 - A_{aus}\rho_{aus}c_{aus}^2 - (A - A_{aus})\rho_\infty c_\infty^2 + (A_{ein} - A_{aus})\rho_\infty c_\infty^2 + S = 0 \ .$$

Das Kontrollvolumen wird dabei hinreichend groß gewählt, damit die Druckkräfte mit $F_p = A\,p_\infty$ weit vor und weit hinter dem Triebwerk gleich groß sind und somit aus der Bilanz herausfallen. Die Geschwindigkeit c_x des Impulsstromes $\dot{I}_{e,x} = \dot{m}_e\,c_x$ kann in guter Näherung zu $c_x = c_\infty$ angenommen werden. Für den Schub S des Triebwerks folgt

$$S = A_{aus}\,\rho_{aus}\,c_{aus}^2 - A_{ein}\,\rho_\infty\,c_\infty^2 \ .$$

Die Kontinuitätsgleichung liefert für den Massenstrom durch das Triebwerk

$$\dot{m}_T = A_{aus}\,\rho_{aus}\,c_{aus} = A_{ein}\,\rho_\infty\,c_\infty \ .$$

Damit folgt schließlich die einfache Beziehung

$$\boxed{S = \dot{m}_T\,(c_{aus} - c_\infty)} \tag{4.18}$$

für den Schub eines Flugtriebwerks. Die Schubkraft ist damit proportional zum Massendurchsatz $\dot{m}_T$ durch das Triebwerk und zur Geschwindigkeitsdifferenz zwischen Ein- und Austritt. Im Hinblick auf die Optimierung des Schubs soll noch der Vortriebswirkungsgrad η_V berechnet werden, der definiert ist als das Verhältnis der Leistung des Triebwerks (Nutzen)

$$P_N = S \, c_\infty$$

zum Aufwand für die Beschleunigung des Massenstroms $\dot{m}_T$ von der Eintritts- auf die Austrittsgeschwindigkeit

$$P_A = \dot{m}_T \, \frac{c_{aus}^2 - c_\infty^2}{2} \; .$$

Mit

$$\eta_V = \frac{P_N}{P_A} \tag{4.19}$$

erhält man schließlich den Ausdruck

$$\boxed{\eta_V = \frac{2}{1 + \dfrac{c_{aus}}{c_\infty}}} \; . \tag{4.20}$$

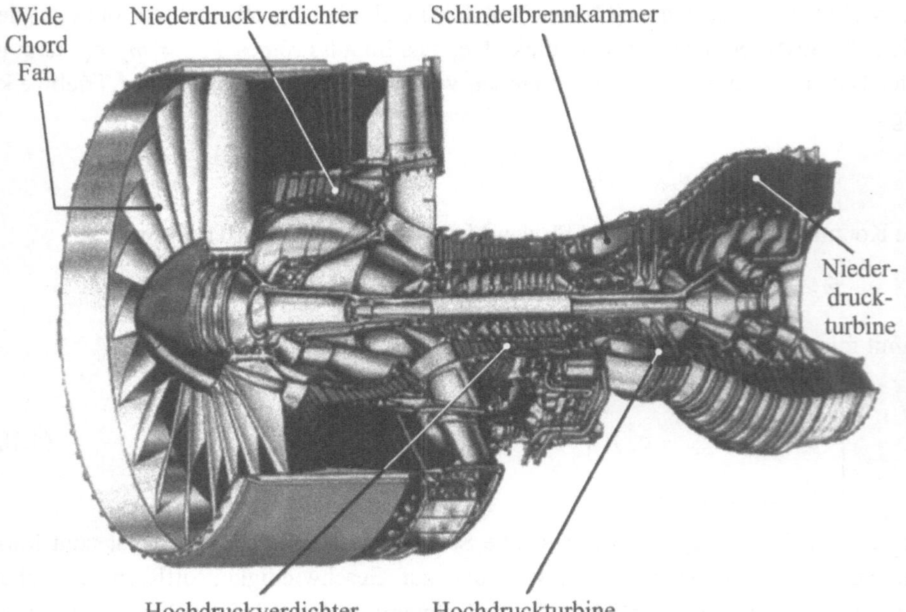

Abb. 4.10: Modernes Strahltriebwerk (mit freundlicher Genehmigung der MTU München GmbH)

Für $c_{aus} \rightarrow c_\infty$ geht der Vortriebwirkungsgrad $\eta_V \rightarrow 1$, aber der Schub $S \rightarrow 0$. Der Vortriebswirkungsgrad η_V ist also um so größer je kleiner die Differenz $(c_{aus} - c_\infty)$ zwischen Strahl- und Fluggeschwindigkeit ist. Um trotzdem einen hohen Schub erzeugen zu können, muß der Massendurchsatz $\dot{m}_T$ sehr groß sein. Moderne Strahltriebwerke haben deshalb einen vorgeschalteten "Fan", der bei kleiner Differenzgeschwindigkeit einen großen Massenstrom ermöglicht. Von diesem Massenstrom gelangt nur ein Teilstrom in das sog. Kerntriebwerk und damit in die Brennkammer, siehe Abb. 4.10.

4.2.5 Impulsmomentensatz

Impulskräfte und äußere Kräfte übertragen, sofern Hebelarme bezüglich eines gemeinsamen Drehpunktes existieren, auch Momente, die mit dem sog. Impulsmomentensatz (Drallsatz in differentieller Form, Drehimpulssatz) bilanziert werden. Der Impulsmomentensatz läßt sich in einfacher Form aus dem Impulssatz (Gl. 4.14) durch Berücksichtigung der Hebelarme (Vektorprodukt mit den Ortsvektoren $\vec{r}$) ableiten:

$$\left(\rho_2 c_2^2 A_2 \, \vec{r}_2 x \, \vec{e}_{t,2} + p_2 A_2 \, \vec{r}_2 x \, \vec{e}_{t,2} \right) - \left(\rho_1 c_1^2 A_1 \, \vec{r}_1 x \, \vec{e}_{t,1} + p_1 A_1 \, \vec{r}_1 x \, \vec{e}_{t,1} \right) = \sum \vec{M}_{12}. \qquad (4.21)$$

Gl. (4.21) gilt für stationäre Strömungen. Momente, die aufgrund der Einwirkung der Schwerkraft entstehen, werden nicht berücksichtigt. $\vec{M}_{12}$ ist das Moment durch Wandkräfte $\vec{F}_{12}$, das über die jeweiligen Hebelarme an das Fluid übertragen wird. $\vec{M}_{12}$ ist dabei wie in Abb. 4.11 gezeigt positiv definiert, wenn das verwendete Koordinatensystem ein Rechtssystem darstellt. Die Ortsvektoren $\vec{r}$ sind vom Drehpunkt zum jeweiligen Kraftangriffspunkt gerichtet und die Normaleneinheitsvektoren $\vec{e}_t$ zeigen wieder in Strömungsrichtung.

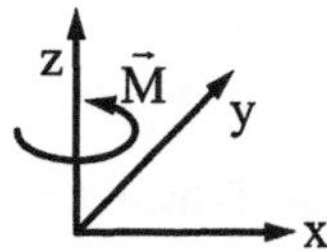

Abb. 4.11: Rechtssystem

Es soll nun ein Sonderfall des Impulsmomentensatzes, die sog. Eulersche Momentengleichung für Strömungsmaschinen, betrachtet werden. In Abb. 4.12 ist links das Laufrad einer Axialturbine und rechts die Abwicklung eines Zylinderschnittes durch die

Beschaufelung dargestellt. Bei der Berechnung von Strömungsmaschinen wie Turbinen, Verdichter, Pumpen, Lüfter usw. wird das Bezugssystem, je nachdem, ob die Strömung außerhalb rotierender Laufräder oder im Laufrad selbst untersucht wird, gewechselt. Innerhalb des Laufrads wird die Strömungsgeschwindigkeit w relativ zum rotierenden Schaufelrad (Relativgeschwindigkeit) betrachtet, außerhalb verwendet man die Absolutgeschwindigkeit c. Die Absolutgeschwindigkeiten ergeben sich aus den Relativgeschwindigkeiten unter Berücksichtigung der Umfangsgeschwindigkeiten $u = r\omega$. Die Anströmung (Absolutgeschwindigkeit c_1 im raumfesten Koordinatensystem) tritt mit der Relativgeschwindigkeit w_1 (mitrotierendes Bezugssystem) in die Schaufelkanäle ein und verläßt das Laufrad wieder mit c_2 bzw. w_2.

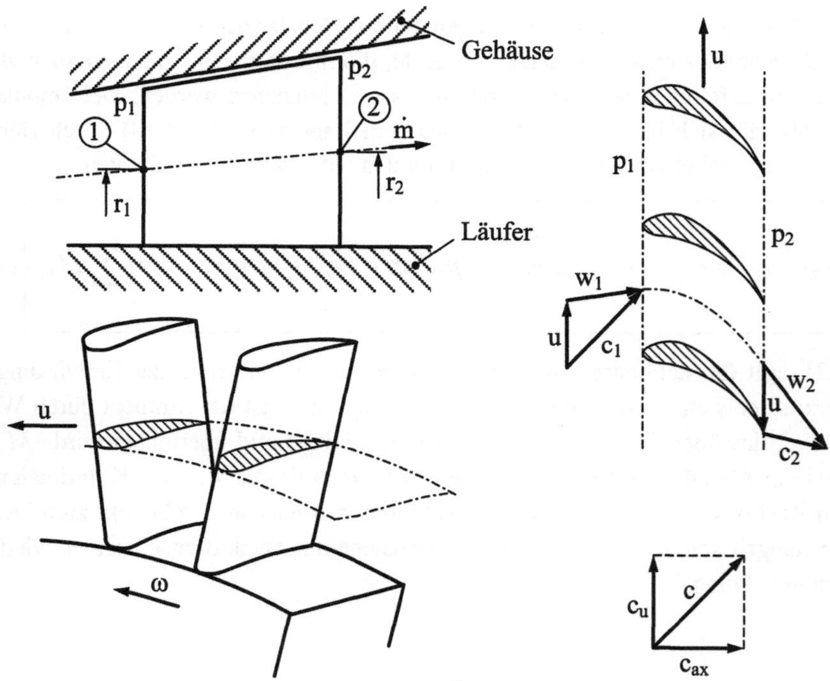

Abb. 4.12: Laufrad einer Axialturbinenstufe, Schnitt durch die Beschaufelung

Der Impulsmomentensatz wird auf das Kontrollvolumen, das den gesamten von den Schaufeln überstrichenen Raum beinhalten soll, angewendet. Dabei ist folgendes zu beachten: Die in Abb. 4.12 eingezeichneten Absolut- und Relativgeschwindigkeiten variieren je nach Abstand r der Schnittebene von der Mittelachse des Laufrades. Dies hat seine Ursache darin, daß sich die Umfangskomponente $u = r\omega$ mit dem Radius ändert und daß auch die Verteilung der Anströmgeschwindigkeit c_1 aufgrund eines vorgeschalteten feststehenden Leitrades in Betrag und Richtung über der Schaufelhöhe variieren kann. Wichtig ist weiterhin die Tatsache, daß selbst bei über der Schaufelhöhe konstanten Strömungsbedingungen das von einer Fluidschicht der Dicke dr übertragene Moment dM vom Radius r abhängt.

Um diese Effekte nicht im Detail berücksichtigen zu müssen, werden die weiteren Betrachtungen analog zur Stromfadentheorie mit Hilfe geeignet gemittelter repräsentativer Größen durchgeführt (sog. eindimensionale Theorie der Turbinenstufe). In Abb. 4.12 sollen r_1 und r_2 die mittleren und für die Übertragung des Momentes repräsentativen Radien bei Ein- bzw. Austritt und c_1, w_1 bzw. c_2, w_2 die zugehörigen repräsentativen Absolut- bzw. Relativgeschwindigkeiten darstellen. Um das in Umfangsrichtung an das Laufrad übertragene Moment $\bar{M}_{12}$ zu berechnen, werden die auftretenden Absolutgeschwindigkeiten c_1 und c_2 in Axial- und Umfangskomponenten (c_{ax} und c_u) zerlegt.

Nur Kräfte in Umfangsrichtung bewirken ein Moment um die Rotationsachse. Die Druckdifferenz ($p_1 - p_2$) wirkt in axialer Richtung und verursacht damit kein Moment um die Welle. Aus Gl. (4.21) folgt

$$\dot{m}(\vec{r}_2 \times \vec{c}_2 - \vec{r}_1 \times \vec{c}_1) = \bar{M}_{12} \ .$$

Mit dem Betrag des Vektorprodukts

$$|\vec{r} \times \vec{c}| = r\,c_u$$

erhält man für das vom Rad auf das Fluid übertragene Moment

$$\boxed{M_{12} = \dot{m}(r_2\,c_{u2} - r_1\,c_{u1})} \ . \tag{4.22}$$

Dies ist die sog. *Eulersche Momentengleichung* für Strömungsmaschinen. Sie gilt für Radial- und Axialmaschinen. Für rein axial durchströmte Laufräder mit $r_1 = r_2$ folgt

$$M_{12} = \dot{m}\,r(c_{u2} - c_{u1}) \ . \tag{4.23}$$

In Gl. (4.22) bedeuten $\dot{m}\,r_1\,c_{u1}$ das mit der Strömung in das Laufrad eintretende und $\dot{m}\,r_2\,c_{u2}$ das austretende Moment. Der Zahlenwert des vom Rad auf die Strömung übertragenen Moments M_{12} ist somit für Pumpen und Verdichter (sog. Arbeitsmaschinen), die der Strömung Energie zuführen, positiv und für Turbinen (sog. Kraftmaschinen) negativ.

Gleiches gilt für die Leistung

$$P = M_{12}\, \omega \;, \tag{4.24}$$

die der Strömung zugeführt bzw. entzogen wird. Für Turbinen verwendet man die Eulersche Momentengleichung deshalb auch häufig in der Form

$$M_{12} = \dot{m}\,(r_1\, c_{u1} - r_2\, c_{u2}) \;, \tag{4.25}$$

bei der das Moment und die dem Fluid entzogene Leistung positiv berechnet werden.

4.3 Laminare Rohrströmung

4.3.1 Hydrodynamische Einlaufstrecke

Betrachtet werde ein Fluid, das mit über dem Querschnitt konstant verteilter Geschwindigkeit in ein Rohr einströmt, siehe Abb. 4.13. Das anfangs rechteckförmige Geschwindigkeitsprofil beginnt sich entlang der sog. *Einlaufstrecke* aufgrund der Wandreibung zu verändern. Im Bereich der Rohrwand bildet sich eine *Grenzschicht* aus, in der die Geschwindigkeit vom Wert Null an der Wand (Haftbedingung) bis auf die Geschwindigkeit der "reibungsfreien Kernströmung" ansteigt. Diese Kernströmung existiert allerdings nur im Einlaufbereich, denn die Dicke der Grenzschicht wächst stromabwärts an, bis sie an der Stelle $x = l_e$ den gesamten Rohrquerschnitt ausfüllt. In Abb. 4.13 ist weiterhin zu erkennen, daß entlang der Einlaufstrecke die Strömungsgeschwindigkeit im Bereich der Rohrachse stromab ansteigt. Diese Beschleunigung hat ihre Ursache in der Verzögerung der Strömung im Grenzschichtbereich, denn aus Kontinuitätsgründen muß der aus dem Grenzschichtbereich in Richtung Rohrachse verdrängte Massenstrom dort zusätzlich transportiert werden. Die Änderungen beim Geschwindigkeitsprofil aufgrund des Zusammenwachsens der Grenzschicht sind bei $x = l_e$ somit abgeschlossen und das Geschwindigkeitsprofil ändert sich stromabwärts nicht mehr. Im Bereich $x \geq l_e$ spricht man von *voll ausgebildeter Rohrströmung*. Der Übergang zwischen *Einlaufbereich* und vollständig ausgebildeter Strömung ist fließend und kann daher meßtechnisch oft nicht eindeutig festgelegt werden. Deshalb wird als "*hydrodynamische Einlaufstrecke*" diejenige Länge l_e verwendet, nach der sich das Geschwindigkeitsprofil um weniger als 1% vom endgültigen Profil unterscheidet. Für laminare Rohrströmungen beträgt die Länge der hydrodynamischen Einlaufstrecke

$$l_e \approx 0{,}06 \text{ Re } d \tag{4.26}$$

und bei turbulenter Rohrströmung

$$l_e = 8d / \sqrt{\lambda_t} \; . \tag{4.27}$$

Dabei ist Re die mit dem Rohrdurchmesser d gebildete Reynoldszahl (Kap. 4.3.5). Für weitere Details sei auf Kays und Crawford (1980) sowie Stefan (1959) verwiesen.

Wird dem Fluid noch Wärme zugeführt oder entzogen, so tritt neben der hydrodynamischen Einlaufstrecke noch die thermische Einlaufstrecke auf, innerhalb der sich analog zum Geschwindigkeitsprofil ein Temperaturprofil aufgrund des Wärmeübergangs zwischen Fluid und Rohrwand ausbildet, siehe z.B. Merker und Eiglmeier (1999).

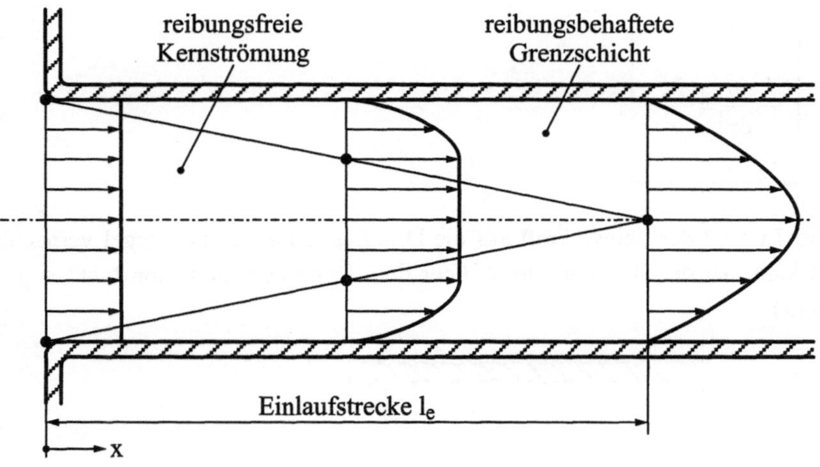

Abb. 4.13: Hydrodynamische Einlaufstrecke bei laminarer Rohrströmung

4.3.2 Geschwindigkeitsprofil

Betrachtet werde die voll ausgebildete laminare Strömung durch ein gerades Rohr mit kreisförmigem Querschnitt. Bei der laminaren Strömung bewegen sich die Fluidteilchen in Schichten und damit auf geordneten Bahnen. Die Bewegung der Fluidteilchen erfolgt ausschließlich in Hauptströmungsrichtung. Weisen benachbarte Schichten unterschiedliche Strömungsgeschwindigkeiten auf (z.B. Couette-Strömung aus Kap. 4.1), so gleiten sie reibungsbehaftet aufeinander ab, ohne sich zu vermischen. Weil sich das Geschwindigkeitsprofil der voll ausgebildeten laminaren Strömung nicht mehr ändert gilt dafür

$$c = c(r) \ .$$

Im folgenden soll dieses Geschwindigkeitsprofil berechnet werden. Für das in Abb. 4.14 dargestellte zylindrische Fluidelement mit dem Radius r und der Länge dx liefert die Kräftebilanz in axialer Richtung

$$\pi r^2 (p_x - p_{x+dx}) - 2\pi r \, dx \, \tau = 0 \ .$$

Mit der Taylorreihenentwicklung für den Druck p an der Stelle $x+dx$

$$p_{x+dx} = p_x + \left(\frac{dp}{dx}\right)_x dx$$

folgt daraus

$$\boxed{-\frac{dp}{dx} = \frac{2\tau}{r}} \ . \tag{4.28}$$

Weil der Einfluß der Schwerkraft auf die Druckverteilung in der Regel vernachlässigt werden kann, ist der statische Druck über dem Rohrquerschnitt konstant, es gilt also $p = p(x)$.

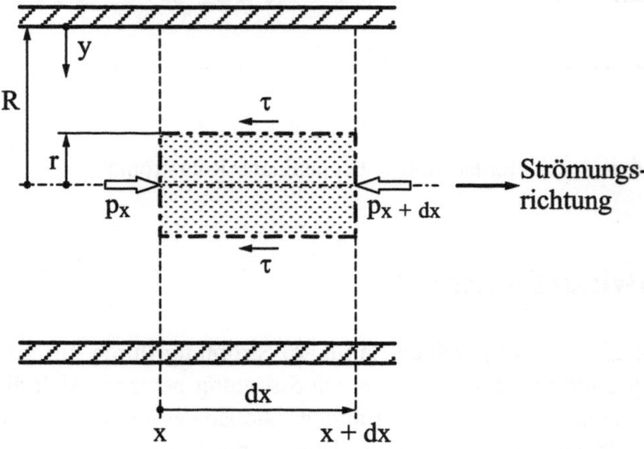

Abb. 4.14: An einem zylindrischen Fluidelement mit dem Radius r und der Länge dx angreifende Kräfte

Bei voll ausgebildeter laminarer Rohrströmung, gilt die oben aufgestellte Kräftebilanz für jede beliebige Stelle x. Der Index "x" des statischen Drucks wird deshalb nicht weiter benötigt. Der Newtonsche Schubspannungsansatz

$$\tau = -\eta \frac{dc}{dr} \tag{4.29}$$

liefert einen Zusammenhang zwischen Schubspannung und Geschwindigkeit. Aus Kap. 4.1 ist der Verlauf der Schubspannung für Newtonsche Fluide in Abhängigkeit des Wandabstandes y in der Form $\tau = \eta \, (dc/dy)$ bekannt. Das negative Vorzeichen in Gl. (4.29) entsteht dadurch, daß die Koordinate r der Koordinate y entgegengerichtet ist, es gilt also $(dc/dy) = -(dc/dr)$.

Weil das Geschwindigkeitsprofil bei der voll ausgebildeten Strömung von der Koordinate x unabhängig ist ($c = c\,(r)$), muß auch die Schubspannung in Gl. (4.29) unabhängig von x sein, also $\tau = \tau\,(r)$ gelten. Damit ist auch die rechte Seite von Gl. (4.28) nur von r abhängig, während die linke Seite höchstens eine Funktion von x sein kann. Gl. (4.28) ist deshalb nur dann erfüllt, wenn beide Seiten konstant sind. d. h.

$$\boxed{\frac{dp}{dx} = \text{konst.}} \tag{4.30}$$

und

$$\boxed{\frac{\tau}{r} = \text{konst.}} \tag{4.31}$$

Die Änderung des statischen Druckes dp/dx in Strömungsrichtung ist nicht von der Position x abhängig und damit entlang des Rohres konstant. Die Schubspannung ändert sich linear über dem Rohrradius vom Wert $\tau = 0$ auf der Rohrachse bis $\tau = \tau_W$ an der Rohrwand, siehe Abb. 4.15.

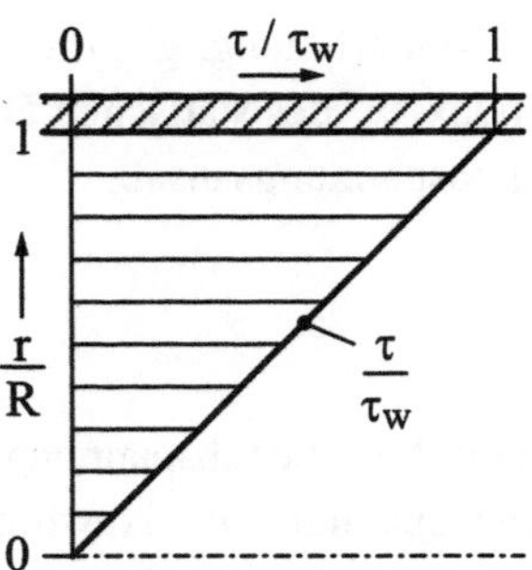

Abb. 4.15: Schubspannungsverteilung im Kreisrohr bei laminarer Strömung

Mit dem Newtonschen Schubspannungsansatz und Gl. (4.30) erhält man aus der Kräftebilanz (Gl. (4.28))

$$\frac{2\eta}{r}\frac{dc}{dr} = \frac{dp}{dx} = -\frac{\Delta p}{l}$$

und daraus durch Integration über r

$$c(r) = -\frac{\Delta p}{l}\frac{r^2}{4\eta} + C.$$

Dabei ist Δp der Betrag des Druckabfalls in einem Rohrabschnitt der Länge l. Mit der
Haftbedingung an der Rohrwand

$$c = 0 \qquad \text{für} \qquad r = R$$

folgt für die Integrationskonstante

$$C = \frac{\Delta p}{l}\frac{R^2}{4\eta}.$$

Insgesamt ergibt sich damit die *parabolische Geschwindigkeitsverteilung*

$$c(r) = \frac{\Delta p R^2}{4\eta l}\left[1 - \left(\frac{r}{R}\right)^2\right]. \tag{4.32}$$

Mit der Geschwindigkeit in der Rohrachse

$$c\,(r = 0) = c_{max} = \frac{\Delta p\, R^2}{4\eta l} \tag{4.33}$$

erhält man daraus schließlich das dimensionslose Geschwindigkeitsprofil

$$\frac{c\,(r)}{c_{max}} = 1 - \left(\frac{r}{R}\right)^2 , \tag{4.34}$$

das in Abb. 4.16 dargestellt ist. In der Abbildung ist zusätzlich noch die im nachfolgenden Abschnitt hergeleitete mittlere Geschwindigkeit c_m eingezeichnet.

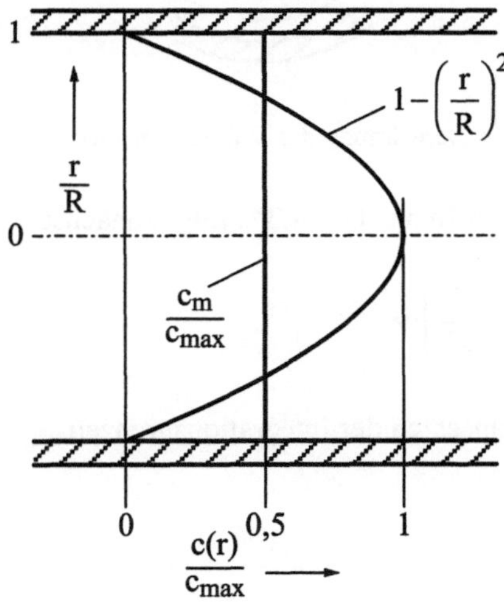

Abb. 4.16: Parabolisches Geschwindigkeitsprofil bei laminarer Rohrströmung

4.3.3 Hagen-Poiseuillesches Gesetz

Unterteilt man die Querschnittsfläche des Rohres entsprechend Abb. 4.17 in konzentrisch angeordnete Kreisringelemente mit der Höhe dr und dem Flächeninhalt $dA = 2\pi r\, dr$, so strömt durch eine solche Kreisfläche der Volumenstrom $dV = 2\pi r\, dr\, c\,(r)$.

Durch Integration der durch diese Ringflächen fließenden Teilströme erhält man den Volumenstrom durch das Rohr

$$\dot{V} = \int\limits_0^R 2\,\pi\,r\,c\,(r)\,\mathrm{d}r\;. \tag{4.35}$$

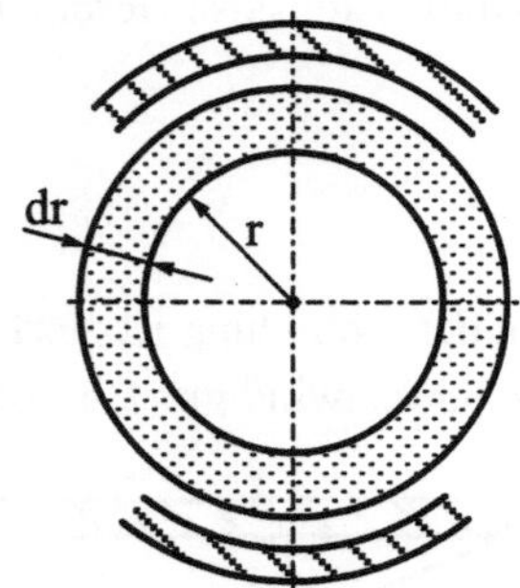

Abb. 4.17: Kreisringflächen zur Berechnung des Volumenstroms

Mit dem Geschwindigkeitsprofil aus Gl. (4.34) folgt zunächst

$$\dot{V} = 2\,\pi\,c_{max}\,\int\limits_0^R \left(r-\frac{r^3}{R^2}\right)\mathrm{d}r\;,$$

und nach Integration und Einsetzen der Integrationsgrenzen

$$\dot{V} = \frac{\pi\,R^2}{2}\,c_{max}\;.$$

Mit Gl. (4.33) erhält man daraus schließlich das sog. *"Hagen-Poiseuillesche Gesetz"* für den Volumenstrom

$$\boxed{\dot{V} = \frac{\pi\,R^4\,\Delta p}{8\,\eta\,l}}\;. \tag{4.36}$$

Bei der Berechnung von Rohrströmungen mit Hilfe der Stromfadentheorie wird die über den Rohrquerschnitt gemittelte Strömungsgeschwindigkeit c_m benötigt. Mit dem Volumenstrom $\dot{V}$ und der Querschnittsfläche des Rohres $\pi\,R^2$ ergibt sich

$$c_m \equiv \frac{\dot{V}}{\pi\,R^2} = \frac{R^2\,\Delta p}{8\,\eta\,l} = \frac{1}{2}c_{max}\;. \tag{4.37}$$

Die gemittelte Strömungsgeschwindigkeit "c_m" ist damit identisch mit der bei der eindimensionalen Stromfadentheorie verwendeten Geschwindigkeit "c".

Aus den Gleichungen (4.36) und (4.37) folgen zwei wichtige Aussagen für die laminare Rohrströmung, nämlich

- der Druckabfall ist proportional zur mittleren Strömungsgeschwindigkeit

$$\Delta p \sim c_m \qquad \text{und}$$

- der Volumenstrom ist proportional zur vierten Potenz des Rohrradius

$$\dot{V} \sim R^4 \; .$$

4.3.4 Druckverlustkoeffizient und Rohrreibungszahl

Aufgrund der Viskosität des Fluides entstehen zwischen unterschiedlich schnell strömenden Fluidschichten der Rohrströmung Schubspannungen. Die Schubspannungen bewirken den im vorangegangenen Kapitel hergeleiteten Druckverlust Δp bei der Strömung durch einen Rohrabschnitt der Länge l. Der diesem Druckverlust entsprechende Energieinhalt wird beim Durchströmen des Rohrabschnittes dissipiert. Der hier mit Δp bezeichnete Druckverlust ist identisch mit dem in der erweiterten Bernoulli-Gleichung verwendeten Druckverlust $\Delta p_{v_{12}}$, den die Strömung zwischen den Querschnitten "1" und "2" aufgrund von Reibungsverlusten erleidet.

Der Druckverlust wird üblicherweise proportional zum Staudruck $\rho \, c_m^2/2$ gesetzt, obwohl er, wie im vorangegangenen Kapitel gezeigt, für laminare Strömungen proportional zur mittleren Strömungsgeschwindigkeit c_m und nicht proportional zu deren Quadrat ist. Als Proportionalitätsfaktor verwendet man den *Druckverlustkoeffizienten* ξ, der in der Literatur auch als Widerstandszahl bezeichnet wird. Damit erhält man:

$$\boxed{\Delta p = \xi \, \frac{\rho \, c_m^2}{2}} \; . \tag{4.38}$$

Für gerade Rohrabschnitte mit dem Durchmesser d und der Länge l wird jedoch an Stelle des Druckverlustkoeffizienten ξ die sog. *Rohrreibungszahl* λ verwendet, die mit ξ entsprechend

$$\xi = \lambda \frac{l}{d}$$

(4.39)

zusammenhängt.

Für Rohrkrümmer, Querschnittsübergänge, Einläufe etc. ist die Berechnung des Druckverlustkoeffizienten ξ komplizierter. Tabellierte Werte findet man z. B. bei Bohl (1994), sowie in der Hütte (1991) und im Dubbel (1997). Bei der Berechnung des Druckverlustes nach Gl. (4.38) ist bei Bauteilen mit Querschnittsveränderungen darauf zu achten, auf welche Bezugsgeschwindigkeit c_m sich der Druckverlustkoeffizient ξ bezieht, denn zwischen Ein- und Austritt ändert sich bei Querschnittsveränderungen auch die mittlere Geschwindigkeit c_m.

Mit Δp aus Gl. (4.37), der Rohrreibungszahl aus Gl. (4.39) und der Definition der Reynoldszahl (siehe auch Kap. 4.3.5, Gl. (4.41))

$$\mathrm{Re} = \frac{\rho\, c_m\, d}{\eta}$$

folgt für die Rohrreibungszahl

$$\lambda = \frac{64}{\mathrm{Re}}.$$

(4.40)

Im Vorgriff auf Kapitel 4.4 sei bereits hier darauf hingewiesen, daß die Rohrströmung bis zu Reynoldszahlen von etwa 2300 laminar ist und die für die laminare Rohrströmung hergeleiteten Beziehungen deshalb nur für $\mathrm{Re} \leq 2300$ gültig sind.

4.3.5 Reynoldszahl

Die nach dem britischen Physiker Osborne Reynolds (1842-1912) benannte *Reynoldszahl*

$$\boxed{\mathrm{Re} \equiv \frac{c\, l_{char}}{\nu}} \qquad (4.41)$$

ist eine dimensionslose Kennzahl, die den Strömungszustand beschreibt. Dabei ist c die Strömungsgeschwindigkeit, ν die kinematische Viskosität und l_{char} eine charakteristische Länge des Strömungsgebiets. Bei der Rohrströmung wird als charakteristische Länge der Rohrdurchmesser d verwendet. Die Reynoldszahl kann als dimensionslose Geschwindigkeit gedeutet werden, wenn ν und l_{char} konstant bleiben (z. B. Strömung durch ein Rohr konstanten Querschnitts).

Die Reynoldszahl ist eine wichtige Kennzahl der Ähnlichkeitsmechanik. Sind zwei Strömungen ähnlich, so können Versuchsergebnisse umgerechnet und damit auf größere oder kleinere Geometrien übertragen werden. Um z. B. an Modellen untersuchte Strömungsfelder auf die Originalströmung übertragen zu können, muß einerseits geometrische Ähnlichkeit (maßstabsgerechte Vergrößerung bzw. Verkleinerung) und andererseits mechanische Ähnlichkeit hinsichtlich der auftretenden Beschleunigungen, Kräfte, Stoffgrößen usw. bestehen. Die letzte Bedingung ist erfüllt, wenn die Reynoldszahlen für das Modell und das Original gleich groß sind.

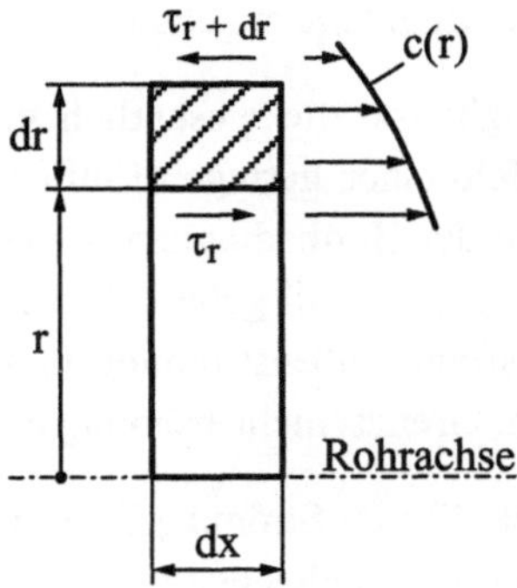

Abb. 4.18: Differentielles Kreisring-Volumenelement bei laminarer Rohrströmung

Im folgenden wird die physikalische Bedeutung der Reynoldszahl etwas näher beleuchtet.

Dazu werde die auf die Masse bezogene Reibkraft des in Abb. 4.18 dargestellten differentiellen Kreisring-Volumenelements betrachtet,

$$\frac{\text{Reibkraft}}{\text{Masse}} = \frac{(-\tau_{r+dr} + \tau_r)\,2\,r\,\pi\,dx}{2\,r\,\pi\,dr\,dx\,\rho} \; .$$

Mit einer Taylor-Reihenentwicklung für die Schubspannung τ_{r+dr} und dem Newtonschen Schubspannungsansatz erhält man daraus

$$\frac{\text{Reibkraft}}{\text{Masse}} = \frac{\eta}{\rho}\,\frac{d^2 c}{dr^2} \sim \nu\,\frac{c}{d^2} \; , \tag{4.42}$$

wenn der Rohrdurchmesser d als charakteristische Länge verwendet wird. Die auf die
Masse bezogene Reibkraft ist also proportional zur charakteristischen Größe $\nu\,(c/d^2)$.
Analog dazu ergibt sich für die auf die Masse bezogene Trägheitskraft

$$\frac{\text{Trägheitskraft}}{\text{Masse}} = \frac{\text{Masse x Beschleunigung}}{\text{Masse}} = \frac{dc}{dt} \sim \frac{c^2}{d} \tag{4.43}$$

Bildet man nun noch das Verhältnis von Trägheitskraft zu Reibkraft, so erhält man

$$\frac{\text{Trägheitskraft}}{\text{Reibkraft}} \sim \frac{c\,d}{\nu} = \text{Re} \; , \tag{4.44}$$

d. h. die Reynoldszahl kann als Verhältnis von Trägheitskraft zu Reibkraft betrachtet
werden. Damit lassen sich zwei Grenzfälle angeben:

- Für Re $\gg$ 1 sind die Trägheitskräfte wesentlich größer als die Reibkräfte. Die
  Reibung hat im Strömungsfeld einen geringen Einfluß und ist nur in Wandnähe von
  Bedeutung, weil dort wegen der Haftbedingung die Geschwindigkeit und damit die
  Reynoldszahl zwangsläufig gegen Null gehen. Für diesen Fall kann man das Strö-
  mungsfeld in eine reibungsfreie Außenströmung und eine reibungsbehaftete Strö-
  mung in Wandnähe, die sog. Grenzschichtströmung aufteilen (siehe Kap. 5.2).

- Für Re $\ll$ 1 sind die Reibkräfte im Strömungsfeld wesentlich größer als die Trägheitskräfte. Man spricht dann von schleichender oder Stokesscher Strömung, bei der
  die Reibungs- und Druckkräfte im Gleichgewicht sind und Trägheitskräfte vernachlässigt werden können.

Die Reynoldszahl läßt sich jedoch nicht immer als Verhältnis von Trägheitskraft zu
Reibungskraft interpretieren. Als Beispiel für einen solchen Fall sei die laminare und
voll ausgebildete Strömung durch ein gerades Rohr genannt. Bei der Ableitung des
Geschwindigkeitsprofils für diese Strömungsform wurde in Kap. 4.3.2 lediglich das
Gleichgewicht von Reibungs- und Druckkräften betrachtet. Trägheitskräfte treten nicht

auf, denn die Strömung erfährt weder beschleunigende noch verzögernde Kräfte. Die Betrachtung der Reynoldszahl nach Gl. (4.44) ergibt dafür $Re = 0$. Trotzdem handelt es sich hier nicht um eine schleichende Strömung mit $Re \to 0$, sondern um Strömungen mit Reynoldszahlen bis zu $Re = 2300$.

4.4 Turbulente Rohrströmung

4.4.1 Phänomenologie

Zur Verdeutlichung des Unterschiedes zwischen der bereits bekannten *laminaren* und der *turbulenten* Strömungsform werde der Weg markierter Fluidteilchen verfolgt, die einen festen Punkt im Strömungsfeld passieren bzw. dort der Strömung zugegeben werden.

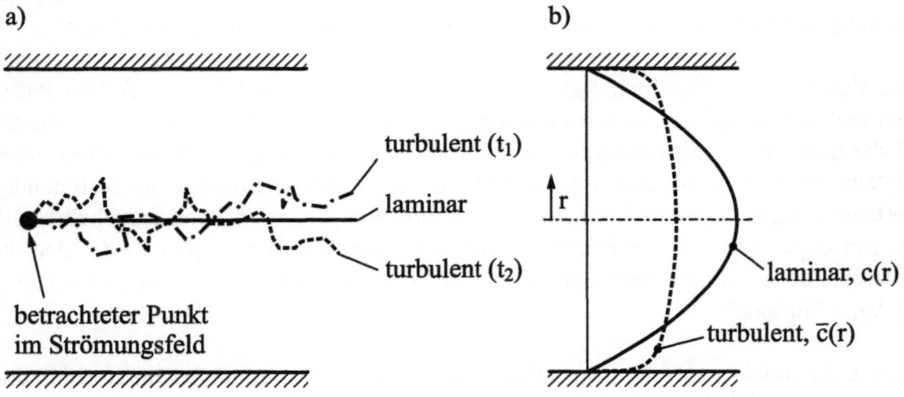

Abb. 4.19: Geschwindigkeitsprofile der laminaren und turbulenten Rohrströmung

Für kleine Geschwindigkeiten bewegen sich die Fluidteilchen im geraden Rohr mit konstanten Querschnittes auf geraden Bahnen parallel zur Rohrachse, d.h. die Teilchengeschwindigkeit hat keinen Anteil senkrecht zur Hauptströmungsrichtung und die Geschwindigkeit unterliegt keinen zeitlichen Schwankungen. Es herrscht eine reine Schichtenströmung. Die vollkommen laminare Strömung bietet somit zu jedem Zeitpunkt das gleiche Bild. Die Geschwindigkeitsverteilung entspricht der in Kapitel 4.3 abgeleiteten parabolischen. Die für die Anwendung der Stromfadentheorie benötigte repräsentative mittlere Geschwindigkeit c_m läßt sich durch einfache Querschnittsmittelung des zeitlich konstanten Geschwindigkeitsprofils berechnen.

Für große Geschwindigkeiten wird die Strömung turbulent und es treten zusätzliche Bewegungen quer zur Hauptströmungsrichtung und auch in Strömungsrichtung auf, so daß sich die Fluidteilchen nicht mehr entlang von Geraden bewegen. Diese Querbewegungen sind unregelmäßig und zeitabhängig. Die Bahnen zweier der Strömung nacheinander zugegebenen Teilchen sind im Gegensatz zum laminaren Fall mit unregelmäßigen instationären Schwankungsbewegungen versehen und nicht identisch. Durch zeitliche Mittelung können jedoch die turbulenten Schwankungsbewegungen eliminiert werden und man erhält das in Abb. 4.19b eingezeichnete Geschwindigkeitsprofil $\bar{c}\,(r)$ der turbulenten Rohrströmung (Querstrich bedeutet zeitliche Mittelung). Obwohl die turbulenten Schwankungsbewegungen instationären Charakter haben, spricht man erst dann von einer instationären turbulenten Strömung, wenn sich der Mittelwert $\bar{c}\,(r)$ mit der Zeit t ändert. Die für Anwendungen der Stromfadentheorie benötigte querschnittsgemittelte repräsentative Geschwindigkeit muß bei turbulenter Rohrströmung aus der Querschnittsmittelung (Index "m") der vorher schon zeitlich gemittelten Strömungsgeschwindigkeit $\bar{c}\,(r)$ berechnet werden. Sie wird im folgenden mit $\bar{c}_m$ bezeichnet.

Beim Vergleich der Geschwindigkeitsprofile der laminaren und der turbulenten stationären und voll ausgebildeten Rohrströmung in Abb. 4.19b fällt auf, daß im turbulenten Fall die Strömungsgeschwindigkeit von der Wand in Richtung Rohrachse zuerst stark und dann nur noch gering ansteigt. Die Ursache liegt darin, daß infolge der auftretenden Querbewegungen langsame Fluidteilchen ins Innere der Strömung und umgekehrt Teilchen mit höherer kinetischer Energie in die Nähe der Wände gelangen. Durch den damit verbundenen Impulsaustausch wird das Geschwindigkeitsprofil vergleichmäßigt und damit "fülliger".

Osborne Reynolds hat schon vor über 100 Jahren Rohrströmungen untersucht, und dabei in Abhängigkeit der nach ihm benannten Reynoldszahl verschiedene Strömungszustände beobachtet:

$$\mathrm{Re} = \frac{c\,d}{\nu} = \begin{cases} < 2300 & : \quad \text{laminare Rohrströmung} \\ 2300 - 4\cdot10^3 & : \quad \text{laminar} - \text{turbulenter Übergangsbereich} \\ > 4\cdot10^3 & : \quad \text{turbulente Rohrströmung} \end{cases}$$

Turbulente Strömungen sind instationär, ungeordnet, wirbelbehaftet, chaotisch und dreidimensional. In Kap. 5.3 wird auf die mathematische Beschreibung turbulenter Strömungen näher eingegangen. Für eine detaillierte Beschreibung der physikalischen

Ursache und der Entstehung der Turbulenz sei auf Merker (1987), Kundu (1990), White (1991) und Faber (1995) verwiesen.

4.4.2 Rohrreibungszahl

Betrachtet werde die voll ausgebildete turbulente Strömung in einem zylindrischen Rohr. Die Kräftebilanz für das in Abb. 4.20 skizzierte scheibenförmige Fluidelement liefert

$$\pi R^2 \left(p_x - p_{x+dx} \right) - 2\pi R \, dx \, \tau_W = 0 \ .$$

Mit der Taylorreihenentwicklung für den Druck an der Stelle $x + dx$,

$$p_{x+dx} = p_x + \frac{dp_x}{dx} dx$$

folgt daraus analog zu Kapitel 4.3.2 der Zusammenhang zwischen Druckabfall und Wandschubspannung

$$\boxed{\frac{dp}{dx} = -\frac{2\,\tau_W}{R}} \ . \tag{4.45}$$

Hier wird das Kontrollvolumen so gewählt, daß es die gesamte Querschnittsfläche des Rohres einnimmt, d.h. an den Mantelflächen wirkt jetzt die Wandschubspannung τ_W entgegen der Hauptströmungsrichtung. Bei Wahl eines kleineren Kontrollvolumens (r statt R), müßten auch diejenigen Kräfte berücksichtigt werden, die aufgrund der turbulenten Querbewegungen am Mantel wirken, der dann auch nicht mehr massedicht wäre.

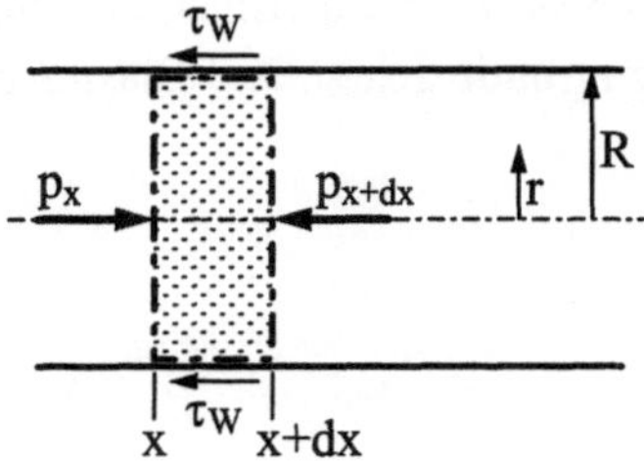

Abb. 4.20: Kräftebilanz an einem Fluidelement bei turbulenter Rohrströmung

Der Druckgradient im Rohr wird wieder proportional zum Staudruck $\rho\,\bar{c}_m^2/2$ und umgekehrt proportional zum Rohrdurchmesser d gesetzt,

$$-\frac{\mathrm{d}p}{\mathrm{d}x} = \frac{\lambda_t}{d}\,\frac{\rho\,\bar{c}_m^2}{2}\;. \tag{4.46}$$

Die Proportionalitätskonstante ist die *turbulente Rohrreibungszahl* λ_t. Damit wird der Druckverlust wie bei der laminaren Strömung zu

$$\boxed{\Delta p = \lambda_t\,\frac{l}{d}\,\frac{\rho\,\bar{c}_m^2}{2}} \tag{4.47}$$

berechnet. Mit Gl. (4.45) und (4.46) folgt

$$\boxed{\lambda_t = \frac{8\,\tau_W}{\rho\,\bar{c}_m^2}} \tag{4.48}$$

für die Rohrreibungszahl. Falls das turbulente Geschwindigkeitsprofil

$$\bar{c} = f\!\left(\frac{r}{R},\,\mathrm{Re}\right)$$

bekannt wäre, könnten in Analogie zur laminaren Strömung die zeitlich und über den Querschnitt gemittelte Geschwindigkeit $\bar{c}_m$, die Wandschubspannung τ_W und damit schließlich die turbulente Rohrreibungszahl λ_t berechnet werden. Die theoretische Ermittlung des turbulenten Geschwindigkeitsprofils ist jedoch relativ komplex. Den weiteren Überlegungen werden deshalb experimentell ermittelte Beziehungen für die turbulente Rohrreibungszahl zugrunde gelegt. Auf Blasius geht die Beziehung

$$\boxed{\lambda_t = \frac{0{,}3164}{\mathrm{Re}^{1/4}}} \tag{4.49}$$

zurück, die für turbulente Rohrströmungen bis zu $\mathrm{Re} \le 10^5$ gut mit experimentellen Werten übereinstimmt. Für den Bereich $10^5 \le \mathrm{Re} \le 3\cdot 10^6$ hat Prandtl die Beziehung

$$\frac{1}{\sqrt{\lambda_t}} = 2 \log\left(\mathrm{Re}\sqrt{\lambda_t}\right) - 0,8 \qquad\qquad (4.50)$$

vorgeschlagen. Diese transzendente Gleichung ist allerdings nicht ganz einfach zu handhaben. Für den Bereich $10^4 < \mathrm{Re} < 5\cdot10^6$ wird deshalb besonders in der Wärmeübertragung (Berechnung der mittleren Nußeltzahl nach Gnielinski) die wesentlich einfachere Beziehung

$$\lambda_t = (1,82 \log \mathrm{Re} - 1,64)^{-2} \qquad\qquad (4.51)$$

von Filonenko verwendet. Nicht unerwähnt bleiben sollte die ebenfalls auf Prandtl zurückgehende Beziehung

$$\frac{\lambda_t}{8} = 0,023\,\mathrm{Re}^{-0,2}\ , \qquad\qquad (4.52)$$

die für den Bereich $3\cdot10^4 < \mathrm{Re} < 10^6$ empfohlen wird und häufig auch bei der Betrachtung der Analogie zwischen Impuls- und Wärmeübertragung Verwendung findet.

Anmerkung: Die in diesem Kapitel angegebenen Beziehungen zur Berechnung der Rohrreibungszahl λ_t gelten nur für sog. *hydraulisch glatte Rohre*, bei denen allein die Reynoldszahl und nicht die Wandrauheit den Druckverlust bestimmen. Der Einfluß der Wandrauheit auf die Strömung und den Druckverlust wird in Kap. 4.4.4 behandelt.

4.4.3 Geschwindigkeitsprofil

Mit der Beziehung von Blasius folgt aus Gl. (4.48) für die Wandschubspannung

$$\tau_W = \lambda_t \, \frac{\rho\,\bar{c}_m^2}{8} = \frac{0,3164}{\left(\dfrac{\bar{c}_m\,2\,R}{\nu}\right)^{1/4}} \, \frac{\rho\,\bar{c}_m^2}{8} \ .$$

und damit

$$\tau_W \sim \bar{c}_m^{7/4}\ R^{-1/4} \ .$$

In Analogie zum Geschwindigkeitsprofil bei der laminaren Strömung nimmt man nun an, daß das turbulente Profil mit einem Potenzansatz beschrieben werden kann. Der dabei verwendete Ansatz

$$\frac{\bar{c}\,(r)}{\bar{c}_{max}} = \left(\frac{R-r}{R}\right)^m \ . \tag{4.53}$$

geht auf Prandtl zurück. Durch Integration von $\bar{c}\,(r)$ über die Querschnittsfläche kann $\bar{c}_m$ berechnet werden. Für $m =$ konstant ergibt sich, daß $\bar{c}_m$ proportional zu $\bar{c}_{max}$ ist. Damit folgt zunächst

$$\tau_W \sim \bar{c}_m^{7/4}\ R^{-1/4} \sim \bar{c}\,(r)^{7/4} \left(\frac{1}{R-r}\right)^{7m/4} R^{7m/4\,-\,1/4} \ .$$

Turbulente Geschwindigkeitsprofile weisen, wie bereits erläutert wurde, lediglich in Wandnähe große Geschwindigkeitsgradienten auf. Aus dieser Beobachtung folgt die Hypothese von Prandtl und v. Kármán, daß die durch Geschwindigkeitsgradienten hervorgerufene Schubspannung τ_W nur von der Geschwindigkeitsverteilung in Wandnähe und damit nicht vom Rohrradius R sondern vom Wandabstand $y = (R-r)$ abhängen soll. Damit erhält man aus der letzten Beziehung

$$m = \frac{1}{7} \quad \text{für} \quad \tau_W \neq f\,(R) \ . \tag{4.54}$$

Die Geschwindigkeitsverteilung bei turbulenter Rohrströmung wird damit näherungsweise durch das sog. "1/7-*Potenzgesetz*"

$$\frac{\bar{c}\,(r)}{\bar{c}_{max}} = \left(1 - \frac{r}{R}\right)^{1/7} \tag{4.55}$$

beschrieben, wobei die folgenden drei Einschränkungen zu beachten sind:

- Die Ableitung nach dem Radius liefert

$$\frac{1}{\bar{c}_{max}} \frac{d\bar{c}}{dr} = \frac{1}{7} \frac{-\dfrac{1}{R}}{\left(1 - \dfrac{r}{R}\right)^{6/7}} \ .$$

In der Rohrachse hat das Geschwindigkeitsprofil damit entsprechend

$$\left(\frac{d\bar{c}}{dr}\right)_{r=0} = -\frac{\bar{c}_{max}}{7\,R} \neq 0$$

einen Knick, der in der Realität nicht vorliegt, vgl. Abb. 4.21.

- An der Rohrwand dagegen gilt

$$\frac{d\bar{c}}{dr} \to -\infty \qquad \text{für} \qquad r \to R \ .$$

Diese Singularität bereitet jedoch keine Probleme, weil die Strömung bei Annäherung an die Wand viskos wird und deshalb das 1/7-Potenzgesetz in Wandnähe somit nicht gültig ist (siehe Kap. 4.4.4)

- Das 1/7-Potenzgesetz gilt entsprechend dem Ansatz von Blasius nur für $Re \leq 10^5$. Für größere Reynoldszahlen wird das Geschwindigkeitsprofil noch fülliger und weicht deutlich vom 1/7-Potenzgesetz ab, siehe auch Merker (1987).

Mit zunehmender Reynoldszahl werden deshalb der Exponent m immer kleiner und das Geschwindigkeitsprofil zunehmend rechteckförmiger. Für sehr große Reynoldszahlen kann die Geschwindigkeit im Rohr näherungsweise durch die sog. *Pfropfenströmung*

$$\bar{c} = \frac{\dot{V}}{R^2\pi} \qquad \text{für} \qquad Re \to \infty \tag{4.56}$$

beschrieben werden. Für viele technische Aufgabenstellungen ist diese Näherung vollkommen ausreichend. Abb. 4.21 zeigt die Geschwindigkeitsprofile für die Pfropfenströmung, das 1/7-Potenzgesetz und für die laminare Rohrströmung. Dabei wurde jeweils derselbe Massenstrom zugrunde gelegt, d.h. die konstante Geschwindigkeit der Pfropfenströmung entspricht den mittleren Geschwindigkeiten $\bar{c}_m$ bzw. c_m der beiden übrigen Geschwindigkeitsverteilungen.

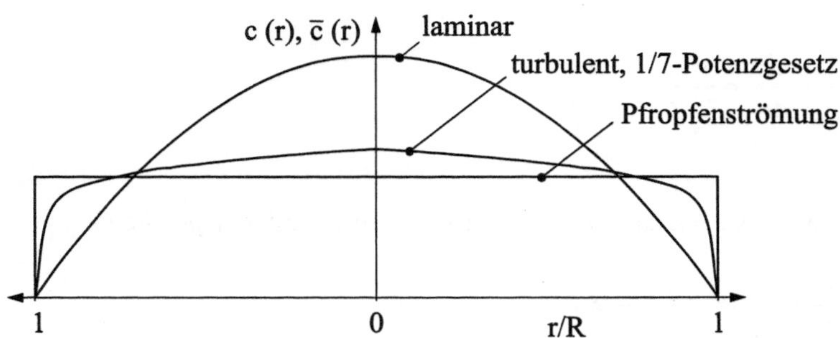

Abb. 4.21: Geschwindigkeitsprofile für unterschiedliche Strömungszustände bei identischem Massenstrom

4.4.4 Moody-Diagramm

Aus dem *Moody-Diagramm* (Abb. 4.22) können für die laminare und die turbulente Rohrströmung Werte für die Rohrreibungszahl in Abhängigkeit der Reynoldszahl und der Wandrauhigkeit des Rohres ermittelt werden. Dieses Diagramm wird in der Literatur auch als Rohrwiderstandsdiagramm bezeichnet.

Bei *laminarer Strömung* beeinflußt die Wandrauhigkeit die Rohrreibungszahl λ_l und den Druckverlust Δp nicht. Die dominante Wirkung der Viskosität glättet Störungen sofort, so daß ein makroskopischer Queraustausch unterbunden wird und die Wandbeschaffenheit keinen Einfluß auf die Hauptströmung ausüben kann. Es gilt

$$\lambda_l = \frac{64}{\text{Re}} = f\,(\text{Re})\ .$$

Diese Beziehung ist als Kurve "a" in Abb. 4.22 eingezeichnet. Damit ist λ_l eine Funktion der Strömungsgeschwindigkeit c_m. Der Druckverlust ist somit, wie in Kapitel 4.3.3 bereits besprochen, nicht quadratisch sondern linear von c_m abhängig.

Im *laminar-turbulenten Übergangsbereich* hängen Strömungsform, Rohrreibungszahl sowie Druckverlust vor allem von der Art der Zuströmung (z. B. Geometrie des Einlaufes) und damit von der Größe und Anzahl der in der Strömung vorhandenen Störungen ab. In diesem schraffiert unterlegten Übergangsbereich ist durch die gestrichelten Kurvenverläufe deutlich gemacht, daß eine sichere Angabe der Rohrreibungszahl nicht möglich ist.

Bei *turbulenter Strömung* muß der Einfluß der Wandrauhigkeit berücksichtigt werden. Von der Wand ausgehende Störungen können aufgrund des makroskopischen Impulsaustausches quer zur Hauptströmungsrichtung die Strömungsverhältnisse und damit die Rohrreibungszahl sowie den Druckverlust stark beeinflussen. Die funktionale Abhängigkeit

$$\boxed{\lambda_t = f\left(\text{Re}, \frac{k_S}{d}\right)} \tag{4.57}$$

der Rohrreibungszahl von der Reynoldszahl und der relativen Wandrauhigkeit ist ebenfalls in Abb. 4.22 dargestellt. Man unterscheidet zwischen

- hydraulisch glatt (Kurven "b"): $\qquad \lambda_t = f(\text{Re})$,

- Übergangsbereich glatt/rauh (Bereich "c"): $\qquad \lambda_t = f\left(\text{Re}, \dfrac{k_S}{d}\right)$,

- hydraulisch rauh (Bereich "d"): $\qquad \lambda_t = f\left(\dfrac{k_S}{d}\right)$.

Dabei ist k_S die sog. *äquivalente Sandkornrauhigkeit*, durch die sich die Rauhigkeit technischer Oberflächen erfassen läßt. Der Begriff der Sandkornrauhigkeit geht auf Versuche zurück, bei denen die glatte Rohrwand zur Simulation rauher Oberflächen künstlich besandet wurde (Nikuradse, 1933). Bei gleicher Reynoldszahl bewirkt ein reales Rohr denselben Druckverlust wie ein mit Sandkörnern der Größe k_S besandetes Rohr. Diese Aussage gilt allerdings nur für den hydraulisch rauhen Bereich. Im Übergangsbereich "c" gibt es erhebliche Abweichungen zwischen den mit besandeten Rohren (künstliche Rauheit, Nikuradse-Diagramm) und den mit realen Rohren (technische Rauheit, Moody-Diagramm) durchgeführten Messungen. Eine Aufstellung der Oberflächenbeschaffenheit technischer Rohre sowie der zugehörigen äquivalenten Sandkornrauhigkeit findet man z. B. in Bohl (1994).

Das Moody-Diagramm erfaßt sowohl den Bereich der laminaren als auch den der turbulenten Rohrströmung. Aus diesem Grund wird auf der Ordinate nicht zwischen λ_l und λ_t unterschieden. Die auf der Abszisse abgetragene Reynoldszahl wird stets mit der über den Querschnitt gemittelten Strömungsgeschwindigkeit $c = c_m$ für laminare bzw. $c = \bar{c}_m$ für turbulente Strömungen gebildet.

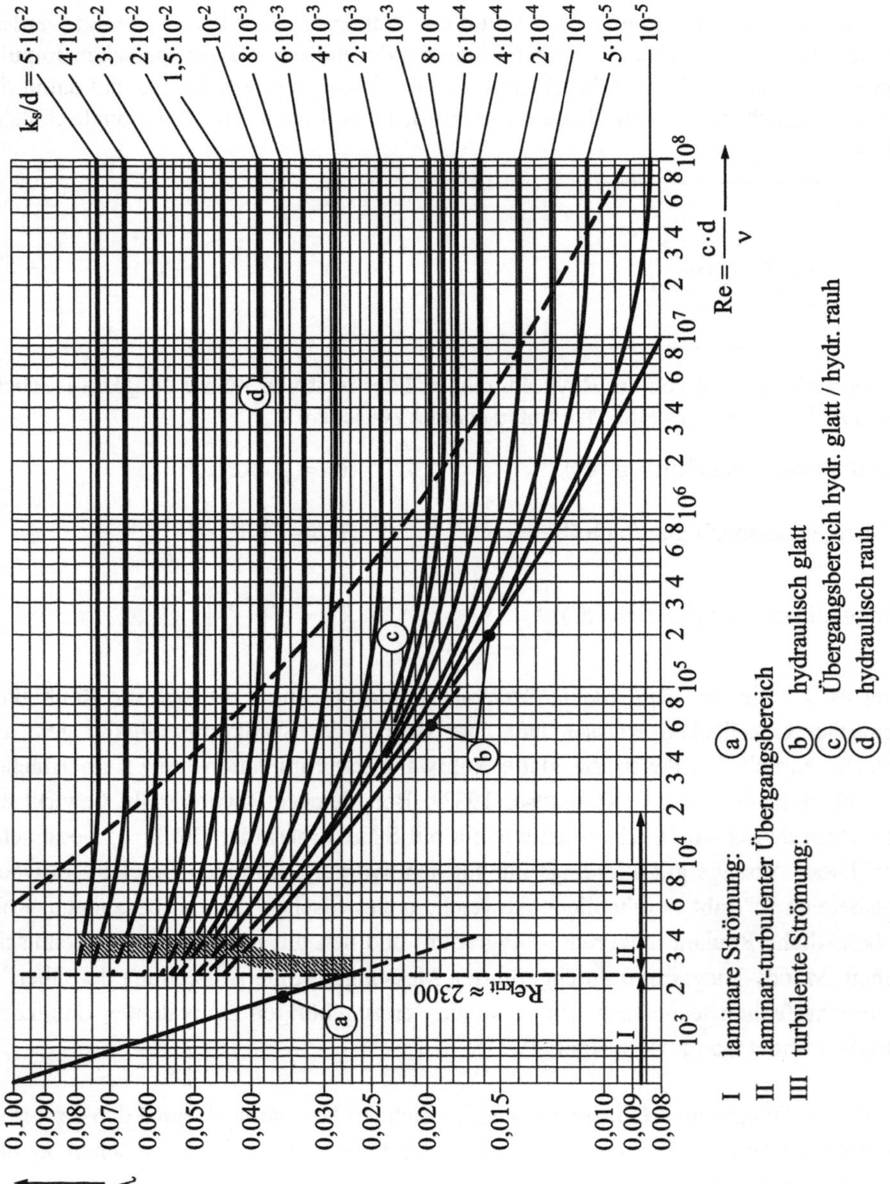

Abb. 4.22: Moody-Diagramm für technisch rauhe gerade Rohre

Bei der turbulenten Rohrströmung bildet sich in unmittelbarer Wandnähe aufgrund der dort sehr niedrigen Strömungsgeschwindigkeit stets eine *viskose Unterschicht* mit laminarer Strömung aus. Ob ein vorgegebenes Rohr jedoch als hydraulisch glatt oder rauh angesehen werden muß, hängt von der Dicke der Unterschicht ab, siehe Abb. 4.23. Bei hydraulisch glatten Rohren (Kurven "b" in Abb. 4.22) ist die Wandrauhigkeit so gering, daß sie von der viskosen Unterschicht vollständig überdeckt wird (z. B. polierte Oberflächen, Glasrohre). Die Rohrreibungszahl λ ist für hydraulisch glatte Rohre damit allein eine Funktion der Reynoldszahl. In Kapitel 4.4.2 wurden für diesen Fall mehrere Beziehungen zur Berechnung von λ angegeben. Bei hydraulisch rauhen Rohren (Bereich "d" in Abb. 4.22) ragen die Rauhigkeitsspitzen aus der viskosen Unterschicht heraus. Die durch die Rauhigkeit verursachten turbulenten Schwankungsbewegungen und die damit verbundene Energiedissipation bestimmen den Druckverlust. In diesem Fall ist λ unabhängig von der Reynoldszahl (und damit auch unabhängig von $\bar{c}_m$) und nur noch eine Funktion der bezogenen Wandrauhigkeit k_S/d. Die λ-Kurven verlaufen parallel zur Abszisse, d. h. λ = konstant. Bei der turbulenten Strömung durch hydraulisch rauhe Rohre ist der Druckverlust deshalb quadratisch von der Strömungsgeschwindigkeit abhängig (Gl. (4.47)).

Das Übergangsgebiet "c" stellt den Bereich zwischen hydraulisch glatter und hydraulisch rauher Strömung dar. Rohrreibungszahl λ und Druckverlust Δp hängen von der Reynoldszahl Re und der bezogenen Wandrauhigkeit k_S/d ab. Ebenso wie für die laminare und die hydraulisch glatte Rohrströmung existieren auch für den Übergangsbereich und für hydraulisch rauhe Rohre halbempirische Beziehungen zur Berechnung der Rohrreibungszahl, auf die aber im Rahmen dieser Einführung nicht eingegangen wird.

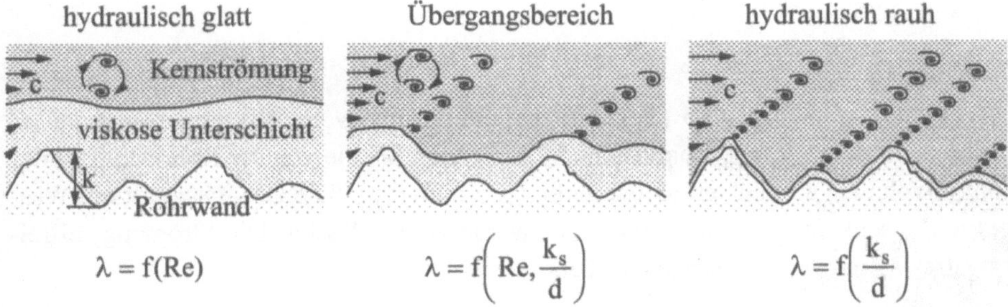

Abb. 4.23: Beeinflussung der turbulenten Rohrströmung durch Wandrauheit und viskose Unterschicht

Abschließend sei noch darauf hingewiesen, daß sich im Fall der turbulenten Strömung die im Moody-Diagramm dargestellten Beziehungen auch für Rohre mit nicht kreisförmigem Querschnitt und näherungsweise auch für nicht vollständig mit Flüssigkeit gefüllte Querschnitte anwenden lassen, wenn bei der Berechnung der Reynoldszahl statt des Rohrdurchmessers der *hydraulische Durchmesser* als charakteristische Länge verwendet wird. Der hydraulische Durchmesser ist definiert als das Verhältnis von "vier mal durchströmter Querschnittsfläche A" zu "benetztem Umfang U", also

$$\boxed{d_h = \frac{4\,A}{U}}\,. \tag{4.58}$$

Man überzeugt sich leicht, daß der hydraulische Durchmesser für Kreisrohre bei vollständig mit Fluid gefülltem Querschnitt identisch mit dem Rohrdurchmesser ist.

4.5 Übungsaufgaben

Aufgabe 4.1:

Auf einer Tischfläche befindet sich ein Fluidfilm (Newtonsches Fluid) der Dicke $h = 0,5$ mm, auf dem eine rechteckige Folie (Breite: $b = 50$ cm, Länge: $l = 50$ cm) lagert. Die Folie soll mit der Geschwindigkeit $U = 0,5$ m/s parallel zur Tischoberfläche gezogen werden. Damit die Folie nicht reißt, darf die Zugkraft den Wert $F = 3,75$ N nicht überschreiten. Wie groß darf die dynamische Viskosität η des Fluids höchstens sein?

Aufgabe 4.2:

Gegeben sei der in Abb. 4.5 (Textteil) dargestellte und vom Wassermassenstrom $\dot{m}$ (Dichte: ρ) durchströmte Rohrkrümmer. Berechnen Sie die von der Rohrwand auf das Kontrollvolumen ausgeübten Kraftanteile $F_{12,x}$ und $F_{12,y}$. Die Gewichtskraft des Wassers wirke senkrecht zur Bildebene bzw. werde vernachlässigt. Die Strömung sei reibungsfrei, stationär und inkompressibel.

Gegeben: $A_1 = 20$ cm^2; $A_2 = 40$ cm^2; $\dot{m} = 4$ kg/s; $\rho = 1000$ kg/m^3; $p_1 = 2$ bar

Aufgabe 4.3:

Am Ende einer Rohrleitung ist eine Düse (Durchmesser am Austritt: d) angeschlossen, aus der ein Fluidmassenstrom $\dot{m}$ der Dichte ρ als Freistrahl in die Umgebung austritt. Der Freistrahl trifft auf einen Strahlteiler und wird in der dargestellten Weise aufgespalten. Die Gravitationskraft wirkt senkrecht zur Bildebene. Der Umgebungsdruck beträgt p_0. Die Strömung sei stationär, reibungsfrei und inkompressibel.

Gegeben: $A_1 = 44 \text{ cm}^2$;

$A_2 = 3 \text{ cm}^2$;

$\rho = 1000 \text{ kg/m}^3$;

$p_0 = 1 \text{ bar}$;

$\mu = 2/3$;

$\dot{m} = 18 \text{ kg/s}$

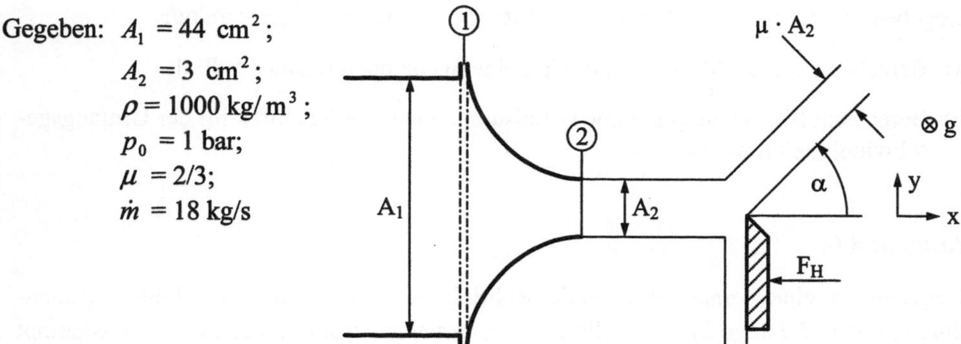

a) Wie groß ist der Überdruck $\Delta p = p_1 - p_2$ im Rohr unmittelbar vor der Düse ?

b) Welche Zugkraft F_Z tritt im Verbindungsflansch zwischen Düse und Rohrende auf?

c) Berechnen sie den Winkel α und die Haltekraft F_H .

Aufgabe 4.4:

Gegeben sie ein Körper mit stromlinienförmigem Vorderteil und stumpfem Ende (Querschnittsfläche A_K), der mittig in einen horizontal aufgestellten Kanal (Querschnittsfläche A) eingebaut ist. Dabei stimmt die Längsachse des Körpers mit der Mittelachse des Kanals überein. Durch den Kanal strömt ein Fluid der Dichte ρ mit der Geschwindigkeit c. Wandreibung werde vernachlässigt und die Strömung sei inkompressibel. Leiten Sie eine Beziehung zur Berechnung des Druckverlustkoeffizienten ξ für die betrachtete Rohrstrecke her.

Aufgabe 4.5:

Gegeben sei das zunächst blockierte Rad einer Peltonturbine, das von einem Freistrahl (Durchmesser: d, Fluiddichte: ρ) mit der Geschwindigkeit c angeströmt wird. Der Freistrahl wird in der dargestellten Weise umgelenkt

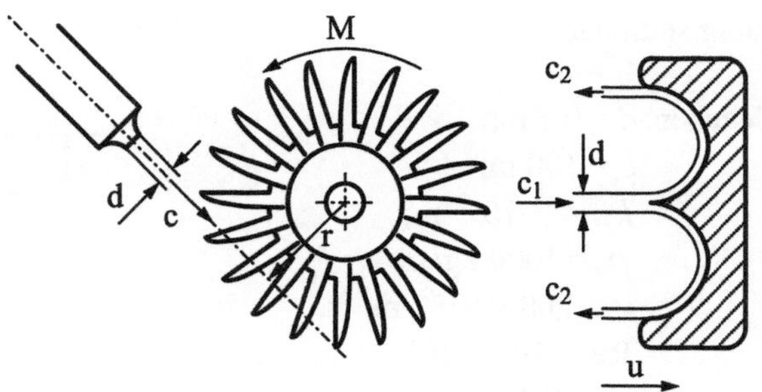

und erzeugt damit ein Antriebsmoment in der Turbinenwelle. Die Strömung sei verlustfrei und der Einfluß der Schwerkraft kann vernachlässigt werden.

Gegeben: $d = 0{,}05$ m; $c = 60$ m/s; $r = 0{,}5$ m; $\rho = 1000$ kg/m^3 ; $u = 48$ m/s

a) Berechnen Sie das Moment in der Turbinenwelle bei blockiertem Rad.

b) Berechnen Sie die aufgenommene Leistung, wenn die Schaufel mit der Umfangsgeschwindigkeit u rotiert.

Aufgabe 4.6:

Gegeben ist eine gerade horizontale Rohrleitung konstanten Querschnittes (Innendurchmesser: d, Länge L), durch die ein Wassermassenstrom $\dot{m}$ der Dichte ρ gepumpt wird. Die Strömung sei inkompressibel und stationär.

Gegeben: $d = 0{,}2$ m; $L = 300$ m; $\rho = 1000$ kg/m^3 ; $h = 50$ m; $k_s = 2 \cdot 10^{-3}$ m;
$\nu = 1{,}004 \cdot 10^{-6}$ m^2/s

a) Wie groß darf der Wassermassenstrom maximal eingestellt werden, wenn die Strömung laminar bleiben soll?

b) Berechnen sie den Druckabfall in der Rohrleitung für den Grenzfall aus Aufgabenteil a).

c) Berechnen Sie den Wert der Strömungsgeschwindigkeit in der Rohrmitte.

Aufgabe 4.7:

Durch ein Rohr (Innendurchmesser: d, Länge: L, Sandkornrauhigkeit: k_s) fließt Wasser (Dichte ρ = konst., kinematische Viskosität: ν) aus einem Speicherbecken in ein tiefer gelegenes Auffangbecken. Die Höhen der Wasserspiegel seien konstant und die Strömung stationär.

Gegeben: $d = 0{,}1$ m;
$L = 100$ m;
$k_s = 2 \cdot 10^{-3}$ m;
$\rho = 1000$ kg/m^3 ;
$\nu = 1{,}004 \cdot 10^{-6}$ m^2/s;
Re $\approx 10^5 \cdots 10^6$
$g = 9{,}81$ m/s^2

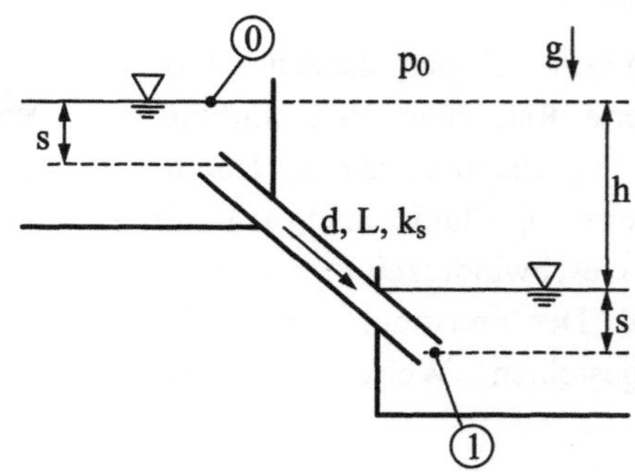

a)   Berechnen Sie den durch das Rohr fließenden Massenstrom.

b)   Berechnen Sie die Reynoldszahl der Rohrströmung.

Aufgabe 4.8:

Gegeben sei die turbulente Strömung eines Newtonschen Fluids durch ein Kreisrohr konstanten Durchmessers ($k_s/d = 4 \cdot 10^{-4}$) mit $Re = 10^7$ (Fall a) bzw. $Re = 10^4$ (Fall b). Ermitteln Sie näherungsweise die Dicke Δ der viskosen Unterschicht und stellen Sie jeweils fest, ob das Rohr als hydraulisch glatt oder rauh zu betrachten ist. Dabei soll davon ausgegangen werden, daß die Strömungsgeschwindigkeit $\bar{c}$ vom Wert Null direkt an der Wand linear bis auf den Wert $0{,}5\,\bar{c}_m$ beim Wandabstand $y = \Delta$ ansteigt.

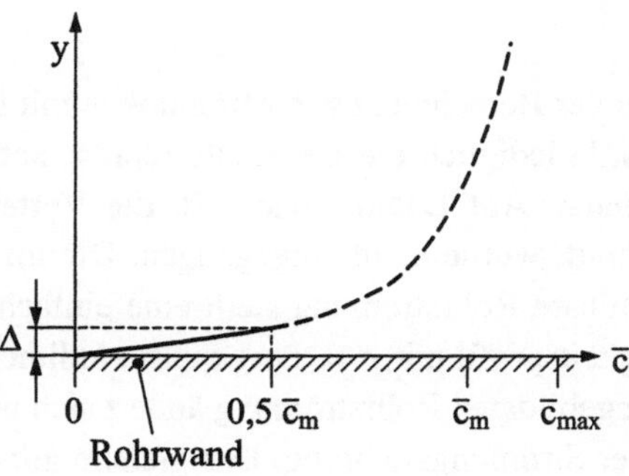

5 Dreidimensionale reibungsbehaftete Strömungsfelder

Bei der Berechnung von Strömungen mit Hilfe der eindimensionalen Stromfadentheorie wurde lediglich die gemittelte repräsentative Geschwindigkeit c in Bahnrichtung verwendet. Auf Details, wie z.B. die Verteilung der Strömungsgrößen über dem Querschnitt, wurde nicht eingegangen. Die im vorigen Kapitel betrachtete voll ausgebildete laminare Rohrströmung stellt eine einfache Strömungsform dar, bei der das Geschwindigkeitsprofil mit $c = c(r)$ quasi eindimensional ist, denn die Geschwindigkeit der voll ausgebildeten Rohrströmung ändert sich nur in radialer Richtung und nicht in Umfangs- oder Strömungsrichtung. Das gleiche gilt für den Mittelwert $\bar{c}(r)$ der voll ausgebildeten turbulenten Rohrströmung. Strömungsfelder sind in der Regel mehrdimensional und müssen, um die Genauigkeit der Berechnung nicht bedeutend zu mindern, als solche betrachtet werden. Als Beispiel sei die Strömung um einen feststehenden Körper genannt. Hier fließt das Fluid an verschiedenen Punkten im Strömungsfeld unterschiedlich schnell und weist vor allem verschiedene Hauptströmungsrichtungen auf. Auch auf die Details der turbulenten Strömung und insbesondere auf Methoden zur Modellierung und rechnerischen Behandlung der Turbulenz wurde bisher nicht eingegangen.

Im folgenden sollen die Überlegungen deshalb auf beliebige dreidimensionale Strömungsfelder erweitert werden. Dazu werden zunächst die Grundgleichungen der Fluiddynamik, die sog. Navier-Stokes-Gleichungen abgeleitet.

5.1 Navier-Stokes-Gleichungen

Die Navier-Stokesschen-Bewegungsgleichungen bilden zusammen mit der Kontinuitäts- und für nicht isotherme Strömungen auch der Energiegleichung ein vollständiges System von Gleichungen zur Berechnung der Geschwindigkeitskomponenten v_i (im Gegensatz zur eindimensionalen Stromfadentheorie wird die Strömungsgeschwindigkeit hier mit "v" statt "c" bezeichnet), des Druckes p, der Dichte ρ und der Temperatur T. Die folgenden Betrachtungen sind auf *inkompressible* Strömungen beschränkt, wobei die

Modellvorstellung des inkompressiblen Fluids nicht notwendigerweise nur auf Strömungen mit konstanter Dichte, sondern auch auf Strömungen, bei denen der Einfluß der Kompressibilität vernachlässigt werden kann (Ma $\ll$ 1), angewendet werden darf.

5.1.1 Kontinuitätsgleichung

Die Kontinuitätsgleichung wurde bereits in Kap. 3.1.1 abgeleitet. Es existieren die beiden Formulierungen

$$\frac{\partial \rho}{\partial t} + \frac{\partial}{\partial x_i}(\rho \, v_i) = 0$$

und

$$\frac{D\rho}{Dt} + \rho \frac{\partial v_i}{\partial x_i} = 0 \; ,$$

wobei sich die zweite Formulierung durch Einsetzen der kinematischen Bedingung in die erste Formulierung ergibt. Für die inkompressible Strömung erhält man mit ρ = konstant aus der ersten bzw. mit $D\rho/Dt = 0$ aus der zweiten Formulierung

$$\boxed{\frac{\partial v_i}{\partial x_i} = 0} \; . \tag{5.1}$$

5.1.2 Bewegungsgleichung

Bei der Ableitung der Eulerschen Bewegungsgleichung für reibungsfreie Strömungen wurde in Kapitel 3.3.2 der Impulssatz: "*Die zeitlich Änderung des Impulses ist gleich der Summe der äußeren Kräfte*" verwendet. Für dreidimensionale reibungsbehaftete Strömungen folgt damit

$$\frac{D\vec{I}}{Dt} = \sum \vec{F} = \vec{F}_p + \vec{F}_\tau + \vec{F}_g \; , \tag{5.2}$$

wobei für Strömungen mit Reibung zusätzlich zur Schwerkraft und den Druckkräften noch Schubspannungen auf den Oberflächen des ortsfesten, jedoch an beliebiger Stelle im Strömungsfeld positionierten Kontrollraumes wirken. In Abb. 5.1 sind diese *zusätzlichen* Spannungen für die in der y-z-Ebene liegenden Oberflächen dargestellt.

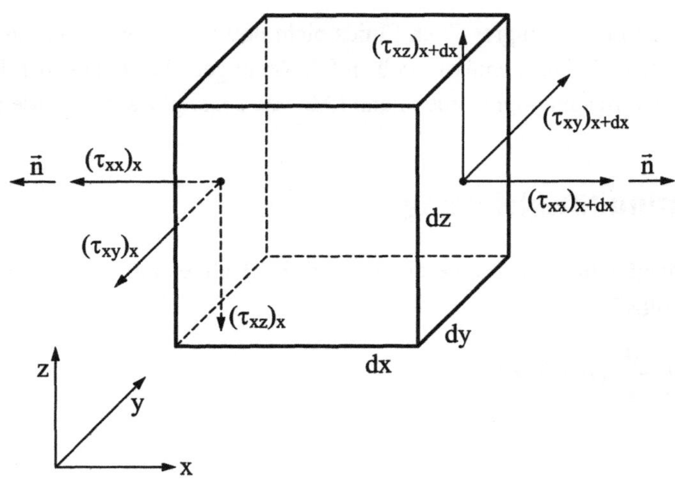

Abb. 5.1: Bezeichnung der zusätzlichen Spannungen aufgrund von Reibungseinflüssen am Beispiel der Oberflächen $dy\,dz$

Auf jede Oberfläche wirken zwei Schubspannungen und eine Normalspannung, die mit Hilfe der Indizes gekennzeichnet werden. Der erste Index bezeichnet die Oberfläche, auf der die Spannung wirkt. Die Orientierung einer Oberfläche des Kontrollraums ist durch den auf ihr senkrecht stehenden und nach außen zeigenden Normalenvektor $\vec{n}$ festgelegt. Ist der erste Index wie in Abb. 5.1 dargestellt ein "x", so verläuft $\vec{n}$ parallel zur x-Achse. Der zweite Index kennzeichnet die Richtung, in der die Spannung wirkt (Kraftrichtung). Dabei gilt folgende Vereinbarung: Die Spannungen werden positiv gezählt, wenn Spannungs- und Normalenvektor in die gleiche Richtung wirken und negativ, wenn sie entgegengesetzt gerichtet sind.

Es sollen zunächst nur die x-Komponenten der jeweiligen Spannungen und die daraus resultierenden Kräfte betrachtet werden (Abb. 5.2). Die Normalspannung weist nun zusätzlich zum statischen Druck $(-p)$ noch die bereits aus Abb. 5.1 bekannte Spannungskomponente $\tau_{x,x}$ auf, die auf Reibungseffekte im Fluid zurückzuführen ist.

Der Impulssatz wird zunächst auf die x-Richtung angewendet, es werden also nur die x-Komponenten der jeweiligen Kräfte auf das differentiell kleine Volumenelement $dV = dx\,dy\,dz$ bilanziert. Für die Kräfte auf der rechten Seite von Gl. (5.2) erhält man

$$F_{p,x} = -dy\ dz\ \frac{\partial p}{\partial x}dx\ , \tag{5.3}$$

$$F_{\tau,x} = dy\ dz\ \frac{\partial \tau_{xx}}{\partial x} dx + dx\ dz\ \frac{\partial \tau_{yx}}{\partial y} dy + dx\ dy\ \frac{\partial \tau_{zx}}{\partial z} dz\ ,$$

(5.4)

$$\vec{F}_g = dx\ dy\ dz \cdot f_x\ .$$

(5.5)

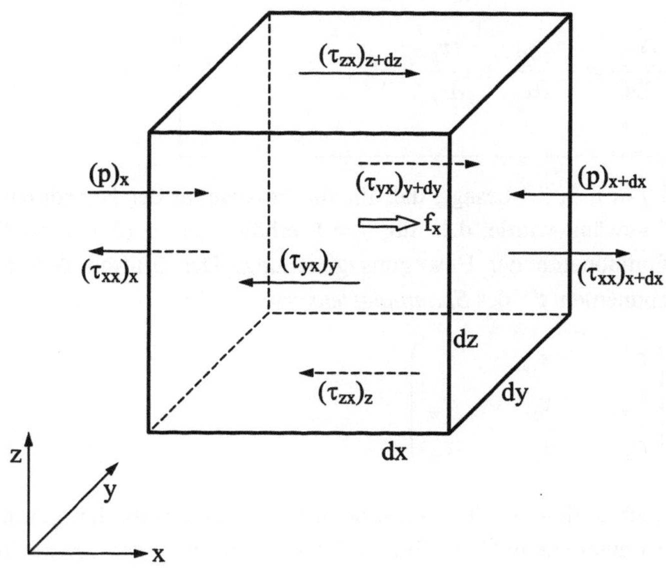

Abb. 5.2: Zur Ableitung der Bewegungsgleichung, Bilanzierung der x-Richtung

Für die Impulsänderung in x-Richtung auf der linken Seite von Gl. (5.2) gilt

$$\frac{DI_x}{Dt} = \frac{D}{Dt}\ (dx\ dy\ dz\ \rho\ u) = dx\ dy\ dz\ \rho\ \frac{Du}{Dt}\ ,$$

(5.6)

wenn wieder ein inkompressibles Fluid vorausgesetzt wird. Damit folgt für die x-Komponente der Bewegungsgleichung

$$\rho\ \frac{Du}{Dt} = -\ \frac{\partial p}{\partial x} + \frac{\partial \tau_{xx}}{\partial x} + \frac{\partial \tau_{yx}}{\partial y} + \frac{\partial \tau_{zx}}{\partial z} + f_x$$

(5.7)

oder bei Verwendung der Tensornotation

$$\rho\ \frac{Du}{Dt} = -\ \frac{\partial p}{\partial x} + \frac{\partial \tau_{ix}}{\partial x_i} + f_x\ .$$

(5.8)

Für die y- und z-Komponenten folgen analoge Beziehungen. Als äußere auf das Fluid im Kontrollraum wirkende Massenkraft wird nur die entgegen der z-Richtung wirkende Schwerkraft berücksichtigt, d. h. $f_1 = f_2 = 0$ und $f_3 = - \rho\, g$. Damit erhält man für die allgemeine Bewegungsgleichung

$$\rho\, \frac{\mathrm{D}v_j}{\mathrm{D}t} = - \frac{\partial p}{\partial x_j} + \frac{\partial \tau_{ij}}{\partial x_i} + f_j\, , \quad j = 1,\, 2,\, 3 \qquad . \tag{5.9}$$

Der Hinweis " $j = 1,\, 2,\, 3$ " besagt, daß für die Festlegung der Koordinatenrichtungen der Index " j " gewählt wurde, d. h. für $j = 1$ erhält man Gl. (5.7) bzw. Gl. (5.8) und damit die x-Komponente der Bewegungsgleichung. Der Einfluß der Reibung wird durch die Komponenten τ_{ij} des *Spannungstensors*

$$\tau_{ij} = \begin{pmatrix} \tau_{xx} & \tau_{xy} & \tau_{xz} \\ \tau_{yx} & \tau_{yy} & \tau_{yz} \\ \tau_{zx} & \tau_{zy} & \tau_{zz} \end{pmatrix}$$

erfaßt. Man beachte, daß bei der Tensornotation τ_{ij} einerseits den gesamten Tensor, andererseits aber auch wie in Gl. (5.9) einzelne Komponenten des Tensors repräsentiert. Ohne Beweis sei an dieser Stelle darauf hingewiesen, daß der Schubspannungstensor symmetrisch ist und damit wegen $\tau_{ij} = \tau_{ji}$ aus sechs Komponenten besteht. Im weiteren wird nun eine Beziehung zur Berechnung der Schubspannung τ_{ij} benötigt. Beschränkt man sich auf Newtonsche Fluide, so sind dafür die Schubspannungen proportional zu den Geschwindigkeitsgradienten. Die Erweiterung des Newtonschen Schubspannungsansatzes auf dreidimensionale Strömungen führt für inkompressible Fluide auf den *Stokesschen Schubspannungsansatz*

$$\tau_{ij} = \eta \left(\frac{\partial v_i}{\partial x_j} + \frac{\partial v_j}{\partial x_i} \right) \qquad . \tag{5.10}$$

Auf eine Herleitung dieses Schubspannungsansatzes soll hier verzichtet werden. Der interessierte Leser sei auf Truckenbrodt (1980) und Merker (1987) verwiesen.

Mit τ_{ij} aus Gl. (5.10) erhält man aus der allgemeinen Bewegungsgleichung (Gl. (5.9))

$$\rho\,\frac{Dv_j}{Dt} = -\frac{\partial p}{\partial x_j} + \frac{\partial}{\partial x_i}\left[\eta\left(\frac{\partial v_i}{\partial x_j} + \frac{\partial v_j}{\partial x_i}\right)\right] + f_j\,. \tag{5.11}$$

Dies ist die sog. *Navier-Stokessche Bewegungsgleichung* für dreidimensionale Strömungen inkompressibler Fluide im Gravitationsfeld.

Für *stationäre Strömungen mit konstanten Stoffwerten* (η = konst., ρ = konst.) erhält man schließlich mit einer einfachen Umformung und unter Verwendung der Kontinuitätsgleichung (Gl. (5.1)) die Navier-Stokessche Bewegungsgleichung in der Form

$$\rho\,v_i\,\frac{\partial v_j}{\partial x_i} = -\frac{\partial p}{\partial x_j} + \eta\,\frac{\partial^2 v_j}{\partial x_i^2} + f_j\,, \qquad j = 1,\,2,\,3\,. \tag{5.12}$$

Die Navier-Stokessche Bewegungsgleichung wurde aus der differentiellen Form des Impulssatzes abgeleitet, d. h. Gl. (5.12) stellt die drei Kräftebilanzen (drei Navier-Stokessche Bewegungsgleichungen) in Richtung der drei Koordinatenachsen dar. Dabei wird jeweils das Gleichgewicht zwischen den Trägheitskräften auf der linken Seite und den auf der rechten Seite befindlichen Druck- (1. Term), Reibungs- (2. Term) und Volumenkräften (3. Term) betrachtet. Für reibungsfreie Strömungen ($\eta = 0$) erhält man die Eulersche Bewegungsgleichung als Sonderfall der Navier-Stokesschen Bewegungsgleichung. Die drei Navier-Stokesschen Bewegungsgleichungen bilden zusammen mit der Kontinuitätsgleichung einen Satz vollständiger Gleichungen zur Berechnung der drei Geschwindigkeitskomponenten v_i und des Drucks p einer isothermen Strömung. Sie werden auch als Grundgleichungen der Fluiddynamik bezeichnet. Falls die Strömung nicht isotherm ist, wird zur Berechnung der Temperatur noch die Energiegleichung benötigt, die im folgenden Abschnitt der Vollständigkeit halber ebenfalls kurz hergeleitet wird.

Das aus Navier-Stokes-Gleichungen, Kontinuitätsgleichung und ggf. auch Energiegleichung bestehende Gleichungssystem kann nur für wenige Fälle unter Vorgabe der zugehörigen Randbedingungen analytisch gelöst werden. Ein Beispiel dafür ist die laminare Spaltströmung (Kap. 5.1.4).

Für Strömungen hochviskoser Medien mit geringer Fließgeschwindigkeit (sehr kleine Reynoldszahlen, sog. schleichende Strömungen), aber auch für solche mit sehr großen Reynoldszahlen können einzelne Terme in den Gleichungen vernachlässigt werden, wodurch der mathematische Aufwand bei der Lösung reduziert wird. Im allgemeinen Fall ist eine analytische Lösung jedoch nicht möglich und die Navier-Stokes-Gleichungen müssen numerisch gelöst werden (siehe Kap. 6).

5.1.3 Energiegleichung

Zusätzlich zur Massenbilanz (Kontinuitätsgleichung) und Impulsbilanz (Bewegungsgleichung) benötigt man für nicht-isotherme Strömungen noch den ersten Hauptsatz der Thermodynamik (Energiegleichung) zur Beschreibung des Geschwindigkeits-, Druck- und Temperaturfeldes. Während der Energiesatz der Fluidmechanik rein mechanische Größen bilanziert, werden bei der allgemeinen Energiegleichung (erster Hauptsatz der Thermodynamik) zusätzlich noch die innere Energie und die Wärme als Energieformen der Thermodynamik in die Betrachtung mit einbezogen. Die *allgemeine Energiegleichung* für ein raumfestes Kontrollvolumen lautet

$$\frac{\partial E}{\partial t} = \dot{E}_{zu} - \dot{E}_{ab} + \dot{W}_g + \dot{W}_p + \dot{W}_\tau + \dot{Q}_{zu} - \dot{Q}_{ab} \quad , \tag{5.13}$$

d.h. die zeitliche Änderung der Energie im Kontrollraum ist gleich der Differenz aus der mit dem Massenstrom zu- und abgeführte Energie zuzüglich der Leistungen der Massenkraft $\dot{W}_g$ *, der Druck- und Reibungskräfte* $\dot{W}_p$ *und* $\dot{W}_\tau$ *und der Differenz der zu- und abgeführten Wärmeströme.*

Die Ableitung der einzelnen Terme der Energiegleichung ist ähnlich der Herleitung der Navier-Stokes-Gleichungen, der interessierte Leser sei auf Merker (1987) und White (1991) verwiesen.

Bildet man die Differenz aus der *allgemeinen* und der *mechanischen* Energiegleichung, so erhält man die *thermische Energiegleichung*, die eine weitere Form der Energiegleichung darstellt und bei der die thermodynamischen Größen wie innere Energie und Wärme bilanziert werden.

Aus dem ersten Hauptsatz folgt für diesen Fall die von Merker und Eiglmeier (1999) verwendete Form

$$\rho \; dx \; dy \; dz \; \frac{Du}{Dt} = \dot{W}_p + \dot{W}_{Diss} + \dot{Q}_{zu} - \dot{Q}_{ab} \; . \tag{5.14}$$

mit der spezifischen inneren Energie u und dem Anteil $\dot{W}_{Diss}$ der Arbeit, der dem Kontrollvolumen durch Dissipation zugeführt wird. Mit Hilfe einiger Umformungen (siehe Merker, 1987) läßt sich Gl. (5.14) in die Form

$$\rho \; dx \; dy \; dz \; \frac{Dh}{Dt} = \dot{Q}_{zu} - \dot{Q}_{ab} + \dot{W}_{Diss} \tag{5.15}$$

überführen, in der die spezifische Enthalpie $h = u + p/\rho$ verwendet wird.

Bei hohen Machzahlen können die Reibungskräfte so groß werden, daß auch für $\dot{Q}_{zu} = \dot{Q}_{ab} = 0$ eine Temperaturerhöhung infolge Dissipation auftritt (Wiedereintritt einer Raumfähre in die Erdatmosphäre). Bei technischen Aufgabenstellungen dagegen kann aber der Einfluß der Dissipation in der Regel vernachlässigt werden.

Für den Wärmestrom durch Wärmeleitung in x-Richtung (Wärmestrahlung wird vernachlässigt) folgt

$$\dot{Q}_{x,zu} - \dot{Q}_{x,ab} = - dy \; dz \; \frac{\partial \dot{q}_x}{\partial x} dx \; ,$$

wobei $\dot{q}_x$ der auf die Fläche $dydz$ bezogene Wärmestrom ist. Um Verwechselungen mit dem in Kap. 2.1.3 verwendeten, auf den Massenstrom bezogenen Wärmestrom $q = \dot{Q}/\dot{m}$ zu vermeiden, wird er mit $\dot{q}$ bezeichnet. Für den insgesamt übertragenen Wärmestrom erhält man schließlich

$$\dot{Q}_{zu} - \dot{Q}_{ab} = - dx \; dy \; dz \; \frac{\partial \dot{q}_i}{\partial x_i} \; . \tag{5.16}$$

Durch Einsetzen in die Energiegleichung (Gl. (5.14)) und bei Vernachlässigung der Dissipation erhält man für die thermische Energiegleichung

$$\boxed{\rho \; \frac{Dh}{Dt} = - \frac{\partial \dot{q}_i}{\partial x_i}} \; . \tag{5.17}$$

Der *Fouriersche Wärmeleitungsansatz*

$$\dot{q}_i = -\lambda\, \frac{\partial T}{\partial x_i} \tag{5.18}$$

liefert einen Zusammenhang zwischen Wärmestromdichte und Temperatur, wobei die Wärmeleitfähigkeit λ für Fluide eine skalare Größe ist, die von Temperatur und Druck abhängig sein kann, die aber in vielen Fällen als konstant vorausgesetzt werden kann. Setzt man ferner noch voraus, daß das Fluid durch die kalorische Zustandsgleichung des idealen Gases beschrieben wird und beschränkt die Betrachtungen wieder auf stationäre Strömungen, so erhält man für die Energiegleichung

$$\rho\, c_p\, v_i\, \frac{\partial T}{\partial x_i} = \lambda\, \frac{\partial^2 T}{\partial x_i^2} \tag{5.19}$$

Tab. 5.1: Grundgleichungen der Thermofluidmechanik

	Gleichung	Größe
Erhaltungssätze:		
• Massenerhaltung	Kontinuitätsgleichung	ρ
• Impulserhaltung	Bewegungsgleichung	$v_i\ p$
• Energieerhaltung	Allgemeine Energiegleichung	
- mechanische Energie	Mechanische Energiegleichung	$v^2/2 + g\,z$
- thermische Energie	Thermische Energiegleichung	$u,\ h$
Stoffgesetz	Zustandsgleichung	
	- thermische Zustandsgleichung	$\rho\,(p,T)$
	- kalorische Zustandsgleichung	$u\,(\rho,T);\ h\,(p,T)$

$$\left.\begin{array}{l} 6 \text{ abhängige} \\ 4 \text{ unabhängige} \end{array}\right\} \text{Variable} \left\{\begin{array}{l} \rho,\ v_i,\ p,\ T \\ x_i,\ t \end{array}\right.$$

Die oben abgeleiteten Grundgleichungen der Kontinuumsmechanik fluider Stoffe, die sog. Grundgleichungen der Thermofluidmechanik, sind in Tab. 5.1 noch einmal formal zusammengefaßt.

5.1.4 Strömung im ebenen Spalt

Betrachtet werde die stationäre und voll entwickelte laminare Strömung eines inkompressiblen Fluids in einem ebenen Spalt ($-h \leq y \leq +h$, $-\infty < x < \infty$), siehe Abb. 5.3. Für diese sog. Spaltströmung kann man die oben abgeleiteten Grundgleichungen analytisch lösen und eine Beziehung für die Geschwindigkeitsverteilung $u(y)$ herleiten.

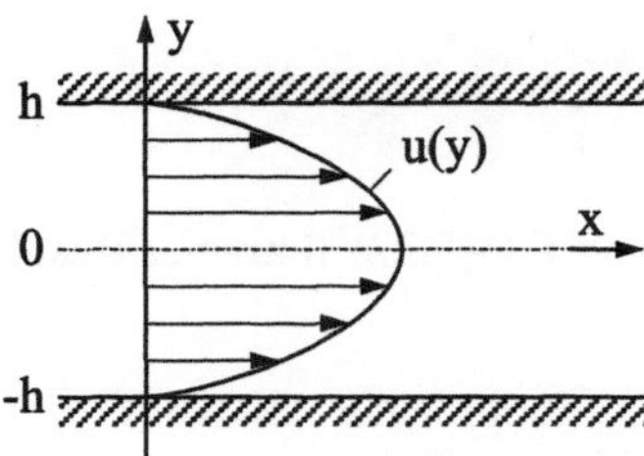

Abb. 5.3: Laminare Spaltströmung

Aufgrund der laminaren und zur x-Achse parallelen Schichtenströmung gilt

$$u = u(y), \quad v = w = 0 \ .$$

Damit folgt aus der Kontinuitätsgleichung

$$\frac{\partial u}{\partial x} = 0 \ . \tag{5.20}$$

Die Bewegungsgleichungen reduzieren sich auf

$$0 = -\frac{\partial p}{\partial x} + \eta \, \frac{\partial^2 u}{\partial y^2} \ ,$$

$$0 = -\frac{\partial p}{\partial y} \ , \tag{5.21}$$

$$0 = -\frac{\partial p}{\partial z} \ ,$$

da sämtliche partiellen Ableitungen nach der Zeit t, die Geschwindigkeiten v und w sowie deren Ableitungen und wegen Gl. (5.20) auch die partiellen Ableitungen von u nach x entfallen. Aus der y- und z-Komponente von Gl. (5.21) folgt $p \neq p(y)$ und $p \neq p(z)$, d.h. der Druck ist nur von der x-Koordinate abhängig, also $p = p(x)$. Damit folgt aus der x-Komponente der Bewegungsgleichung (Gl. (5.21))

$$\frac{1}{\eta} \frac{\mathrm{d}p}{\mathrm{d}x} = \frac{\mathrm{d}^2 u}{\mathrm{d}y^2} \; . \tag{5.22}$$

Weil die rechte Seite nicht von x abhängig ist ($u = u(y)$), muß auch die linke Seite unabhängig von x sein. Das bedeutet, daß der Druckgradient in x-Richtung konstant ist, also

$$\frac{\mathrm{d}p}{\mathrm{d}x} = \text{konstant} \; .$$

Eine zweimalige Integration von Gl. (5.22) führt bei Beachtung von $\mathrm{d}p/\mathrm{d}x = \text{konstant}$ auf

$$u(y) = \frac{\mathrm{d}p}{\mathrm{d}x} \frac{1}{\eta} \frac{y^2}{2} + K_1 y + K_2 \; .$$

Mit den Randbedingungen

$$u = 0 \quad \text{für} \quad y = +h \, ,$$
$$u = 0 \quad \text{für} \quad y = -h$$

(Haftbedingung) können die Integrationskonstanten K_1 und K_2 bestimmt werden und man erhält schließlich für das Geschwindigkeitsprofil der ebenen Spaltströmung

$$u(y) = -\frac{\mathrm{d}p}{\mathrm{d}x} \frac{h^2}{2\eta} \left[1 - \left(\frac{y}{h} \right)^2 \right] \; . \tag{5.23}$$

Für die maximale Geschwindigkeit auf der Symmetrieachse folgt daraus mit $y = 0$

$$u_{max} = -\frac{\mathrm{d}p}{\mathrm{d}x} \frac{h^2}{2\eta} \; . \tag{5.24}$$

Durch Integration über die gesamte Spalthöhe erhält man die mittlere Geschwindigkeit im Spalt zu

$$u_m = -\frac{dp}{dx}\frac{h^2}{3\eta} \, .$$ (5.25)

Das mit Hilfe der Maximalgeschwindigkeit normierte Geschwindigkeitsprofil der laminaren Spaltströmung

$$\frac{u(y)}{u_{max}} = 1 - \left(\frac{y}{h}\right)^2$$ (5.26)

ist damit identisch mit dem auf gleiche Weise normierten Profil der laminaren Rohrströmung, während für das Verhältnis von u_m zu u_{max} bei der laminaren Spaltströmung

$$u_m = \frac{2}{3} u_{max}$$ (5.27)

gilt.

5.2 Grenzschichtströmungen

5.2.1 Zum Begriff der Grenzschicht

Bei der Umströmung von Körpern beobachtet man, daß die Geschwindigkeit innerhalb einer relativ dünnen Schicht unmittelbar an der Oberfläche des Körpers vom Wert der Außenströmung auf den Wert Null an der Oberfläche abfällt. Diese wandnahe Schicht wird als Geschwindigkeitsgrenzschicht oder auch einfach *Grenzschicht* bezeichnet. Die Strömung innerhalb dieser Schicht ist die sog. *Grenzschichtströmung*.

Neben den Strömungsgrenzschichten existieren auch Temperaturgrenzschichten. Insbesondere an heißen Sommertagen kann man z. B. an Hauswänden, die durch die Temperaturstrahlung der Sonne aufgewärmt werden, eine dünne aufsteigende Strömung beobachten. Bei dieser sog. freien Konvektion bildet sich eine Strömungsgrenzschicht aufgrund von Dichteunterschieden. Dabei werden die Dichteunterschiede durch eine Temperaturgrenzschicht, in der die Temperatur von derjenigen der Wand bis auf die der Umgebungsluft abfällt, hervorgerufen. Beide Grenzschichten beeinflussen sich dabei gegenseitig. In diesem Buch werden Temperaturgrenzschichten nicht weiter betrachtet, der interessierte Leser sei auf Merker und Eiglmeier (1999) verwiesen.

Die Navier-Stokes-Gleichungen gelten allgemein für reibungsbehaftete Strömungen. Sie sind aber wegen des enormen mathematischen Aufwandes auch für einfache technische Problemstellungen in der Regel nicht lösbar. Strömungen mit ausreichend großen Reynoldszahlen lassen sich jedoch in guter Näherung in eine reibungsfreie Außenströmung (Potentialströmung), in der die Schubspannungen vernachlässigbar klein sind, und in eine dünne reibungsbehaftete Grenzschichtströmung an der Körperoberfläche unterteilen, siehe Abb. 5.4. Mit Hilfe einer asymptotischen Entwicklung nach der Reynoldszahl lassen sich aus den Navier-Stokes-Gleichungen Gleichungen zur Berechnung der beiden Gebiete *Grenzschicht* und *Außenströmung* ableiten. Man erhält dabei die

- *Grenzschichtgleichungen 1. Ordnung* (für $Re \rightarrow \infty$) zur Beschreibung der reibungsbehafteten Strömung im wandnahen Bereich und die
- *Eulergleichungen* für die reibungsfreie Potentialströmung im wandfernen Bereich.

Diese Aufteilung geht auf Ludwig Prandtl zurück, der Anfang des 20. Jahrhunderts seine Grenzschichttheorie veröffentlichte. Unter der Voraussetzung, daß die Grenzschichten im Verhältnis zur Körperabmessung sehr dünn sind, führt eine Abschätzung der Größenordnung der einzelnen Terme in den Navier-Stokesschen Bewegungsgleichungen und der Kontinuitätsgleichung für zweidimensionale Strömungen zu folgenden Ergebnissen:

- Der Hauptbewegungsvorgang erfolgt in x-Richtung (parallel zur Körperoberfläche, Abb. 5.4), die Geschwindigkeitskomponente v in y-Richtung kann vernachlässigt werden.
- Die Grenzschichtgleichungen gelten für große Reynoldszahlen, denn nur dann ist die Dicke der Grenzschicht klein gegenüber den Körperabmessungen.
- Der statische Druck ändert sich quer zur Grenzschicht (in y-Richtung) nicht, er wird damit der Grenzschichtströmung durch die Außenströmung aufgeprägt. Der Druckverlauf $p = p(x)$ kann aus Berechnungen der reibungsfreien Außenströmung übernommen werden.

Damit folgen schließlich die von Prandtl hergeleiteten *Grenzschichtgleichungen* (Grenzschichttheorie 1. Ordnung) für stationäre, laminare und inkompressible Strömungen entlang gerader und auch mäßig gekrümmter Wände (Krümmungsradius >> Grenzschichtdicke):

$$\frac{\partial u}{\partial x} + \frac{\partial v}{\partial y} = 0 \; , \tag{5.28}$$

$$u \, \frac{\partial u}{\partial x} + v \, \frac{\partial u}{\partial y} = - \frac{1}{\rho} \frac{\mathrm{d}p}{\mathrm{d}x} + \nu \, \frac{\partial^2 u}{\partial y^2} \; , \tag{5.29}$$

auf deren Ableitung hier verzichtet wird. Die Kontinuitätsgleichung (Gl. (5.28)) ist unverändert. Gl. (5.29) folgt aus der x-Komponente der Navier-Stokesschen Bewegungsgleichung. Die Grenzschichtgleichungen für turbulente Strömungen erhält man auf analoge Weise aus den Reynoldsgemittelten Navier-Stokes-Gleichungen, siehe Kap. 5.3.

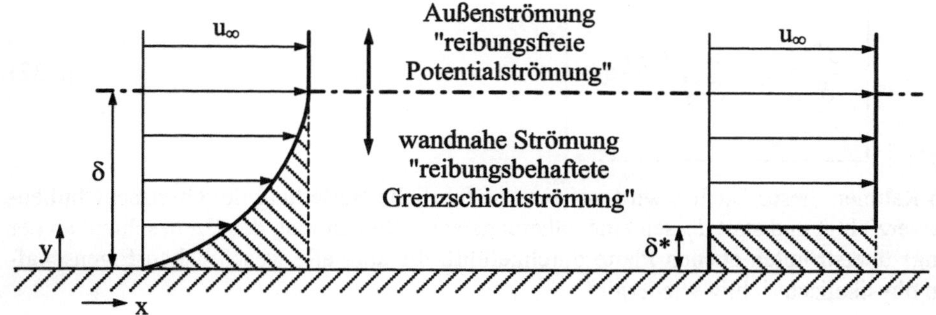

Abb. 5.4: Grenzschichtströmung

Im folgenden soll die Strömung innerhalb der Grenzschicht näher betrachtet werden. In einer Schicht in unmittelbarere Wandnähe strömt wegen der kleineren Geschwindigkeit weniger Masse als in einer gleich dicken, aber weiter von der Wand entfernten Schicht. Man kann den Bereich der Grenzschicht deshalb gedanklich aufspalten in einen äußeren Grenzschichtbereich, in dem das Fluid mit der Geschwindigkeit u_∞ der Außenströmung strömt und in eine innere Schicht der Dicke δ^* direkt an der Wand, innerhalb der überhaupt keine Strömung vorhanden ist, siehe Abb. 5.4. Dabei ist δ^* die sog. *Verdrängungsdicke*. Die Unterteilung entspricht natürlich nicht der realen Geschwindigkeitsverteilung in der Grenzschicht, sie bietet aber Vorteile bei der rechnerischen Behandlung. Denkt man sich den umströmten Körper um die Verdrängungsdicke $\delta^*(x)$ verdickt, so kann die Umströmung als reibungsfreie Potentialströmung betrachtet werden. Damit kann z. B. die Strömung durch Verdichter- und Turbinenbeschaufelungen näherungsweise beschrieben werden. Die Bezeichnung "Verdrängungsdicke" ist somit auf die Tatsache zurückzuführen, daß aus dem Grenzschichtbereich Fluid in die Außenströmung verdrängt wird. Dieser Sachverhalt ist in Abb. 5.4 durch die schraffierten Flächen verdeutlicht. Durch Vergleich der schraffierten Flächen erhält man

$$u_\infty \, \delta^* = \int\limits_0^\delta \left[u_\infty - u(y) \right] \mathrm{d}y \tag{5.30}$$

und durch einfache Umformung

$$\delta^* = \int\limits_0^\delta \left[1 - \frac{u(y)}{u_\infty} \right] dy = \delta - \int\limits_0^\delta \frac{u(y)}{u_\infty}\, dy \ . \tag{5.31}$$

Daraus folgt

$$\frac{\delta^*}{\delta} = 1 - \frac{1}{\delta} \int\limits_0^\delta \frac{u(y)}{u_\infty}\, dy \ . \tag{5.32}$$

Im Rahmen dieses Buches wird auf eine ausführliche Herleitung der Grenzschichttheorie verzichtet und statt dessen eine näherungsweise Berechnung der Grenzschicht an der längs überströmten ebenen Platte durchgeführt, die aber alle wesentlichen Eigenschaften physikalisch richtig wiedergibt.

5.2.2 Längs überströmte ebene Platte

Betrachtet werde die in Abb. 5.5 dargestellte stationäre und inkompressible Grenzschichtströmung entlang der Oberfläche einer *längs überströmten ebenen Platte*. Die einseitig überströmte Platte beginnt bei $x = 0$ und ist in Strömungsrichtung vorerst beliebig lang. Zur Bilanzierung der Impuls- und Massenströme dient das strichpunktiert eingezeichnete Kontrollvolumen.

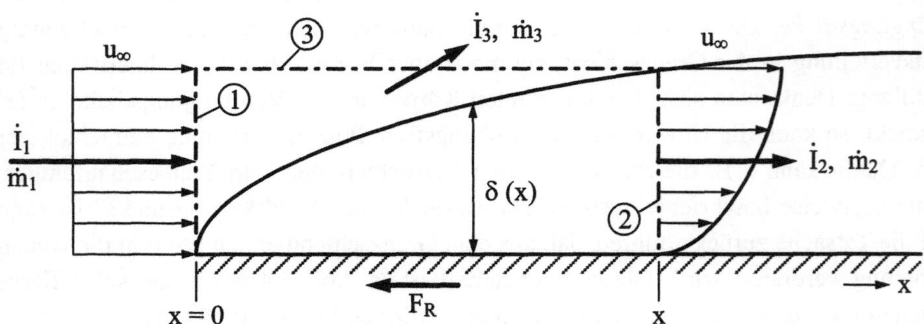

Abb. 5.5: Massen- und Impulsbilanz für die Grenzschichtströmung an einer ebenen Platte

Ein Vergleich der Geschwindigkeitsprofile in der Eintrittsfläche "1" und in der Austrittsfläche "2" zeigt, daß der Massenstrom $\dot{m}_3$ aus der Grenzschicht austreten muß, denn $\dot{m}_1 > \dot{m}_2$. Die Massenbilanz für die stationäre Strömung

$$\dot{m}_1 - \dot{m}_2 - \dot{m}_3 = 0 \tag{5.33}$$

liefert mit der Breite b der Platte

$$b\,\delta\,u_\infty\,\rho - \int_0^{\delta(x)} \rho\,b\,u(y)\big|_x\,\mathrm{d}y - \dot{m}_3 = 0 \ .$$

Die Bezeichnung $u(y)\big|_x$ weist darauf hin, daß die Geschwindigkeit u bei festem Ort x nur eine Funktion des Wandabstands y ist, daß aber je nach Ort x die Geschwindigkeitsprofile $u(y)$ unterschiedlich sind. Der Einfachheit halber wird im folgenden jedoch nur noch $u(y)$ verwendet. Durch Umstellung erhält man zusammen mit Gl. (5.32) für den aus dem Grenzschichtbereich nach außen verdrängten Massenstrom

$$\dot{m}_3 = b\,\delta\,u_\infty\,\rho\left(1 - \frac{1}{\delta}\int_0^\delta \frac{u(y)}{u_\infty}\,\mathrm{d}y\right) = b\,\rho\,u_\infty\,\delta^* \ . \tag{5.34}$$

Damit wird deutlich, daß insgesamt ein Fluidmassenstrom in die Außenströmung verdrängt wird, der bei reibungsfreier Strömung innerhalb einer Schicht der Dicke $\delta^*(x)$ (Verdrängungsdicke) mit der Geschwindigkeit u_∞ fließen würde. Analog zu oben folgt aus der Impulsbilanz in x-Richtung

$$\dot{I}_1 - \dot{I}_2 - \dot{I}_{3,x} = F_W \tag{5.35}$$

die Beziehung

$$b\,\delta\,\rho\,u_\infty^2 - \int_0^\delta b\,\rho\,u^2\,\mathrm{d}y - \dot{m}_3\,u_\infty = b\int_0^x \tau_W\,\mathrm{d}x \ . \tag{5.36}$$

Da die Strömungsgeschwindigkeit am äußeren Grenzschichtrand u_∞ beträgt und aufgrund der geringen Grenzschichtdicke δ die Verdrängungsgeschwindigkeit in y-Richtung vernachlässigbar klein ist, kann für die Strömungsgeschwindigkeit des Massenstroms $\dot{m}_3$ in x-Richtung ebenfalls der Wert u_∞ verwendet werden. Mit dem Massenstrom $\dot{m}_3$ aus Gl. (5.34) erhält man daraus nach einfacher Umformung

$$\rho\int_0^\delta (u\,u_\infty - u^2)\,\mathrm{d}y = \int_0^x \tau_W\,\mathrm{d}x \ .$$

Durch Einsetzen des Newtonschen Schubspannungsansatzes

$$\tau_W = \eta \left(\frac{du}{dy} \right)_W$$

folgt daraus die Beziehung

$$\int_0^{\delta} (u\,u_{\infty} - u^2)\,dy = \nu \int_0^{x} \left(\frac{du}{dy} \right)_W dx \tag{5.37}$$

für die Geschwindigkeitsverteilung innerhalb der Grenzschicht. Zur näherungsweisen Lösung dieser Gleichung ersetzt man das unbekannte Geschwindigkeitsprofil $u(y)$ in der Grenzschicht durch die lineare Näherungslösung

$$u(y) = u_{\infty}\,\frac{y}{\delta(x)}\ . \tag{5.38}$$

Damit folgt für den Geschwindigkeitsgradienten an der Wand

$$\left(\frac{du}{dy} \right)_W = \frac{u_{\infty}}{\delta(x)}\ . \tag{5.39}$$

Mit Gl. (5.38) und Gl. (5.39) erhält man aus Gl. (5.37) nach Lösen des Integrals auf der linken Seite

$$\frac{u_{\infty}^2\,\delta}{6} = \nu \int_0^{\delta} \frac{u_{\infty}}{\delta}\,dx\ .$$

Die Differentiation nach x liefert die gewöhnliche Differentialgleichung für δ

$$\frac{u_{\infty}}{6}\,\frac{d\delta}{dx} = \frac{\nu}{\delta}\ .$$

Eine Umstellung führt auf die Form

$$\frac{u_{\infty}}{6\nu}\,\delta\,d\delta = dx\ ,$$

deren Integration unter Beachtung der Randbedingung $\delta = 0$ für $x = 0$ auf den Ausdruck

$$\delta^2 = \frac{12\nu\,x}{u_\infty}$$

führt. Daraus erhält man schließlich mit der *lokalen Reynoldszahl*

$$\boxed{\mathrm{Re}_x = \frac{u_\infty\,x}{\nu}} \tag{5.40}$$

die *Näherungslösung*

$$\frac{\delta}{x} = \frac{3{,}46}{\sqrt{\mathrm{Re}_x}} \tag{5.41}$$

für das Verhältnis von laminarer Grenzschichtdicke zur Länge der Platte. Bei der längs angeströmten Platte wählt man als charakteristische Länge die an der Plattenvorderkante beginnende überströmte Länge x. Die Reynoldszahl ist hier im Gegensatz zur Reynoldszahl der Rohrströmung eine lokale Größe, die für feste Werte von u_∞ und ν mit der Lauflänge x wächst. Damit wird der Tatsache Rechnung getragen, daß sich bei der überströmten Platte Geschwindigkeitsprofil und Grenzschichtdicke in Strömungsrichtung verändern.

Die für den Verlauf der Grenzschichtdicke $\delta(x)$ hergeleitete Näherungslösung liefert den richtigen funktionalen Zusammenhang zwischen $\delta(x)$ und Reynoldszahl, lediglich der Zahlenwert der Konstanten ist geringfügig verschieden. Die *exakte Lösung*, auf die hier nicht näher eingegangen wird (siehe z. B. Merker und Eiglmeier (1999)), liefert statt dessen den Ausdruck

$$\boxed{\frac{\delta}{x} = \frac{5{,}0}{\sqrt{\mathrm{Re}_x}}}\ . \tag{5.42}$$

Für $\mathrm{Re}_x = 3\cdot 10^5$ erhält man aus Gl. (5.42) den Wert $\delta/x \approx 10^{-3}$. Für eine 100 mm lange Platte ist die Grenzschicht somit 0,9 mm dick. Dieses Ergebnis rechtfertigt im Nachhinein die Annahme einer dünnen Grenzschicht in Wandnähe.

Es soll nun noch der *Reibungs-* und daraus der *Widerstandskoeffizient* für eine ebene Platte berechnet werden, um damit schließlich eine Aussage über die von der Strömung auf die Platte wirkenden Reibungskräfte machen zu können. Mit der Näherungslösung für Geschwindigkeit und Grenzschichtdicke erhält man mit dem Newtonschen Schubspannungsansatz

$$\tau_W = \eta \left(\frac{du}{dy} \right)_W = \eta \, \frac{u_\infty}{\delta} = \frac{\eta \, u_\infty}{x} \, \frac{\sqrt{Re_x}}{3{,}46} \, ,$$

wobei τ_W vom Ort x abhängt und somit eine lokale Größe ist. Mit der Definition

$$\boxed{\; c_f \equiv \frac{\tau_W}{\dfrac{\rho \, u_\infty^2}{2}} \;}$$

(5.43)

folgt damit die *Näherungslösung* für den *Reibungskoeffizienten*

$$c_f = \frac{1}{3{,}46} \, \frac{\sqrt{Re_x}}{\dfrac{u_\infty \, x}{\nu}} = \frac{0{,}577}{\sqrt{Re_x}} \, .$$

(5.44)

Die *exakte Lösung* liefert statt dessen

$$\boxed{\; c_f = \frac{0{,}664}{\sqrt{Re_x}} \;} .$$

(5.45)

Der Reibungskoeffizient ist ebenso wie die Wandschubspannung eine lokale Größe. Mit der Wandreibungskraft für eine einseitig überströmte ebene Platte der Länge l

$$F_R = b \int_0^l \tau_W \, dx$$

(5.46)

erhält man für den *Widerstandskoeffizienten*

$$c_W \equiv \frac{\dfrac{F_R}{b\,l}}{\dfrac{\rho\,u_\infty^2}{2}} = \frac{1}{l} \int_0^l \frac{\tau_W}{\dfrac{\rho\,u_\infty^2}{2}}\, \mathrm{d}x = \frac{1}{l} \int_0^l c_f\, \mathrm{d}x$$

und daraus schließlich mit der *exakten Lösung* für c_f den Ausdruck

$$\boxed{\; c_W = \frac{1}{l} \int_0^l c_f\, \mathrm{d}x = \frac{1{,}328}{\sqrt{\mathrm{Re}_l}} \;}$$

(5.47)

Der Widerstandskoeffizient c_W ist damit nichts anderes als der über die Länge der Platte gemittelte Reibungskoeffizient c_f. Wird die Platte beidseitig überströmt, so erhöht sich der Widerstandskoeffizient um den Faktor 2!

Für $\mathrm{Re}_x > 10^6$ wird die Strömung an der ebenen Platte turbulent. Für die turbulent überströmte ebene Platte soll die Lösung dafür ohne Ableitung lediglich angegeben werden (siehe z. B. Truckenbrodt (1992)). Man erhält zusammenfassend folgendes Ergebnis:

$$c_W = \begin{cases} \dfrac{1{,}328}{\sqrt{\mathrm{Re}_l}} & \text{(laminare Grenzschicht)} \\[2ex] \dfrac{0{,}074}{\mathrm{Re}_l^{1/5}} & \text{(turbulente Grenzschicht)} \end{cases}$$

(5.48)

Dabei wird jeweils vorausgesetzt, daß die Platte *vollständig laminar* bzw. *vollständig turbulent* umströmt wird und daß die Strömung nicht ablöst. Außerdem gilt Gl. (5.48) im turbulenten Fall für hydraulisch glatte Wände. Auf die Angabe von Beziehungen zur Berechnung des Widerstandsbeiwertes bei rauher Oberfläche wird in diesem Buch verzichtet. Es sei jedoch noch erwähnt, daß analog zum Moody-Diagramm auch für überströmte Platten ein Widerstandsdiagramm existiert, aus dem c_W in Abhängigkeit der Reynoldszahl und der Oberflächenrauhheit ermittelt werden kann.

Wenn man eine Anströmung voraussetzt, die frei von turbulenten Schwankungsbewegungen ist, so wird der vordere Plattenbereich auf jeden Fall laminar überströmt (im vorderen Plattenbereich ist Re_x klein). Die laminare Grenzschichtströmung wird erst nach einer bestimmten Überströmlänge instabil und schlägt dann in die turbulente Strömung um. Für den sog. *Umschlagpunkt* x_u gilt

$$Re_{x,krit} = \frac{u_\infty\, x_u}{\nu} \approx 5\cdot10^5 \cdots 10^6 \tag{5.49}$$

An dieser Stelle muß angemerkt werden, daß in der Realität kein fester Umschlagpunkt, sondern ein Umschlagbereich (Transitionsbereich) existiert, innerhalb dessen sich die Strömungsform ändert. Die Lage des "Umschlagpunktes" hängt auch vom Turbulenzgrad der Anströmung, der Oberflächenrauheit der Platte und der Geometrie der Vorderkante ab.

Zusätzlich zu Gl. (5.48) existieren auch Beziehungen zur Berechnung des Widerstandsbeiwertes für turbulente Grenzschichten mit laminarer Anlaufstrecke, auf die hier aber nicht eingegangen wird. Bei vielen technischen Anwendungen ist $x_u \ll l$, so daß die Platte dann in guter Näherung als vollständig turbulent überströmt betrachtet werden kann.

Durch geeignete Maßnahmen wie Grenzschichtabsaugung oder künstliche Erzeugung von Turbulenz kann die Lage des Umschlagpunktes derart beeinflußt werden, daß innerhalb eines gewissen Reynoldszahlbereiches die Strömungsgrenzschicht entweder vollständig turbulent oder laminar ist. Laminare Grenzschichten erzeugen bei gleicher Reynoldszahl kleinere Wandschubspannungen und damit auch Reibungswiderstände als turbulente Grenzschichten. Aus Gl. (5.48) folgt z.B. für $Re_l = 10^6$ mit $c_{W,turb} = 4{,}7\cdot10^{-3}$ und $c_{W,lam} = 1{,}3\cdot10^{-3}$ ein ungefähr 3,6-fach höherer Widerstandsbeiwert für die turbulente Grenzschicht. Diese Tatsache kann plausibel erklärt werden: Wie bei der Rohrströmung ist auch für umströmte Körper das Geschwindigkeitsprofil in der turbulenten Grenzschicht aufgrund des verstärkten Impulsaustausches quer zur Strömungsrichtung "völliger" als bei der laminaren. Dies führt dazu, daß die Geschwindigkeitsgradienten an der Wand und damit auch die Wandschubspannung τ_W für turbulente Strömungen größer sind. Im Falle eines laminar-turbulenten Umschlags kann der Reibungswiderstand also dadurch verringert werden, daß der Umschlagpunkt stromabwärts verlagert wird.

5.2.3 Gekrümmte Oberflächen

Die von Prandtl im Rahmen der Grenzschichttheorie 1. Ordnung abgeleiteten Grenzschichtgleichungen (Gl. (5.28) und Gl. (5.29)) gelten in guter Näherung auch für mäßig
gekrümmte Oberflächen, d. h. für Körper ohne scharfe Kanten. Die Grenzschichtkoor-
dinate x verläuft auf der Körperkontur, während die y-Koordinate stets senkrecht dazu
steht. Im Gegensatz zur einseitig überströmten ebenen Wand hat der gekrümmte Körper
eine endliche Dicke und beeinflußt dadurch die Geschwindigkeits- und Druckverteilung
in der Außenströmung. Aus diesem Grunde wird die Geschwindigkeit in der Außenströmung nicht mehr mit u_∞ sondern mit $u_a(x)$ bezeichnet. Betrachtet werde nun die
in Abb. 5.6 stark vergrößert dargestellte Grenzschicht an der Oberfläche eines umströmten gekrümmten Körpers.

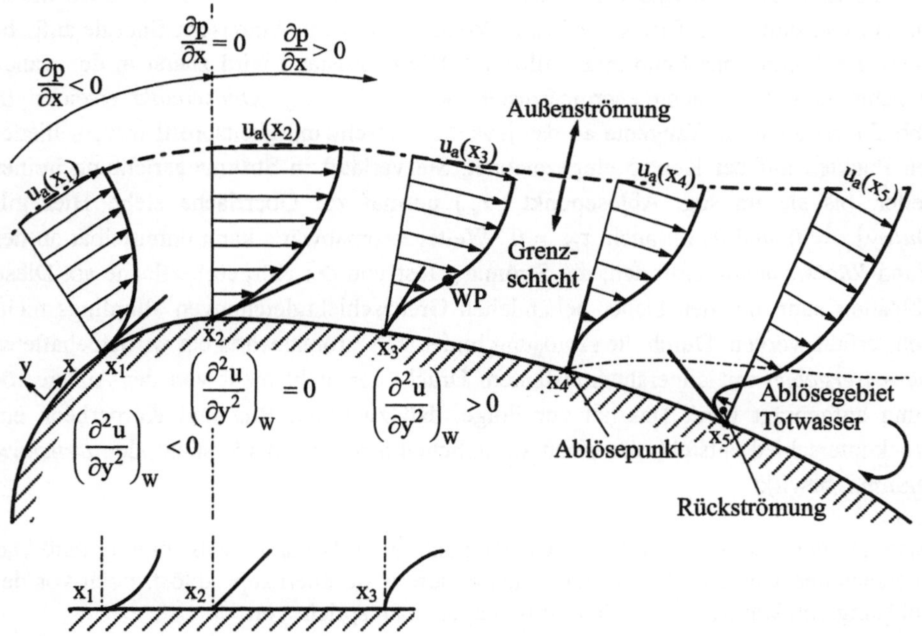

Abb. 5.6: Geschwindigkeitsprofile in der Grenzschicht eines mäßig gekrümmten umströmten
Körpers

Der statische Druck in der Außenströmung und damit auch in der Grenzschicht fällt
aufgrund der Beschleunigung der Strömung zuerst ab und steigt nach Erreichen des
Dickenmaximums des Körpers wegen der Strömungsverzögerung wieder an. An der
Wand ($u = v = 0$) liefert die x-Komponente der Navier-Stokesschen Bewegungsgleichung die sog. *Wandbindungsgleichung*

$$\frac{1}{\rho}\left(\frac{\mathrm{d}p}{\mathrm{d}x}\right)_W = \nu \left(\frac{\partial^2 u}{\partial y^2}\right)_W , \tag{5.50}$$

die einen Zusammenhang zwischen dem Druckgradienten $\mathrm{d}p/\mathrm{d}x$ und der Krümmung des Geschwindigkeitsprofils $\partial^2 u/\partial y^2$ an der Körperoberfläche herstellt. Im Bereich des Druckabfalls ist das Geschwindigkeitsprofil an der Wand konkav, im Punkt x_2 ist die Krümmung an der Wand Null und im Bereich des steigenden Druckgradienten wechselt die Krümmung von konkav an der Wand zu konvex im äußeren Grenzschichtbereich, d. h. es existiert ein Wendepunkt im Geschwindigkeitsprofil. Das Fluid in der Grenzschicht verliert aufgrund der Wandreibung in Strömungsrichtung stetig an Energie. Wenn der Grenzschicht durch die Außenströmung ein positiver Druckgradient aufgeprägt wird, dann muß kinetische Energie in Druckenergie umgewandelt werden, d. h. die kinetische Energie wird nicht nur infolge Wandreibung sondern auch durch Aufbau von statischem Druck verringert. Wenn die gesamte kinetische Energie aufgebraucht ist, kommt das Fluid zum Stillstand. Dieser Zustand wird zuerst in der wandnächsten und damit auch energieärmsten Schicht im sog. *Ablösepunkt* erreicht. In Abb. 5.6 ist auch die Tangente an das jeweilige Geschwindigkeitsprofil in verschiedenen Punkten auf der Kontur eingezeichnet. Sie verläuft in Strömungsrichtung immer steiler, bis sie im sog. Ablösepunkt (x_4) normal zur Oberfläche steht. Hier gilt $(\partial u/\partial y)_W = 0$ und damit auch $\tau_W = 0$. Weiter stromabwärts kann unmittelbar an der Wand *Rückströmung* auftreten, die Strömung löst von der Körperoberfläche ab. Diese Ablösung kann mit den bisher behandelten Grenzschichtgleichungen allerdings nicht mehr erfaßt werden. Durch die Ablösung bildet sich stromabwärts ein wirbelbehaftetes *Totwassergebiet* mit ungefähr konstantem Druck, der nicht mehr von der Außenströmung aufgeprägt wird. Das hat zur Folge, daß zwischen Bug und Körperheck ein Druckunterschied entsteht, der einen zusätzlichen Strömungswiderstand, den *Druckwiderstand*, bewirkt.

Zwischen dem Ablöse- und dem Umschlagpunkt einer Grenzschichtströmung muß klar unterschieden werden. Die Strömung kann, sofern sie überhaupt ablöst, noch vor der Ablösung von laminar in turbulent umschlagen, man spricht von

- unterkritischer Strömung (laminare Grenzschicht) mit laminarer Ablösung und
- überkritischer Strömung (turbulente Grenzschicht) mit turbulenter Ablösung.

Bei turbulenten Strömungen ist der Ablösepunkt infolge des Impuls- und Energieaustausches zum Körperheck hin verschoben. Die turbulente Grenzschicht kann aufgrund der Energiezufuhr von außen länger an der Körperoberfläche anliegen. Dadurch wird das Totwassergebiet am Körperheck kleiner, der Druckrückgewinn auf der Kontur steigt während der Druckwiderstand sinkt.

5.2.4 Gesamtwiderstand

Der *Strömungswiderstand* F_W eines umströmten Körpers setzt sich aus dem *Druckwiderstand* $F_{W,D}$ und dem *Reibungswiderstand* $F_{W,R}$ zusammen. Für den Widerstandsbeiwert c_W gilt somit

$$c_W = \frac{F_W}{\dfrac{\rho}{2}\, u_\infty^2\, A} \tag{5.51}$$

mit $F_W = F_{W,R} + F_{W,D}$. Die Bezugsfläche A ist in der Regel diejenige Fläche, die sich durch Projektion des Körpers in die Ebene senkrecht zur Anströmung ergibt. Die längs überströmte ebene Platte stellt einen Sonderfall dar. Hier ist der Druckwiderstand, sofern keine Ablösung auftritt, vernachlässigbar klein. Der Strömungswiderstand ergibt sich allein aus der Reibungskraft. Als Bezugsfläche wählt man in diesem Fall die Oberfläche der Platte.

Der c_W-Wert kann je nach Strömungsform und Lage der Umschlag- und Ablösepunkte für einen gegebenen Körper erheblich variieren. Dies wird im folgenden am Beispiel des umströmten Zylinders und der umströmten Kugel erläutert.

5.2.5 Quer angeströmter Zylinder

Die Strömungsverhältnisse am quer angeströmten Zylinder sind für unterschiedliche Reynoldszahlen qualitativ in Abb. 5.7 skizziert. Die Reynoldszahl $\mathrm{Re} = (u_\infty\, d)/\nu$ wird dabei mit dem Zylinderdurchmesser d gebildet.

Im Fall $\mathrm{Re} = 10^{-2}$ hat man eine *schleichende Strömung*, die Stromlinien verlaufen symmetrisch zur vertikalen Achse und es ist deshalb prinzipiell nicht zu erkennen, ob die Anströmung von links oder von rechts erfolgt. Für $\mathrm{Re} = 20$ hat sich ein geschlossenes Ablösegebiet auf der Abströmseite gebildet. Bei $\mathrm{Re} = 100$ beobachtet man auf der Abströmseite ein Entstehen, Anwachsen und abwechselndes periodisches Ablösen zweier Wirbel. Durch Abtransport der Wirbel mit der Strömung bildet sich eine periodische Nachlaufströmung, die sog. *Kármánsche Wirbelstraße*, aus. Im Fall $\mathrm{Re} = 10^{4}$ ist keine Periodizität mehr zu beobachten, die Grenzschicht löst aber immer noch im laminaren Zustand von der Zylinderoberfläche ab. Der für $\mathrm{Re} = 10^{6}$ dargestellte Strö-

mungsfall unterscheidet sich vom vorigen im wesentlichen dadurch, daß die Grenzschicht vor der Ablösung von laminar nach turbulent umschlägt und daß sich dadurch
der Ablösepunkt zum Körperheck hin verschiebt. Das Ablösegebiet fällt wesentlich
kleiner aus, was einen erheblichen Einfluß auf den c_W-Wert hat. Dieser Effekt wird im
folgenden Abschnitt am Beispiel der umströmten Kugel erläutert.

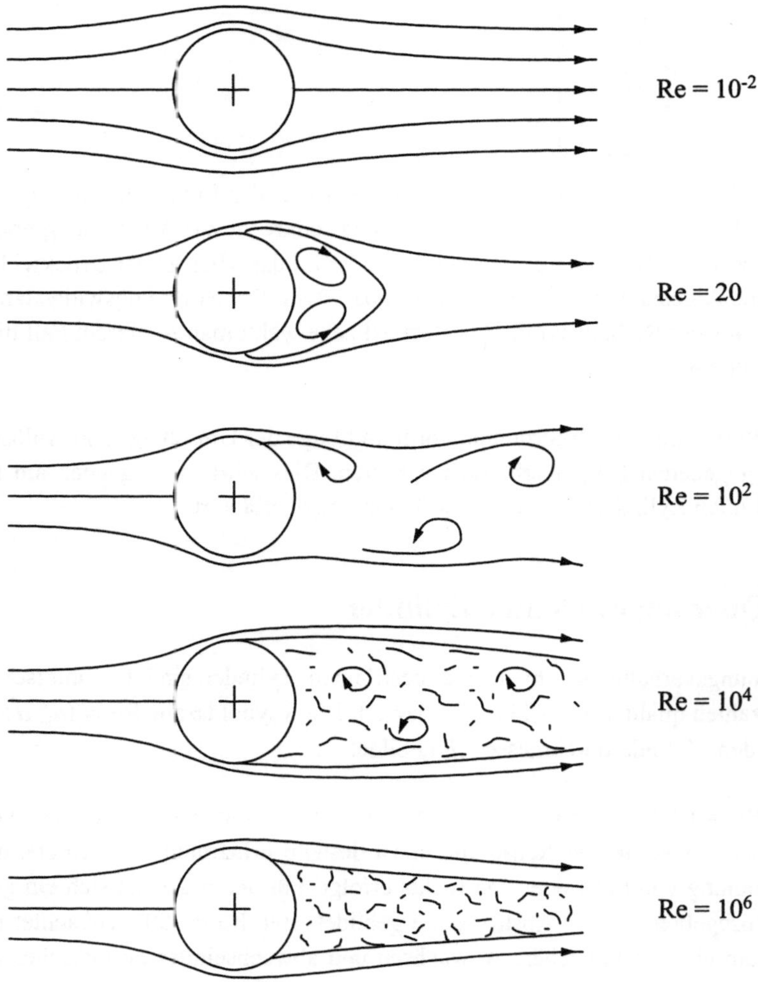

Abb. 5.7: Strömungsverhältnisse am quer angeströmten Zylinder für verschiedene Reynoldszahlen

5.2.6 Die überströmte Kugel

In Abb. 5.8 ist der Widerstandsbeiwert c_W der überströmten Kugel in Abhängigkeit der Reynoldszahl dargestellt. Die Reynoldszahl wird wieder mit dem Kugeldurchmesser d gebildet. Die charakteristische Fläche für die Berechnung des c_W-Wertes ist $A = (\pi d^2)/4$.

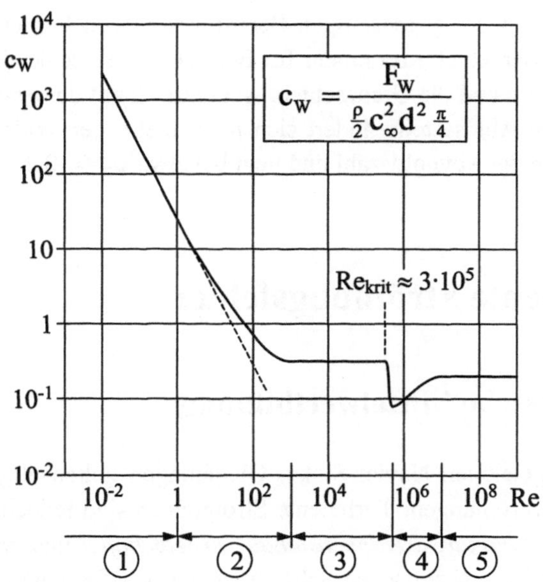

Abb. 5.8: Widerstandsbeiwert der umströmten Kugel

Für kleine Reynoldszahlen Re < 1 (Bereich "1") sind die Reibungskräfte wesentlich größer als die Trägheitskräfte. Für diese sog. *schleichende Strömung* liefert die analytische Lösung die Beziehung $c_W = 24/Re$ für den Widerstandskoeffizienten. Diese Beziehung wird als *Stokessches Widerstandsgesetz* bezeichnet. Für größere Reynoldszahlen löst die laminare Grenzschicht auf der Kugel ab und im Bereich 1 < Re < 200 entsteht ein stationäres Ablösegebiet unmittelbar hinter der Kugel. Im Bereich 200 < Re < 2000 lösen sich instationäre Wirbel ab und werden mit der laminaren Strömung fortgeführt (Bereich "2"). Im Bereich "3" für $2000 < Re < 3 \cdot 10^5$ wird bei laminarer Grenzschichtströmung die Nachlaufströmung turbulent. Bei etwa $Re = 3 \cdot 10^5$ erfolgt der laminar-turbulente Umschlag der Grenzschicht vor der Ablösung und der Ablösepunkt wandert stromabwärts. Der Reibungswiderstand steigt dadurch an, während der Druckwiderstand, der den größten Teil am Gesamtwiderstand ausmacht, durch Verkleinerung des Totwassergebiets hinter der Kugel stark absinkt. Der Wechsel von der unterkritischen zur überkritischen Umströmung bewirkt durch die Verschiebung der Ablösepunkte eine erhebliche Veränderung im Strömungsbild, die qualitativ derjenigen vom Fall $Re = 10^4$ zu $Re = 10^6$ für den Zylinder in Abb. 5.7 entspricht. Dadurch sinkt der Widerstandskoeffizient insgesamt stark ab und erreicht mit $c_W = 0{,}08$ ein Minimum. Bei weiterer Erhöhung der Reynoldszahl wandert der Ablösepunkt wieder stromaufwärts und der Widerstandskoeffizient steigt dadurch etwas an. Dies hängt mit der gegenseitigen Beeinflussung von Umschlag- und Ablösepunkt sowie Totwassergebiet zusammen. Im Bereich "5" setzt der laminar-turbulente Umschlag sehr früh ein und die Grenzschicht ist praktisch auf der gesamten Kugeloberfläche turbulent. Die Ablösestelle ändert sich nicht mehr, der Widerstandskoeffizient wird unabhängig von der Reynoldszahl und liegt bei etwa $c_W = 0{,}2$.

5.3   Turbulente Strömungsfelder

5.3.1   Reynoldssche Mittelwertbildung

Die in Kap. 5.1 abgeleiteten Navier-Stokes-Gleichungen gelten allgemein und damit auch für turbulente Strömungen. Turbulente Strömungen sind jedoch im Gegensatz zu laminaren immer *instationär, dreidimensional, wirbelbehaftet* und *chaotisch*. Entsprechend instationär und mit chaotischen Schwankungen behaftet sind die Strömungsgrößen in den partiellen Ableitungen der Navier-Stokes-Gleichungen. Dies führt dazu, daß die Gleichungen für turbulente Strömungen nicht analytisch, sondern nur numerisch lösbar sind. Im Hinblick auf eine numerische Lösung müssen die Navier-Stokes-Gleichungen *diskretisiert* werden. Sie werden nicht mehr für alle Punkte im betrachteten Raum (unendlich viele Punkte, kontinuierliches Problem) sondern nur noch für eine endliche Anzahl von Punkten und auch nur noch näherungsweise gelöst. Dabei werden die *partiellen Differentialgleichungen* in *algebraische Differenzengleichungen* umgewandelt und die Berechnung geschieht nur noch an den diskreten Knotenpunkten einer dreidimensionalen Gitterstruktur (vgl. Kap. 6). Wenn für die Berechnung des Strömungsfeldes keine zusätzlichen Vereinfachungen und Modellvorstellungen verwendet werden sollen (Methode der Direkten Numerischen Simulation, DNS), müssen die Gitterabstände dabei allerdings so klein gewählt werden, daß auch die kleinsten Wirbel, die bei einer Reynoldszahl von etwa 10^5 von der Größenordnung 10^{-4} m sind, noch aufgelöst werden, da deren Einfluß auf die Strömung sonst nicht berücksichtigt werden kann. Die damit für technische Aufgabenstellungen erforderliche Zahl von etwa 10^9 Gitterpunkten und mehr, und der daraus resultierende Bedarf an Rechen- und Speicherkapazität übersteigt die Leistungsfähigkeit selbst der größten Rechenanlagen. Aus diesem Grund spaltet man zur Berechnung turbulenter Strömungen zunächst die Momentanwerte u, v, w der turbulenten Geschwindigkeitskomponenten in die Mittelwerte $\bar{u}, \bar{v}, \bar{w}$ und die Schwankungswerte u', v', w' entsprechend dem Reynoldsschen Ansatz

$$u\,(\vec{x}, t) = \bar{u}\,(\vec{x}) + u'\,(\vec{x}, t)$$
$$v\,(\vec{x}, t) = \bar{v}\,(\vec{x}) + v'\,(\vec{x}, t)$$
$$w\,(\vec{x}, t) = \bar{w}\,(\vec{x}) + w'\,(\vec{x}, t)$$

bzw. in Tensornotation

$$v_i\,(x_i, t) = \bar{v}_i\,(x_i) + v_i'\,(x_i, t) \tag{5.52}$$

auf. Druck und Temperatur werden ebenso zerlegt. Diese Zerlegung ist anschaulich in Abb. 5.9 für die an einem festen Ort gemessene Geschwindigkeit v_i erläutert.

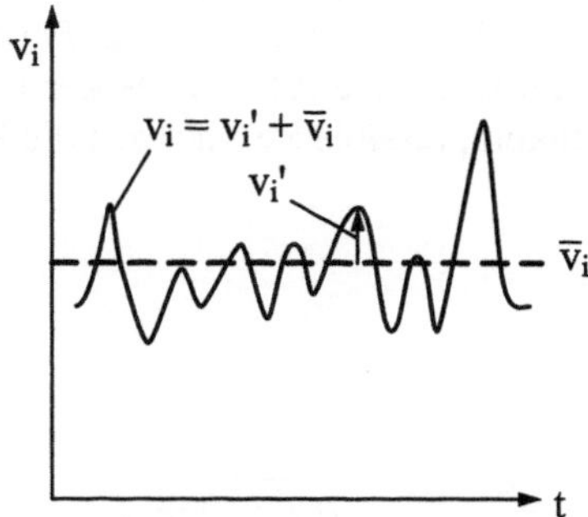

Abb. 5.9: Reynoldssche Mittelwertbildung für eine im Mittel stationäre turbulente Strömung

Aus den Navier-Stokes-Gleichungen lassen sich damit Gleichungen für die Mittelwerte, die sog. Reynoldsgemittelten Navier-Stokes-Gleichungen (Kap. 5.3.2) ableiten. Die durch die Schwankungsgrößen hervorgerufenen Effekte werden mit Hilfe sog. Turbulenzmodelle abgeschätzt (Kap. 5.3.3). Für im Mittel stationäre Strömungen genügt eine zeitliche Mittelwertbildung über ein ausreichend großes Zeitintervall Δt, für im Mittel instationäre Strömungen muß über ein Ensemble gemittelt werden. Dabei wird das Intervall Δt derart gewählt, daß einerseits die Schwankungen keinen Einfluß auf den jeweiligen Mittelwert haben und andererseits der instationäre Verlauf des Mittelwertes korrekt wiedergegeben wird. Die zeitliche Mittelung über ein hinreichend großes Zeitintervall Δt liefert

$$\bar{v}_i(x_i) = \frac{1}{\Delta t} \int\limits_{t}^{t+\Delta t} v_i(x_i,t)\, dt \tag{5.53}$$

mit

$$\int\limits_{t}^{t+\Delta t} v_i'(x_i,t)\, dt = 0 \ . \tag{5.54}$$

Der zeitliche Mittelwert der Schwankungsgröße v_i' ist damit gleich Null. Dazu analog verfährt man für den Druck p und ggf. die Temperatur T. Dieses Vorgehen wird als *Reynoldssche Mittelwertbildung* bezeichnet.

5.3.2 Reynoldsgemittelte Navier-Stokes-Gleichungen

Die Reynoldsschen Ansätze werden in die Navier-Stokes-Gleichungen, die Kontinuitäts- und die Energiegleichung aus Kap. 5.1 eingesetzt. Danach mittelt man die resultierenden Gleichungen zeitlich. Die Herleitung dieser sog. *Reynoldsgemittelten Gleichungen* wird hier übergangen, man findet sie z. B. in Merker (1987). Als Ergebnis erhält man für im Mittel stationäre inkompressible Strömungen die Kontinuitätsgleichung

$$\frac{\partial \bar{v}_i}{\partial x_i} = 0 \ , \tag{5.55}$$

die Bewegungsgleichungen

$$\rho\, \bar{v}_i \frac{\partial \bar{v}_j}{\partial x_i} = -\frac{\partial \bar{p}}{\partial x_j} + \frac{\partial}{\partial x_i}(\bar{\tau}_{ij} - \rho\, \overline{v_i' v_j'}) + f_j, \qquad (j = 1,2,3) \tag{5.56}$$

(mit $\bar{\tau}_{ij}$ nach Gl. (5.10), jedoch $\bar{v}_i$ und $\bar{v}_j$ statt v_i und v_j), und die Energiegleichung

$$\rho\, c_p\, \bar{v}_i \frac{\partial \bar{T}}{\partial x_i} = -\frac{\partial}{\partial x_i}(\bar{q}_i + \rho\, c_p\, \overline{v_i' T'}) \ . \tag{5.57}$$

Diese Gleichungen stimmen formal mit den ursprünglichen Navier-Stokes-Gleichungen sowie der ursprünglichen Kontinuitäts- und Energiegleichung bis auf zwei zusätzlich auftretende Terme, die als Folge der zeitlichen Mittelung hinzu gekommen sind, überein. Diese beiden Terme sind der *Reynoldssche Schubspannungstensor*

$$\bar{\tau}_{ij,t} = -\rho\, \overline{v_i' v_j'} \tag{5.58}$$

und der *Reynoldssche Wärmestromvektor*

$$\overline{q}_{i,t} = \rho \ c_p \ \overline{v_i' T'} \ . \tag{5.59}$$

Für die zusätzlich auftretenden Terme, deren Ursache die turbulenten Schwankungsbewegungen sind (Index "t"), gibt es strenggenommen keine Gleichungen. Für sie müssen geeignete Ansätze, sog. *Turbulenzmodelle* entwickelt werden.

Betrachtet werde nun der einfache Fall einer im Mittel eindimensionalen und stationären Strömung in x-Richtung mit $\overline{v} = \overline{w} = 0$. Für die effektive Gesamtschubspannung in x-Richtung folgt

$$\overline{\tau}_{x,\,ges} = \overline{\tau}_x + \overline{\tau}_{x,t} = \eta \ \frac{\partial \overline{u}}{\partial y} - \rho \ \overline{u'v'} \ . \tag{5.60)}$$

Bei turbulenter Strömung kommt somit zusätzlich zum molekularen Anteil $\eta \, (d\overline{u}/dy)$ noch die Reynoldssche Schubspannung hinzu.

Damit läßt sich eine turbulente Grenzschichtströmung in Wandnähe in zwei Bereiche unterteilen:

- In unmittelbarer Wandnähe ist die Strömungsgeschwindigkeit sehr gering ($u \rightarrow 0$ für $y \rightarrow 0$). Dies führt zur Ausbildung einer Unterschicht mit laminarer Strömung, in der der Einfluß der Turbulenz verschwindet. Diese Schicht wird als *viskose Unterschicht* bezeichnet, weil hier der Einfluß der Viskosität η überwiegt und die Reynoldsschen Schubspannungen vernachlässigbar klein sind. In unmittelbarer Wandnähe gilt deshalb

$$\overline{\tau}_{x,ges} = \eta \ \frac{\partial \overline{u}}{\partial y} \ . \tag{5.61}$$

- In großem Wandabstand dagegen gilt innerhalb der Grenzschicht

$$\overline{\tau}_{x,ges} = - \rho \ \overline{u'v'} \ , \tag{5.62}$$

weil der "laminare" Anteil der Schubspannung in dieser *turbulenten Schicht* aufgrund der geringen Gradienten der mittleren Geschwindigkeit verschwindend klein ist.

Obwohl der Übergang von der viskosen Unterschicht zur turbulenten Schicht natürlich kontinuierlich ist, ist dieses sog. *Zweischichtenmodell* in vielen Fällen vollkommen ausreichend. Es wird in Kap. 5.3.4 wieder aufgegriffen.

5.3.3 Turbulenzmodelle

Das mit Hilfe der Reynoldsschen Mittelwertbildung erhaltene Gleichungssystem ist nicht geschlossen, denn durch den Prozeß der Mittelwertbildung ist die Information über die Schwankungsgrößen "verloren gegangen". Es existieren somit mehr Unbekannte als Gleichungen (*Schließungsproblem*). Für die unbekannten Reynolds-Terme müssen nun geeignete Ansätze, sog. *Turbulenzmodelle* entwickelt werden. Diese Terme werden durch "geschickte" Modellbildung aus den Mittelwerten gewonnen, wobei die in den Turbulenzmodellen enthaltenen Konstanten an Experimente angepaßt werden müssen (halbempirische Modelle). Der Anwendungsbereich eines Turbulenzmodells ist in der Regel beschränkt, d. h. für unterschiedliche Gruppen von Strömungen werden auch unterschiedliche Turbulenzmodelle verwendet. Turbulenzmodelle werden entsprechend der Anzahl an partiellen Differentialgleichungen, die zu ihrer Beschreibung erforderlich sind, als Null-, Ein- oder Zweigleichungsmodelle bezeichnet. In der Literatur sind verschiedene Turbulenzmodelle bekannt geworden. Der *Prandtlsche Mischungswegansatz* (eine einfache algebraische Gleichung) und das *k,ε-Modell*, das zwei zusätzliche partielle Differentialgleichungen erfordert (eine für die turbulente kinetische Energie k und eine für die Dissipation ε), haben eine besondere Bedeutung erlangt.

- **Prandtlscher Mischungswegansatz**

Ausgangspunkt der Betrachtungen sei wieder eine im Mittel eindimensionale und stationäre turbulente Strömung

$$u = \overline{u}(y) + u'$$
$$v = v'.$$

Weiterhin wird die sog. *Prandtlsche Mischungslänge* l eingeführt, die als die Wegstrecke zu verstehen ist, nach deren Zurücklegung eine Wirbelstruktur (Turbulenzballen) seine Identität infolge Dissipation vollkommen verloren hat. Es wird also angenommen, daß die sich in einer turbulenten Strömung ständig neu bildenden Turbulenzelemente nur für eine gewisse Zeitspanne existieren können, bevor sie sich mit der Umgebung vermischen. Wird ein Turbulenzelement, das sich in der Schicht y mit der Geschwindigkeit $\overline{u}(y)$ bewegt, durch die Schwankungsgeschwindigkeit v' quer zur Hauptströmungsrichtung in der Schicht $(y + l_1)$ transportiert, so besitzt es dort gegenüber der neuen Umgebung einen Geschwindigkeitsunterschied $\Delta\overline{u}$. Mit der Mischungsweglänge l_1 in y-Richtung erhält man dann nach Abb. 5.10 für die mittlere Geschwindigkeit $\overline{u}(y + l_1)$ in der Schicht $(y + l_1)$

$$\overline{u}(y + l_1) = \overline{u}(y) + \Delta\overline{u} = \overline{u}(y) + l_1 \frac{d\overline{u}}{dy} \ . \tag{5.63}$$

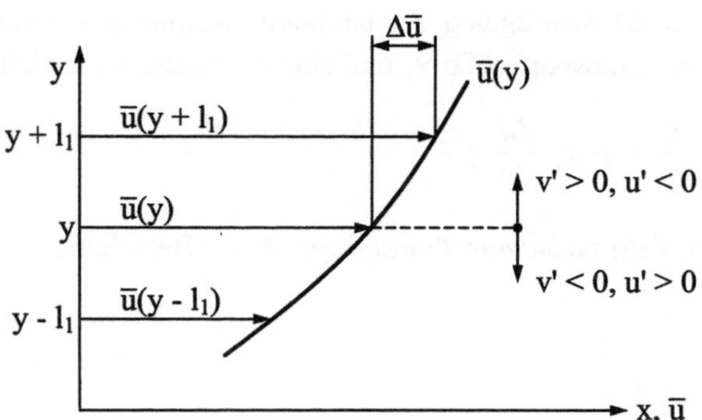

Abb. 5.10: Prandtlscher Mischungswegansatz

Es wird nun angenommen, daß die Größe der Geschwindigkeitsdifferenz $\Delta\overline{u}$ gleich derjenigen der turbulenten Schwankungsgröße u' ist, also

$$u' = \pm\, l_1\, \frac{\mathrm{d}\overline{u}}{\mathrm{d}y}\ . \tag{5.64}$$

Entsprechend Abb. 5.10 gilt dabei $u' < 0$ für $v' > 0$ und umgekehrt. Bei Betrachtung des Betrages folgt

$$|u'| = l_1\, \left|\frac{\mathrm{d}\overline{u}}{\mathrm{d}y}\right|\ . \tag{5.65}$$

Aus Kontinuitätsgründen müssen die Schwankungsbewegungen in x-Richtung von gleicher Größenordnung wie diejenigen in y-Richtung sein, also

$$|v'| = l_2\, \left|\frac{\mathrm{d}\overline{u}}{\mathrm{d}y}\right|\ . \tag{5.66}$$

Nach Abb. 5.10 gilt unabhängig davon, ob sich das Turbulenzelement nach oben oder unten bewegt, $u'v' < 0$ und $\mathrm{d}\overline{u}/\mathrm{d}y > 0$. Man kann leicht verifizieren, daß für eine Geschwindigkeitsverteilung mit $\mathrm{d}\overline{u}/\mathrm{d}y < 0$ $u'v' > 0$ folgt. Die Vorzeichen beider Ausdrücke sind somit stets unterschiedlich. Damit folgt für den Reynoldsschen Schubspannungsterm

$$\overline{\tau}_{x,t} = -\rho\, \overline{u'v'} = \rho\, l^2\, \left|\frac{\mathrm{d}\overline{u}}{\mathrm{d}y}\right|\frac{\mathrm{d}\overline{u}}{\mathrm{d}y} \tag{5.67}$$

mit $l^2 = l_1 l_2$. Definiert man analog zur laminaren Strömung für die turbulente eine zusätzliche turbulente Transportgröße ν_t und eine turbulente Viskosität η_t,

$$\overline{\tau}_{x,t} = \eta_t \frac{d\overline{u}}{dy} = \rho\, \nu_t\, \frac{d\overline{u}}{dy} \;, \tag{5.68}$$

dann erhält man für diese *turbulente Transportgröße* die Beziehung

$$\boxed{\;\nu_t = l^2 \left| \frac{d\overline{u}}{dy} \right|\;}\;. \tag{5.69}$$

Die Mischungsweglänge l muß experimentell festgelegt werden. Für den Schubspannungsterm folgt damit schließlich

$$\overline{\tau}_{x,ges} = \rho \left(\nu\, \frac{d\overline{u}}{dy} + l^2 \left| \frac{d\overline{u}}{dy} \right| \frac{d\overline{u}}{dy} \right) = \rho\,(\nu + \nu_t)\, \frac{d\overline{u}}{dy} \;. \tag{5.70}$$

Die Prandtlsche Mischungsweghypothese ist somit ein halbempirisches algebraisches Turbulenzmodell. Es gehört zur Gruppe der Nullgleichungsmodelle, da es keine Differentialgleichung enthält. Während die kinematische Viskosität ν ein Stoffwert ist, der bestenfalls von Temperatur und Druck abhängt und aus entsprechenden Stoffdatensammlungen für verschiedene Fluide entnommen werden kann, ist die turbulente Transportgröße ν_t eine lokale Eigenschaft des turbulenten Strömungsfeldes selbst. Sie muß bei der numerischen Lösung für jeden diskreten Punkt der zugrunde gelegten Gitterstruktur berechnet werden.

- **k, ε-Modell**

Das k, ε-Modell wurde 1974 von Launder und Spalding veröffentlicht. Man nimmt dabei zunächst an, daß die turbulenten Schubspannungen ebenfalls mit einem zum Stokesschen Schubspannungsansatz analogen Ansatz, der sog. *Wirbelviskositäts-Hypothese*

$$- \rho\, \overline{v'_i v'_j} = \rho\, \nu_t \left(\frac{\partial \overline{v}_i}{\partial x_j} + \frac{\partial v_j}{\partial x_i} \right) \tag{5.71}$$

beschrieben werden können. Obwohl man heute weiß, daß die Wirbelviskositäts-Hypothese im Detail nicht korrekt ist, ist sie einfach anzuwenden und liefert darüber hinaus auch ausreichend genaue Ergebnisse.

Die turbulente Transportgröße ν_t wird mit einem auf Prandtl und Kolmogorov zurückgehenden Ansatz

$$\nu_t = C_\tau \frac{k^2}{\varepsilon} \tag{5.72}$$

berechnet. Dabei werden sowohl für die *turbulente kinetische Energie k*, die ein Maß für die Intensität der Turbulenz darstellt, als auch für deren *Dissipation* ε jeweils eine zusätzliche Transportgleichung, also insgesamt zwei weitere partielle Differentialgleichungen benötigt. Das k, ε-Modell gehört damit zur Gruppe der Zweigleichungsmodelle. Diese zusätzlichen Transportgleichungen werden aus den Navier-Stokes-Gleichungen hergeleitet. Sie enthalten aber wieder unbekannte Terme, für die keine weiteren Gleichungen existieren. Man modelliert deshalb diese Terme mit Hilfe plausibler physikalischer Annahmen und gewinnt damit schließlich die folgenden Gleichungen zur Berechnung der turbulenten kinetischen Energie k und der Dissipation ε eines Strömungsfeldes

$$\frac{\partial k}{\partial t} + \overline{v}_j \frac{\partial k}{\partial x_j} = C_\tau \frac{k^2}{\varepsilon} \left(\frac{\partial \overline{v}_j}{\partial x_i} + \frac{\partial \overline{v}_i}{\partial x_j} \right) \frac{\partial \overline{v}_j}{\partial x_i} - \varepsilon + \frac{\partial}{\partial x_j} \left(\frac{C_\tau}{C_k} \frac{k^2}{\varepsilon} \frac{\partial k}{\partial x_j} \right), \tag{5.73}$$

$$\frac{\partial \varepsilon}{\partial t} + \overline{v}_j \frac{\partial \varepsilon}{\partial x_j} = C_1 C_\tau k \left(\frac{\partial \overline{v}_j}{\partial x_i} + \frac{\partial \overline{v}_i}{\partial x_j} \right) \frac{\partial \overline{v}_j}{\partial x_i} - C_2 \frac{\varepsilon^2}{k} + \frac{\partial}{\partial x_j} \left(\frac{C_\tau}{C_\varepsilon} \frac{k^2}{\varepsilon} \frac{\partial k}{\partial x_j} \right). \tag{5.74}$$

Für die empirischen Konstanten werden die Zahlenwerte $C_\tau = 0,09$; $C_k = 1,0$; $C_\varepsilon = 1,3$; $C_1 = 1,44$ und $C_2 = 1,92$ empfohlen. Sie haben aber nicht den Charakter universeller Konstanten, sondern müssen für unterschiedliche Strömungsprobleme ggf. angepaßt werden. Trotz dieser Nachteile wird das k, ε-Modell heute zur numerischen Lösung vieler Strömungsprobleme verwendet und hat den Status eines Standard-Modells erreicht.

- **Reynoldsspannungsmodelle**

Zusätzlich zu den Null-, Ein- und Zweigleichungsmodellen gibt es eine weitere Gruppe von Turbulenzmodellen, die sog. Reynoldsspannungsmodelle, bei denen für jede Komponente des Reynoldsspannungstensors $(-\rho \, \overline{v_i' v_j'})$ ein algebraischer Ansatz bzw. eine Differentialgleichung existiert. Durch entsprechende Umformung der Navier-Stokes-Gleichungen lassen sich Transportgleichungen für die Terme des Reynoldschen Spannungstensors herleiten. Diese Gleichungen enthalten aber wieder unbekannte Terme (z. B. die Tripelkorrelationen $\overline{v_i' v_j' v_k'}$), die mit Hilfe plausibler physikalischer Annahmen ebenfalls modelliert werden müssen. Da der Tensor $\overline{\tau}_{ij,t}$ der Reynoldsspannung symmetrisch ist, sind zusätzlich sechs weitere partielle Differentialgleichungen erforderlich. Damit wird deutlich, daß der numerische Aufwand zur Berechnung von turbulenten Strömungsfeldern mit Hilfe des Reynoldsspannungsmodells beträchtlich ist. Der Vorteil der Reynoldsspannungsmodelle besteht allerdings darin, daß sie die Anisotropie der Turbulenz abbilden können und damit prinzipiell besser zur Beschreibung turbulenter Strömungen geeignet sind.

5.3.4 Universelles Geschwindigkeitsprofil für den Wandbereich turbulenter Grenzschichten

Bei der numerischen Lösung der Reynoldsgemittelten Navier-Stokes-Gleichungen müssen die Randbedingungen an festen Wänden berücksichtigt werden. Die Wandgrenzschichten sind jedoch, wie in Kap. 5.2 gezeigt wurde, sehr dünn. Um die Geschwindigkeitsgradienten in der Wandgrenzschicht hinreichend genau erfassen zu können, müßte das Gitternetz dort sehr engmaschig gewählt werden. Dadurch steigt der Bedarf an Rechen- und Speicherkapazität in der Regel derart an, daß diese Methode zur Berechnung technischer Strömungen ausscheidet. Man kann dieses Problem jedoch umgehen und für das Geschwindigkeitsprofil in Wandnähe eine analytische Lösung ableiten. Der Bereich der Grenzschicht wird dabei in einen *äußeren Bereich*, der wesentlich von der Außenströmung geprägt wird, und einen *Wandbereich* unterteilt, der wiederum mit Hilfe des Zweischichtenmodells in eine *viskose Unterschicht* und eine *turbulente Schicht* untergliedert wird. Der äußere Grenzschichtbereich wird in diesem Buch nicht behandelt (siehe z. B. Merker (1987), White (1999) und (1991), Potter und Wiggert (1997)). Im Wandbereich ist der Einfluß der Außenströmung vernachlässigbar und es können deshalb *universelle*, von der Außenströmung unabhängige *Geschwindigkeitsprofile* angegeben werden. Es werden wieder die beiden bereits in Kap. 5.3 erwähnten Schichten betrachtet.

- Für die *viskose Unterschicht* ist der turbulente Anteil der effektiven Schubspannung gegenüber dem molekularen vernachlässigbar. Mit

$$\frac{\nu_t}{\nu} \to 0 \tag{5.75}$$

folgt

$$\overline{\tau}_{ges} = \eta \, \frac{d\overline{u}}{dy} \, . \tag{5.76}$$

Im Wandbereich gilt in guter Näherung $\overline{\tau} = \overline{\tau}_W = $ konstant (Kays und Crawford, 1980). Die Integration führt auf

$$\overline{u}(y) = \frac{\overline{\tau}_W}{\eta} y \ . \tag{5.77}$$

Üblicherweise führt man die *Wandschubspannungsgeschwindigkeit*

$$u_\tau \equiv \sqrt{\frac{\overline{\tau}_W}{\rho}} \tag{5.78}$$

ein und erhält damit

$$\frac{\overline{u}}{u_\tau} = \frac{\overline{\tau}_W}{\eta} y \frac{1}{u_\tau} \frac{u_\tau}{u_\tau} = \frac{u_\tau \, y}{\nu} \ . \tag{5.79}$$

Die linke Seite ist eine dimensionslose Geschwindigkeit

$$u^+ = \frac{\overline{u}}{u_\tau} \tag{5.80}$$

und die rechte Seite ein dimensionsloser Wandabstand

$$y^+ = \frac{u_\tau \, y}{\nu} \ . \tag{5.81}$$

Damit erhält man das *universelle Geschwindigkeitsprofil*

$$\boxed{u^+ = y^+} \tag{5.82}$$

für die viskose Unterschicht. Die mittlere Geschwindigkeit steigt also linear mit dem Wandabstand an.

- In der *turbulenten Schicht* dagegen gilt $\nu \ll \nu_t$ bzw.

$$\frac{\nu}{\nu_t} \to 0 \tag{5.83}$$

und damit

$$\overline{\tau}_W = \rho \, l^2 \left(\frac{\mathrm{d}\overline{u}}{\mathrm{d}y} \right)^2 , \tag{5.84}$$

wenn man wieder den Prandtlschen Mischungswegansatz zugrunde legt. Prandtl hat für die Mischungsweglänge den Ansatz

$$l = \kappa \, y \tag{5.85}$$

vorgeschlagen. Man erhält damit durch Umstellung

$$\frac{\mathrm{d}\overline{u}}{\mathrm{d}y} = \frac{1}{\kappa \, y} \sqrt{\frac{\overline{\tau}_W}{\rho}}$$

und daraus mit der Definition der Wandschubspannungsgeschwindigkeit

$$\frac{\mathrm{d}\overline{u}}{u_\tau} = \frac{1}{\kappa} \frac{\mathrm{d}y}{y} .$$

Die Integration führt schließlich auf das *universelle Geschwindigkeitsprofil*

$$\boxed{u^+ = \frac{1}{\kappa} \ln y^+ + C} \tag{5.86}$$

für die turbulente Grenzschicht des Wandbereiches. Die Konstanten κ und C müssen experimentell ermittelt werden (Messungen an turbulenten Grenzschichten bei Rohren und überströmten Platten). Gebräuchliche Wertepaare sind ($\kappa = 0{,}41$; $C = 5{,}0$) und ($\kappa = 0{,}40$; $C = 5{,}5$), siehe White (1999). Sie gelten für hydraulisch glatte Oberflächen.

In Abb. 5.11 ist das universelle Geschwindigkeitsprofil

$$u^+ = f(y^+)$$

für die viskose Unterschicht und für die turbulente Grenzschicht im Wandbereich dargestellt. Zwischen dem Bereich der viskosen Unterschicht ($0 < y^+ < 5$) und dem der turbulenten Wandschicht ($y^+ > 30$) befindet sich ein Übergangsbereich, der mit den bisherigen Betrachtungen allerdings nicht erfaßt wird. Um die extrem dünne viskose Unterschicht darstellen zu können ist u^+ als Funktion von $\ln y^+$ aufgetragen. Man erkennt, daß die viskose Unterschicht mit $y^+ \approx 5$ extrem dünn ist und nur etwa 5‰ der Grenzschichtdicke des Wandbereichs beträgt, wenn diese mit etwa 1000 y^+ angenommen wird. Die viskose Unterschicht kann deshalb bei vielen technischen Aufgabenstellungen vernachlässigt werden.

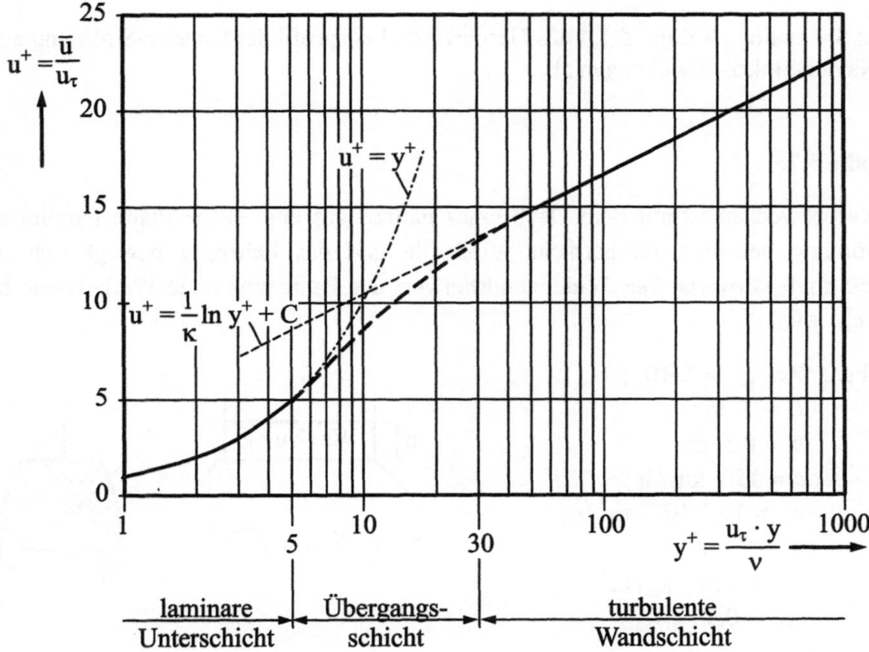

Abb. 5.11: Universelles Geschwindigkeitsprofil für die Grenzschicht im Wandbereich

Im äußeren Grenzschichtbereich weicht das Geschwindigkeitsprofil je nach betrachteter Strömungsform (ebene Platte, Rohrströmung, Druckgradient in Strömungsrichtung, Reynoldszahl usw.) unterschiedlich stark vom logarithmischen Geschwindigkeitsprofil für die turbulente Wandschicht ab. Für diesen äußeren Bereich kann das universelle Geschwindigkeitsprofil ergänzt werden, worauf aber hier nicht näher eingegangen werden soll.

5.4 Übungsaufgaben

Aufgabe 5.1:

Leiten Sie analog zu Kap. 5.1.4 das Geschwindigkeitsprofil der Couette-Strömung aus den Navier-Stokes-Gleichungen ab.

Aufgabe 5.2:

Zu Werbezwecken ist auf dem Dach eines Fahrzeuges eine ebene Platte parallel zur Anströmung befestigt. Es herrscht Windstille und das Fahrzeug bewegt sich mit $c = 150$ km/h vorwärts. Der Widerstandsbeiwert des Fahrzeugs ohne Werbefläche beträgt $c_W = 0{,}4$.

Gegeben: $\mathrm{Re}_{x,krit} = 5 \cdot 10^5$;
$L = 3$ m ;
$h = 0{,}5$ m ;
$c = 150$ km / h ;
$v_L = 15{,}3 \cdot 10^{-6}$ m^2/s ;
$A = 2$ m^2 ;
$\rho_L = 1{,}225$ kg$/$m^3
$c_W = 0{,}4$

a) Berechnen Sie den Anteil der Antriebsleistung, der aufgrund der Luftwiderstandskräfte zum Betrieb des Fahrzeugs mit und ohne Werbefläche benötigt wird. Dabei darf die Platte vereinfacht als rein turbulent umströmt betrachtet werden. Der Druckwiderstand ist bei der längs angeströmten ebenen Platte zu vernachlässigen.

b) Berechnen Sie die Lage des Umschlagpunktes auf der Platte.

c) Berechnen Sie den Verlauf der laminaren Grenzschichtdicke $\delta(x)$ von $x = 0$ bis $x = x_u$.

Aufgabe 5.3:

Ein kugelförmiger und mit Helium (Dichte: ρ_{He}) gefüllter Ballon mit dem Durchmesser d ist an einem dünnen masselosen Seil der Länge L befestigt und einem Luftstrom (Dichte: ρ_L) ausgesetzt. Die Anströmgeschwindigkeit der Luft wird langsam bis zum Erreichen der kritischen Reynoldszahl Re_{krit} gesteigert. Dabei ist ein Anstieg der Auslenkung bis auf den Wert a_1 zu beobachten. Bei konstanter Anströmgeschwindigkeit wird nun eine geringfügige Störung in der Anströmung erzeugt. Dadurch sinkt a auf den festen Wert a_2 ab.

Gegeben: $d = 3$ m ;

$a_1 = 33$ cm ;

$a_2 = 9$ cm ;

$L = 10$ m ;

$L \gg a_1, a_2$;

$\rho_{He} = 0{,}172$ kg$/$m^3 ;

$\rho_L = 1{,}225$ kg$/$m^3 ;

$Re_{krit} = 3 \cdot 10^5$;

$v_L = 15{,}3 \cdot 10^{-6}$ m$^2/$s ;

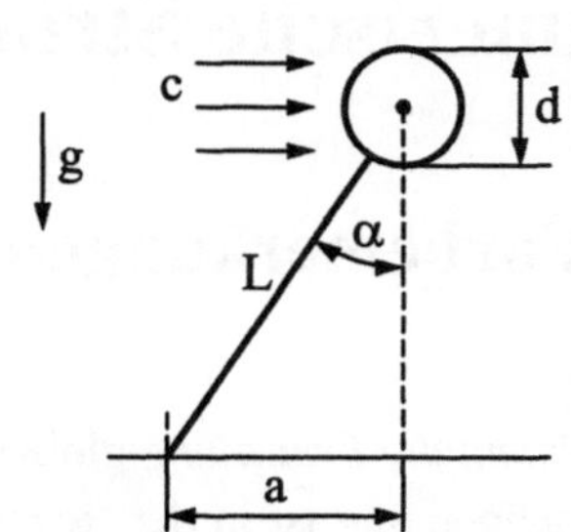

a)   Berechnen Sie die beiden Widerstandsbeiwerte des Ballons.

b)   Erklären Sie den Sachverhalt.

6 Numerische Strömungsmechanik

6.1 Vorbemerkungen

Die *experimentelle Ermittlung* globaler Größen wie Widerstand, Auftrieb, Druckverlust und Wärmeübergang ist in der Regel relativ einfach, die Messung von lokalen Größen wie v_i, p, ρ und T dagegen ist schwierig und erfordert meist einen erheblichen Aufwand an Zeit und Geld. In vielen Fällen stellt die *Berechnung* eine Alternative zum Experiment dar. Mit Hilfe der numerischen Strömungsmechanik, die auch als *Computational Fluid Dynamics (CFD)* bezeichnet wird, können teure und zeitaufwendige Experimente zum Teil ersetzt und vor allem auch meßtechnisch nicht erfaßbare Phänomene simuliert und untersucht werden. Beispiele dafür sind Strömungsvorgänge, die in sehr großen (Klimaforschung) oder sehr kleinen Maßstäben ablaufen, bei denen der Meßort unzugänglich ist und auch Experimente, die aus Sicherheitsgründen nicht durchführbar sind. Die Simulationsrechnungen liefern im Prinzip für jeden Ort im Strömungsfeld die gesuchten Strömungsgrößen und damit wesentlich mehr Information, als je mit dem Experiment zu erhalten wäre. Voraussetzung dafür ist allerdings, daß die zur Berechnung verwendeten "Modelle", d.h. die zur Berechnung verwendeten Gleichungssysteme die Realität ausreichend genau abbilden.

Die mathematischen Gleichungen bzw. Systeme von Gleichungen, die die Realität hinreichend genau beschreiben, sind in der Regel einer *analytische Lösung* nicht zugänglich. Die Navier-Stokes-Gleichungen können nur für einige wenige einfache Strömungsprobleme wie z.B. die laminare Rohr- und die laminare Plattenströmung analytisch gelöst werden. Bei der *numerischen Lösung* wird das für sämtliche Raumpunkte geltende System von Gleichungen *diskretisiert*, und damit nur noch für eine endliche Zahl von Raumpunkten gelöst. Die diskreten Punkte erhält man als Knotenpunkte einer *2D-Netz-* oder *3D-Gitterstruktur*, mit der man die Fläche bzw. das Volumen unterteilt. Die *partiellen Differentialgleichungen* zur Berechnung von v_i und p werden in *algebraische Gleichungen* zur näherungsweisen Berechnung der Zustände des Strömungsfeldes in den diskreten Gitterpunkten überführt. Bei der Diskretisierung gibt es verschiedene Methoden, wie das finite Volumen-, das finite Differenzen- und das finite Elemente-Verfahren. Dabei gilt in der Regel: je kleiner die Schrittweite, d.h. je engmaschiger das Gitter, desto exakter wird das Ergebnis. Die numerische Lösung ist damit immer eine Näherungslösung und sie muß verifiziert werden, entweder durch Vergleich mit der Lösung für ein ähnliches Problem oder durch Vergleich mit experimentellen Daten. Eine Plausibilitätsprüfung ist aber in jedem Fall dringend geboten, z. B. durch die Berechnung integraler Größen.

Die numerische Berechnung von Strömungsfeldern wird in vier Schritte unterteilt:

- **Preprocessing:**
  Erstellung der Netz- oder Gitterstruktur, Festlegung der Randbedingungen, Wahl des Turbulenzmodells,

- **Mainprocessing:**
  Numerische Lösung des resultierenden algebraischen Gleichungssystems,

- **Postprocessing:**
  Darstellung der Ergebnisse (Zahlenkolonnen !) durch entsprechende Graphiken und

- **Validierung:**
  Kritische Überprüfung des Ergebnisses, z. B. durch Wiederholung der Berechnung mit einem Gitter mit halber Maschenweite, Vergleich der Ergebnisse mit ähnlichen, bereits bekannten Problemen, Plausibilitätsprüfung usw.

Jedes numerische Lösungsverfahren muß die folgenden Eigenschaften erfüllen, um eine im Prinzip physikalisch richtige Lösung zu produzieren:

- Das Verfahren muß *konsistent* sein, d. h. für $\Delta x \to 0$ muß die numerische Lösung exakt werden (Δx : Schrittweite, Abstand der Gitterlinien). Die Differenz zwischen exakter und numerischer Lösung ist der Abbruchs- oder Diskretisierungsfehler. Er kann durch Verfeinerung des Gitters verringert werden.

- Ein numerisches Integrationsverfahren muß *stabil* sein, d. h. mit fortschreitender Berechnung darf sich der Abbruchsfehler nicht verstärken.

- Das Verfahren muß *konvergent* sein, d. h. die numerische Lösung muß für $\Delta x \to 0$ gleichmäßig und stetig gegen die exakte Lösung konvergieren. Das Konvergenzverhalten kann durch Änderung des Lösungsalgorithmus beeinfluß werden.

- Das Verfahren sollte *konservativ* sein, d. h. die Erhaltungssätze für Masse, Impuls und Energie müssen erfüllt sein.

Unabhängig davon kann die Lösung durch zu starke Vereinfachung der tatsächlichen Geometrie oder durch Wahl eines ungünstigen Turbulenzmodells fehlerhaft sein. Obwohl die numerischen Lösungsverfahren schon vor über 100 Jahren entwickelt wurden, haben sie erst nach 1950 und insbesondere in den letzten 20 Jahren zunehmend an Bedeutung gewonnen. Das liegt vor allem daran, daß die zur Lösung technischer Probleme erforderliche Anzahl von Rechenschritten nur mit Großrechenanlagen oder neuerdings auch mit schnellen und leistungsstarken PC`s innerhalb akzeptabler Zeitspannen zu bewältigen ist. Die Anwendung numerischer Lösungsverfahren ist somit direkt mit der Entwicklung leistungsfähiger Computer gekoppelt. Die in den letzten Jahren erzielte Steigerung von Leistung und Speicherkapazität bei modernen Rechenmaschinen ist beeindruckend. Ein Rechner mit der Leistungsfähigkeit eines modernen Pentium-PC`s füllte vor etwa 40 Jahren noch einen ganzen Hörsaal. Zukünftig wird erwartet, daß in etwa 20 Jahren ein PC die gleiche Leistung hat, wie alle Rechner zusammen, die heute im Silicon-Valley stehen.

6.2   Lösungswege

6.2.1   Direkte numerische Simulation (DNS)

Die Navier-Stokes-Gleichungen können direkt, d. h. ohne Verwendung der Reynoldsschen Mittelung und ohne Turbulenzmodelle gelöst werden, wenn die Berechnungsgitter so feinmaschig gewählt werden, daß auch die kleinsten Wirbel noch erfaßt werden. Die Größe der kleinsten Wirbel ist proportional der sog. Kolmogoroff-Länge und diese nimmt mit steigender Reynoldszahl ab. Um den Aufwand für die direkte numerische Simulation abzuschätzen wird angenommen, daß das Strömungsfeld die Größe $100 \cdot 100 \cdot 100$ mm^3 habe, was z. B. dem Zylindervolumen eines großen PKW-Motors entspricht. Bei der hochturbulenten Strömung im Brennraum sind die kleinsten Wirbel etwa von der Größenordnung 0,01 mm. Um diese kleinsten Wirbel noch erfassen zu können muß das Berechnungsgitter also mindestens $10^4 \cdot 10^4 \cdot 10^4 = 10^{12}$ Gitterpunkte enthalten. Die für Gitterstrukturen mit einer Trilliarde und mehr Berechnungspunkten benötigten Anforderungen hinsichtlich Rechengeschwindigkeit und Speicherkapazität übersteigen die Leistungsfähigkeit heutiger Großrechenanlagen bei weitem. Die direkte numerische Simulation wird heute deshalb nur für wissenschaftliche Grundlagenuntersuchungen eingesetzt. Die dafür in der Literatur bekannt gewordenen Ergebnisse sind meist für Reynoldszahlen mit der Größenordnung 10^2 bis 10^3 ermittelt. Für die Lösung ingenieurmäßiger Aufgabenstellungen ist die direkte numerische Simulation deshalb nicht geeignet.

6.2.2 Large-Eddy-Simulation (LES)

Bei der Large-Eddy-Simulation (Grobstruktursimulation) wird zwischen der großräumigen Wirbelstruktur und den kleinsten Wirbel unterschieden. Die großräumige Wirbelbewegung ist im allgemeinen wesentlich energiereicher als die kleinräumige. Der Beitrag der kleinen Wirbel zum Energietransport ist relativ gering. Es ist deshalb naheliegend, im Rahmen einer numerischen Simulation nur die großräumige Wirbelstruktur direkt zu berechnen und das Verhalten der kleinen Wirbel durch Modelle zu beschreiben. Die großräumige Wirbelbewegung erhält man durch geeignete Filterung des Geschwindigkeitsfeldes. Bei der Filterung werden, grob gesagt, Wirbel, die größer als eine bestimmte Längenskala Δ sind, als großräumige und damit direkt zu simulierende Wirbelstrukturen erkannt und von der feinskaligen Turbulenz getrennt. Die Large-Eddy-Simulation benötigt ebenfalls sehr lange Rechenzeiten und die dafür verwendeten Lösungsalgorithmen sind ebenso wie die der direkten numerischen Simulation ganz speziell auf die jeweilige Aufgabenstellung zugeschnitten, so daß sie heute für ingenieurmäßige Aufgabenstellungen ebenfalls kaum in Frage kommt. Sie eignet sich z. B. für Grundlagenuntersuchungen, wenn die direkte numerische Simulation aufgrund zu hoher Reynoldszahlen nicht mehr anwendbar ist. Abb. 6.1 erläutert qualitativ den Unterschied zwischen der direkten numerischen und der Large-Eddy-Simulation.

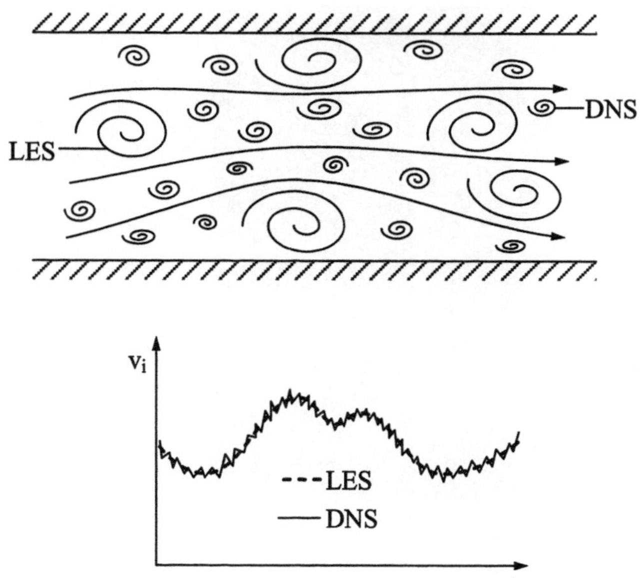

Abb. 6.1: Vergleich zwischen DNS und LES

6.2.3 Reynoldsgemittelte Navier-Stokes-Gleichungen

Die Reynoldsgemittelten Navier-Stokes-Gleichungen und die dabei benötigten Turbulenzmodelle wurden bereits in Kap. 5 erläutert. Durch die Reynolds-Mittelung werden
alle Ungleichmäßigkeiten des realen Strömungsfeldes herausgefiltert und als Teil der
turbulenten Struktur betrachtet. Dieses Vorgehen ist für ingenieurmäßige Näherungen
durchaus zulässig. Weil die turbulente Strömung aber extrem komplex ist, ist es un-
wahrscheinlich, daß ein einziges universelles Turbulenzmodell existiert, das für alle
Strömungen gültig ist. Turbulenzmodelle sind deshalb immer Näherungen und keine
Gesetze!

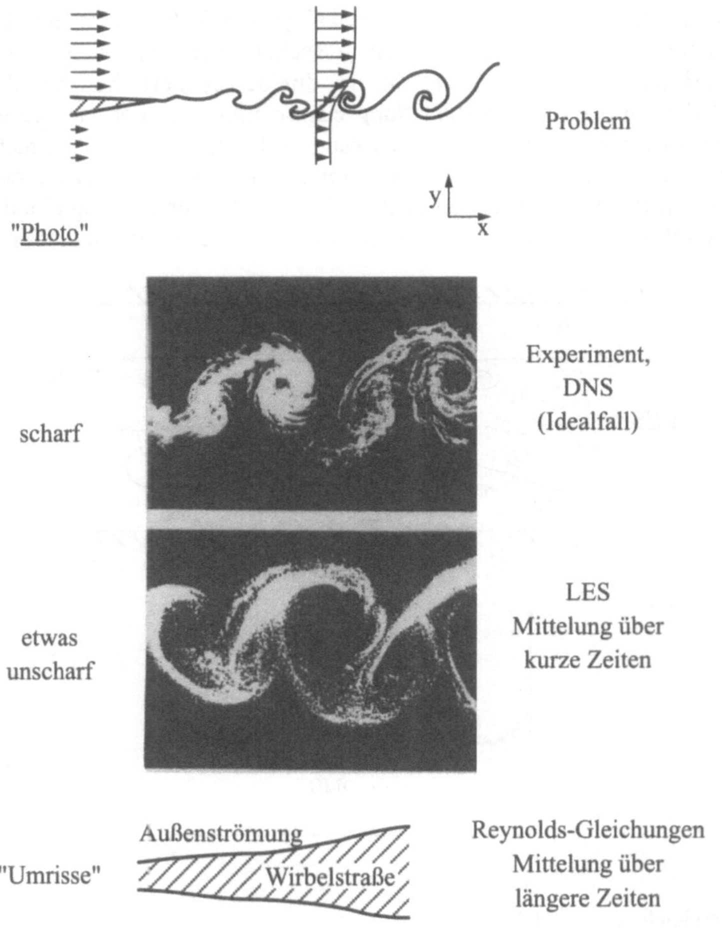

Abb. 6.2: Vergleich zwischen DNS, LES und RANS

In Abb. 6.2 sind die Vorgehensweisen der direkten numerischen, der Large-Eddy- und der Reynoldsgemittelten Navier-Stokes-Simulation (Reynolds Averaged Navier-Stokes Equations, RANS) qualitativ am Beispiel einer horizontalen Scherschichtströmung erläutert. Die Ergebnisse dieser Simulation können anschaulich mit Photos unterschiedlicher Tiefenschärfe verglichen werden. Während die direkte numerische Simulation ein "scharfes" detailliertes Bild der Wirbelstruktur erzeugt, das im Idealfall mit dem Experiment übereinstimmt, liefert die Large-Eddy-Simulation ein etwas unscharfes Bild, auf dem nur die großräumige Wirbelstruktur gut zu erkennen ist. Die Reynoldsgemittlte Navier-Stokes-Simulation dagegen liefert nur noch Begrenzungen der Wirbelstraße und keine Unterstruktur der Wirbel selbst.

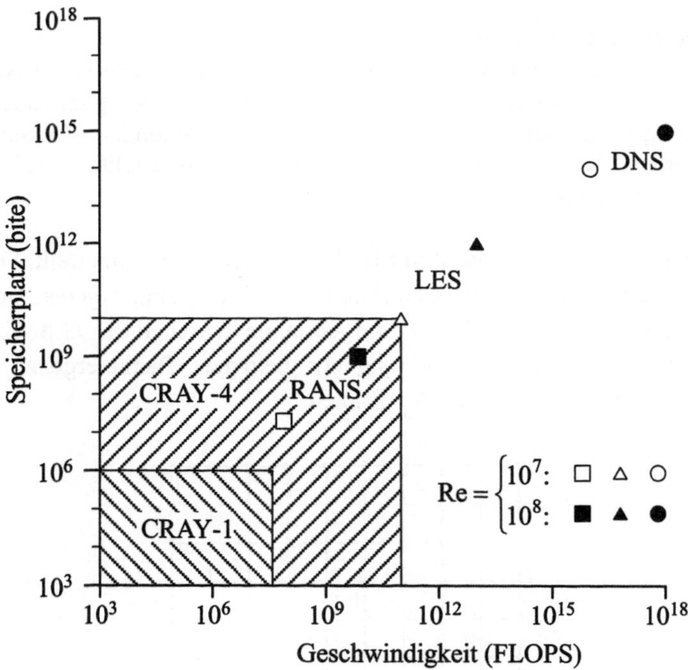

Abb. 6.3: Anforderungen an Speicherkapazität und Rechengeschwindigkeit für verschiedene Methoden der numerischen Simulation

In Abb. 6.3 sind schließlich noch die Speicherkapazität in BITE und die Rechengeschwindigkeit in FLOPS (Anzahl von Rechenoperationen mit Fließkommazahlen pro Sekunde) heutiger Großrechner sowie die für eine DNS, LES und RANS benötigten Werte für $Re = 10^7$ und $Re = 10^8$ angegeben. Man erkennt damit deutlich, daß die Reynoldsgemittelte Navier-Stokes-Simulation Stand der Technik ist, während die direkte numerische Simulation bis auf weiteres für ingenieurmäßige Aufgabenstellungen nicht geeignet ist.

6.3   Diskretisierungs-Methoden

Bei der Diskretisierung der partiellen Differentialgleichungen der Strömungsmechanik unterscheidet man prinzipiell zwischen den im folgenden kurz erläuterten Verfahren.

- **Die Finite-Differenzen-Methode (FDM)**
  wurde im 18. Jahrhundert von Euler entwickelt. Sie ist einfach in der Anwendung, sowohl für einfache als auch für strukturierte Gitter. Nachteilig ist dabei aber, daß die Erhaltungssätze leicht verletzt werden, wenn nicht besondere Vorkehrungen getroffen werden. Als Beispiel werde die in Abb. 6.4 dargestellte zweidimensionale Fläche betrachtet, auf der die Berechnung stattfinden soll.

Das Rechengebiet wird zunächst mit Hilfe eines 2D-Netzes unterteilt. Die Knotenpunkte, an denen die künftige Berechnung stattfinden soll, ergeben sich aus den Kreuzungspunkten der Gitterlinien. Die Abstände zwischen den Gitterlinien sollen in x-Richtung Δx und in y-Richtung Δy betragen. Damit ergeben sich in x-Richtung N_i und in y-Richtung N_j Knoten.

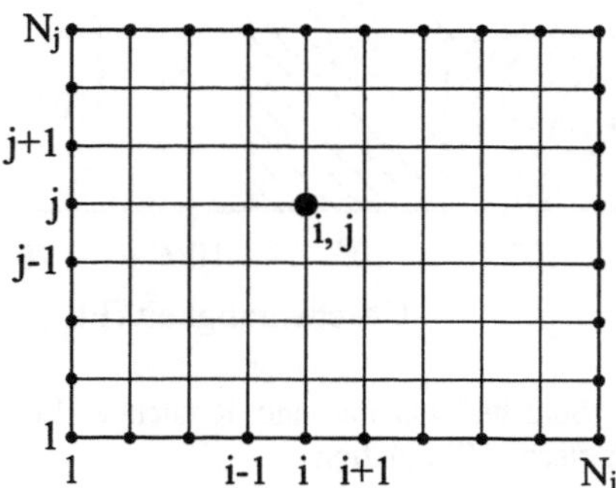

Abb. 6.4: Berechnungsgitter

Betrachtet werde die Strömungsgröße $\phi(x, y)$, die in Form ihrer partiellen Ableitungen im Differentialgleichungssystem vorhanden sei. Zur Umwandlung der partiellen Differentialgleichungen in algebraische Differenzengleichungen müssen nun sämtliche partiellen Ableitungen durch Differenzenquotienten ersetzt werden. Dabei können unterschiedliche Differenzenquotienten verwendet werden, die im folgenden kurz hergeleitet werden sollen. Für die Steigung der Funktion $\phi(x)$ und somit für die erste Ableitung gilt definitionsgemäß

$$\frac{\partial \phi}{\partial x} = \lim_{\Delta x \to 0} \frac{\phi(x + \Delta x, y) - \phi(x, y)}{\Delta x} \, . \tag{6.1}$$

Läßt man die Bedingung $\Delta x \to 0$ weg und betrachtet zwei im Abstand Δx liegende Knoten $(i + 1, j)$ und (i, j), so ergibt sich die Steigung im Punkt (i, j) näherungsweise als Steigung der Sekante, d. h.

$$\left(\frac{\partial \phi}{\partial x}\right)_{i,j} \approx \frac{\phi_{i+1,j} - \phi_{i,j}}{\Delta x} \tag{6.2}$$

mit $\Delta x = (x_{i+1} - x_i)$, siehe Abb. 6.5. Je kleiner Δx, desto genauer die Approximation. Der in Gl. (6.2) verwendete Differenzenquotient heißt *"Vorwärts-Differenzenquotient"*, weil neben dem Punkt (i, j) der in positiver x-Richtung (steigendes i) liegende Punkt $(i + 1, j)$ verwendet wurde. Man kann die erste Ableitung von ϕ in x-Richtung auch mit Hilfe des *"Rückwärts-Differenzenquotienten"*

$$\left(\frac{\partial \phi}{\partial x}\right)_{i,j} \approx \frac{\phi_{i,j} - \phi_{i-1,j}}{\Delta x} \tag{6.3}$$

oder des *"Zentralen Differenzenquotienten"*

$$\left(\frac{\partial \phi}{\partial x}\right)_{i,j} = \frac{\phi_{i+1,j} - \phi_{i-1,j}}{2 \, \Delta x} \tag{6.4}$$

approximieren. Der Sachverhalt ist in Abb. 6.5 dargestellt.

Das eben beschriebene Verfahren zur Bildung von Differenzenquotienten läßt sich auch auf die zweite Ableitung anwenden. Der zentrale Differenzenquotient für die zweite Ableitung ergibt sich dabei aus der Differenz der zentralen Differenzenquotienten für die erste Ableitung an den Punkten $(i + 1/2, j)$ und $(i - 1/2, j)$. Dabei werden die zentralen Differenzenquotienten für die ersten Ableitungen ebenfalls mit halber Schrittweite gebildet. Damit folgt

$$\left(\frac{\partial^2 \phi}{\partial x^2}\right)_{i,j} \approx \frac{\left[\dfrac{\phi_{i+1,j} - \phi_{i,j}}{\Delta x}\right] - \left[\dfrac{\phi_{i,j} - \phi_{i+1,j}}{\Delta x}\right]}{\Delta x} = \frac{\phi_{i+1,j} - 2(\phi_{i,j}) + \phi_{i+1,j}}{(\Delta x)^2} \, . \tag{6.5}$$

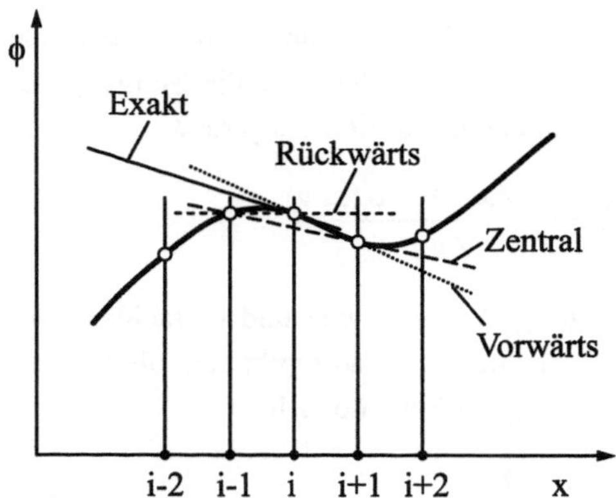

Abb. 6.5: Approximation der ersten Ableitung $\partial\phi/\partial x$ mit Hilfe von Differenzenquotienten

Es existieren unterschiedliche finite Differenzenverfahren, deren Bezeichnung sich daran orientiert, welche Art des Differenzenquotienten verwendet wird. Für weiter Details sei auf Griebel et al. (1995) verwiesen.

- **Die Finite-Volumen-Methoden (FVM)**
  gehen von den Grundgleichungen in integrierter Form (die in diesem Buch aber nicht vorgestellt wurden) aus. Das Strömungsfeld wird dabei wieder mit Hilfe eines Gitters in kleine Kontrollvolumina unterteilt. Diese Verfahren erfüllen grundsätzlich die Erhaltungssätze, sie sind darüber hinaus auch für komplexe Geometrien geeignet und einfach zu verstehen, weil alle Terme eine eindeutige physikalische Bedeutung haben. Ihr Nachteil besteht darin, daß Approximationsschemata höherer Ordnung für 3D-Probleme schwieriger zu entwickeln sind, als dies bei den FDM der Fall ist.

- **Die Finite-Element-Methoden (FEM)**
  sind ähnlich den FVM. Die Kontrollvolumina sind dabei Tetraeder oder Hexaeder. Sie sind für beliebig komplexe Geometrien geeignet und die resultierende Gitterstruktur kann sehr einfach verfeinert werden. Die zu lösenden Matrizen haben allerdings eine wesentlich komplexere Struktur als bei den obigen Verfahren.

Die kurze Übersicht über Diskretisierungsmethoden soll hier genügen. Für weitere Details und Methoden sei auf Ferziger und Peric (1996), sowie Oertel und Laurien (1995) verwiesen.

Anhang A: Lösungen der Übungsaufgaben

Aufgabe 1.1:

a) $v^{\,-}$ (1)

$$F_A = -F_{p,z} \tag{2}$$

$$z = z_0 - R\cos\alpha \tag{3}$$

(2) und (3) in (1): $dF_{p,z} = 2\pi R^2 \sin\alpha \, d\alpha\, \rho\, g\,(z_0 - R\cos\alpha)\cos\alpha$ (4)

Für die nach oben gerichtete Auftriebskraft ($F_A = -F_{p,z}$) folgt (aufgrund der Betrachtung von Kreisscheiben ist lediglich die Integration über α von $\alpha = 0°$ bis $\alpha = 180°$ erforderlich):

$$F_A = -2\pi R^2 \rho_F g \int_0^\pi (z_0 \sin\alpha\cos\alpha - R\sin\alpha\cos^2\alpha)\, d\alpha$$

$$= -2\pi R^2 \rho_F g \left[\frac{z_0}{2}\sin^2\alpha + \frac{R}{3}\cos^3\alpha\right]_0^\pi$$

$$= \frac{4}{3}\pi R^3 \rho_F g = V_{Kugel}\, \rho_F\, g$$

(Stammfunktionen: siehe Bronstein, Semendjajew (1991), Nr. 354 und Nr. 357)

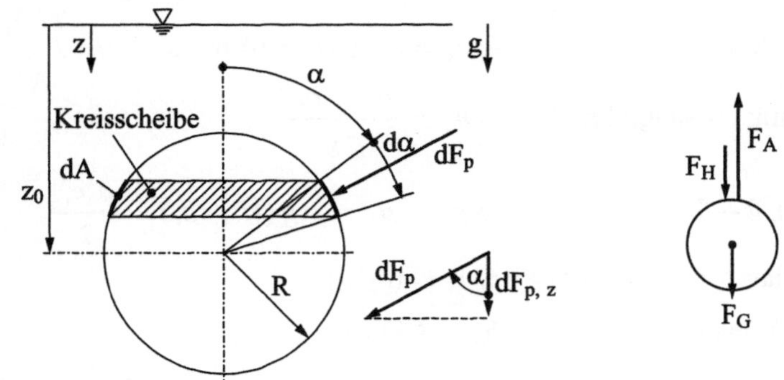

b) $F_H = F_A - F_G = V_{Kugel}\, g\,(\rho_F - \rho_K)$

    $\rho_K > \rho_F$: F_H wirkt entgegengesetzt zur z-Richtung, ohne F_H würde die Kugel absinken.

    $\rho_K < \rho_F$: F_H wirkt in z-Richtung, ohne F_H würde die Kugel auftauchen.

Aufgabe 1.2:

Kräftegleichgewicht in radialer Richtung: $\rho g = -\dfrac{\partial p}{\partial h}$

$$p = p(h) \rightarrow \rho g = -\frac{dp}{dh} \qquad (1)$$

Bem.: Bei Beachtung von $h = -z$ und Integration von (1) in den Grenzen von p_0 bis p bzw. $z_0 = 0$ bis z erhält man mit $\rho = $ konst. Gl (1.1) aus Kap. 1.2.

ideales Gas: $p/\rho = RT$

für isotherme Zustandsänderungen folgt daraus

$$p/\rho = p_0/\rho_0 = \text{konst.} \qquad (2)$$

(1) und (2): $\dfrac{dp}{p} = -\dfrac{\rho_0\, g}{p_0}\, dh$

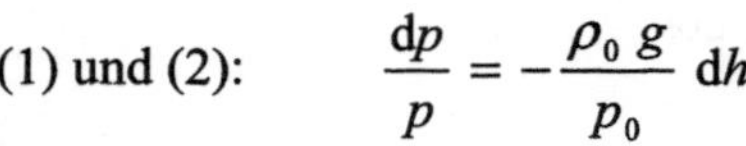

Integration von p_0 bis p bzw. $h_0 = 0$ bis h ergibt die barometrische Höhenformel:

$$p = p_0 \exp\left(\frac{-\rho_0\, g}{p_0}\, h\right)$$

Aufgabe 2.1:

a) Bernoulli ⓪→③: $\rightarrow c_3 = \sqrt{2\,g\,H} = 14\ \text{m}/\text{s}$

b) Hydrostatik im Steigrohr: $\rightarrow h_a = \dfrac{p_1 - p_0}{\rho g}$ $\qquad (1)$

Bernoulli ⓪→①: $\rightarrow p_1 - p_0 = \rho g (H - h_1) - \dfrac{\rho\, c_1^2}{2}$ $\qquad (2)$

Kontinuität: $c_1 = c_3\, (d/D)^2$ $\qquad (3)$

(2) und (3) in (1): $h_a = 4{,}375\ \text{m}$

c) Bernoulli ⓪→②: $p_2 = p_0 + \rho g (H - h_2) - \dfrac{\rho\, c_2^2}{2}$

mit $c_2 = c_3$ folgt: $p_2 = 90290\ \text{Pa}\ (= 0{,}9\ \text{bar})$

Aufgabe 2.2:

Kräftegleichgewicht am Fluidelement führt auf Gl. (2.14): $\qquad \dfrac{c^2}{r} = \dfrac{1}{\rho}\dfrac{dp}{dr}$

Geschwindigkeitsverteilung: $\qquad c = \omega\, r$

$$\rightarrow\ dp = \rho\, r\,\omega^2\, dr$$

Integration: $\qquad p(r) - p(r_1) = \dfrac{\rho}{2}\omega^2\,(r^2 - r_1^2)$

Randbedingung: $\qquad p(r_1 = 0) = p_0 + \rho\, g\,(H - h_1)$

$$\rightarrow\ p(r) = \frac{\rho\,\omega^2}{2}r^2 + p_0 + \rho\, g\,(H - h_1)$$

Aufgabe 2.3:

Bernoulli ⓪→①: $\qquad P = \left[\dfrac{c_1^2}{2} + \dfrac{p_1 - p_0}{\rho} + g\,(H - h) + \dfrac{\Delta p_v}{\rho}\right]\rho\,\dot{V}$

Hydrostatik: $\qquad p_1 = \rho\, g\, h + p_0$

Kontinuität: $\qquad c_1 = \dfrac{4\,\dot{V}}{\pi\, d^2}$

mit $\Delta p_v = 2{,}5\cdot 10^5$ Pa $\qquad$ folgt $\qquad P = 382{,}8$ kW

Aufgabe 2.4:

Mit Gl. (2.54) folgt: $\qquad \left(\dfrac{p_1}{p_0}\right)^{*} = 0{,}487 > \dfrac{p_U}{p_0} = \dfrac{1}{6}$

$$\rightarrow\ \text{kritischer Zustand stellt sich ein.}$$

a) $\quad R_{He} = c_p\left(1 - \dfrac{1}{\kappa}\right) = 2096$ J / (kg K)

$$c_1 = \sqrt{\frac{2\,\kappa}{\kappa + 1}\,R_{He}\,T_0} = 723{,}9 \ \text{m/s}$$

b) $\quad \dot{m}^{*} = A_1\,\sqrt{2\,p_0\,\rho_0}\ \psi^{*} = 0{,}336$ kg/s

mit $\rho_0 = (p_0 / R_{He}\,T_0)$ und $\psi^{*}\!\left(\left(\dfrac{p_1}{p_0}\right)^{*}\!,\kappa\right) = 0{,}5135$

c) $\quad T_1 = T^* = T_0 \left(\dfrac{2}{\kappa + 1} \right) = 150 \;\; \text{K}$

$$p_1 = p^* = p_0 \left(\frac{2}{\kappa + 1} \right)^{\frac{\kappa}{\kappa - 1}} = 2{,}92 \;\; \text{bar}$$

$$\rho_1 = \rho^* = \rho_0 \left(\frac{2}{\kappa + 1} \right)^{\frac{1}{\kappa - 1}} = 0{,}93 \;\; \text{kg} / \text{m}^3$$

Aufgabe 2.5:

Aus Gl. (2.66) folgt für die Mach-Zahl

$$\text{Ma} = \sqrt{ \left[\left(\frac{\rho_0}{\rho} \right)^{\kappa - 1} - 1 \right] \frac{2}{\kappa - 1} } = 0{,}2$$

mit $\dfrac{\rho_0}{\rho} = \dfrac{\rho + \Delta\rho}{\rho_0} = 1 + \dfrac{\Delta\rho}{\rho} = 1{,}02$.

Die Strömung kann bis $\text{Ma} = 0{,}2$ als inkompressibel betrachtet werden.

Aufgabe 2.6:

a) $\quad c^* = a^* = \sqrt{\kappa \, R \, T^*} = \sqrt{\dfrac{2 \kappa \, R_L \, T_0}{\kappa + 1}} = 410{,}5 \;\; \text{m} / \text{s}$

$$\left(T^* = T_0 \left(\frac{2}{\kappa + 1} \right) \qquad \text{und} \qquad T_0 = (273{,}15 + 230) \;\text{K} \right)$$

Aus Gl. (2.65) folgt mit $p_1 = p_U$ für die Mach-Zahl im Querschnitt "1"

$$\text{Ma}_1 = \sqrt{ \left[\left(\frac{p_0}{p_1} \right)^{\frac{\kappa - 1}{\kappa}} - 1 \right] \frac{2}{\kappa - 1} } = 2{,}09 .$$

$$T_1 = \frac{T_0}{1 + \dfrac{\kappa - 1}{2} \, \text{Ma}_1^2} = 268{,}5 \;\; \text{K}$$

$$c_1 = \text{Ma}_1 \, a_1 = \text{Ma}_1 \, \sqrt{\kappa \, R_L \, T_1} = 686{,}5 \;\; \text{m} / \text{s}$$

$$\rho_1 = \frac{\rho_0}{\left(1 + \dfrac{\kappa - 1}{\kappa}\, \text{Ma}_1^2\right)^{\frac{1}{\kappa - 1}}} = 1,297 \ \ \text{kg} / \text{m}^3$$

b) Kontiniutät: $A_1 = A^* \dfrac{\rho^* \ c^*}{\rho_1 \ c_1} = 22,9 \ \ \text{cm}^2$

mit $\rho^* = \rho_0 \left(\dfrac{2}{\kappa + 1}\right)^{\frac{1}{\kappa - 1}}$; $\rho_0 = \dfrac{p_0}{R_L \ T_0}$; $A^* = \dfrac{\pi}{4}(d^*)^2$.

Aufgabe 3.1:

a) Kontinuität : $\dfrac{\partial u}{\partial x} + \dfrac{\partial v}{\partial y} = 2\,A - 2\,A = 0$

Drehungsfreiheit : $\dfrac{\partial v}{\partial x} - \dfrac{\partial u}{\partial y} = 0 - 0 = 0$ $\left.\right\}$ Potentialströmung

b) $u = 0 = \ \ 2\,A\,x \ \rightarrow x_S = 0$
   $v = 0 = -2\,A\,y \ \rightarrow y_S = 0$ $\left.\right\}$ Staupunkt: $(0 / 0)$

c) $\dfrac{\partial \psi(x,y)}{\partial y} = u = 2\,A\,x$; Integration: $\psi(x,y) = 2\,A\ x\,y + f_1(x)$ $\qquad$ (1)

$\dfrac{\partial \psi(x,y)}{\partial x} = -v = 2\,A\,y$; Integration: $\psi(x,y) = 2\,A\ x\,y + f_2(y)$ $\qquad$ (2)

Gl. (1) und Gl. (2) stellen jeweils eine *vollständige* Stromfunktion dar, wobei $f_1(x)$ bzw. $f_2(y)$ zunächst beliebige Integrationskonstanten sind, die jeweils von y bzw. x unabhängig sind. $\psi(x,y)$ muß der Definitionsgleichung (Gl. (3.39)) genügen. Damit folgt $\psi(x,y) = 2\,A\ x\,y + C_1$, d.h. es existieren je nach Wahl der Konstanten C_1 beliebig viele Stromfunktionen. Bei Wahl von $C_1 = 0$ folgt

$\psi(x,y) = 2\,A\ x\,y$.

d) Potentiallinien: $\qquad 2\,A\ x\,y = \text{konst.} \qquad \rightarrow x\,y = C_2$ (Hyperbel)

$A > 0$: $\qquad\qquad u$ zeigt für $\begin{cases} x > 0 & \text{in } x - \text{Richtung} \\ x < 0 & \text{entgegen der } x - \text{Richtung} \end{cases}$

$\qquad\qquad\qquad\qquad v$ zeigt für $y > 0 \qquad$ entgegen der y-Richtung

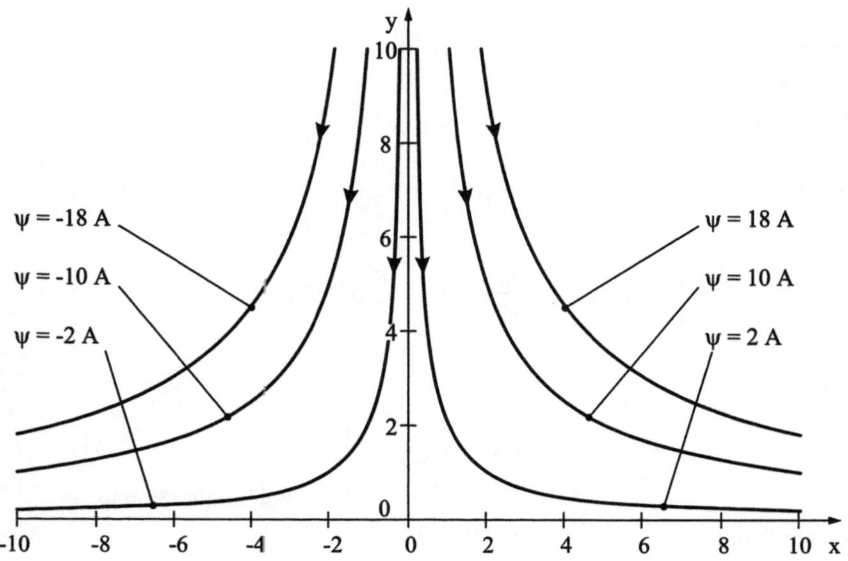

Aufgabe 3.2:

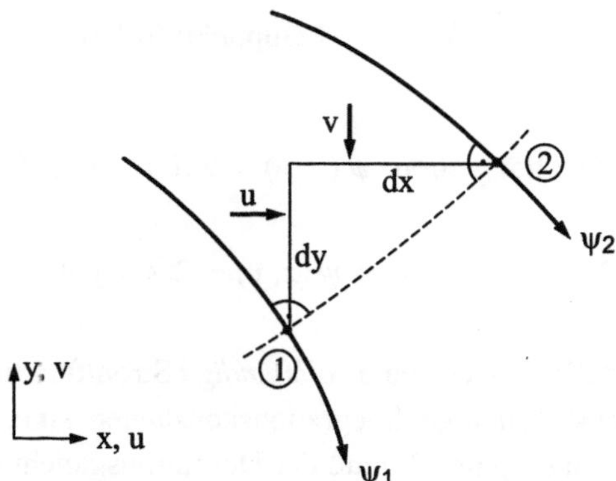

$$\frac{\dot{V}_{12}}{b} = \int\limits_{1}^{2}(u\,\mathrm{d}y - v\,\mathrm{d}x) = \int\limits_{1}^{2}\left(\frac{\partial\psi}{\partial y}\,\mathrm{d}y + \frac{\partial\psi}{\partial x}\,\mathrm{d}x\right) = \int\limits_{1}^{2}\mathrm{d}\psi = \psi_2 - \psi_1$$

Aufgabe 3.3:

Tab. 3.1:   Wirbel ①: $u_1(x, y) = -\dfrac{\Gamma}{2\pi}\dfrac{(y - L)}{x^2 + (y - L)^2}$

                             Wirbel ②: $u_2(x, y) = \dfrac{\Gamma}{2\pi}\dfrac{(y + L)}{x^2 + (y + L)^2}$

Superposition: $u(x,y) = u_1(x,y) + u_2(x,y)$

$\rightarrow \quad u(x,0) = \dfrac{\Gamma}{\pi} \dfrac{L}{x^2 + L^2}$

Aufgabe 4.1:

Couette-Strömung: $u(y) = \dfrac{U}{h} y$

$$F = \tau_W A = \eta \left(\dfrac{du}{dy}\right)_W A = \eta \dfrac{U}{h} b\, l$$

$$\rightarrow \quad \eta_{max} = \dfrac{F h}{U b\, l} = 0{,}015 \ \dfrac{\mathrm{N\ s}}{\mathrm{m}^2}$$

Aufgabe 4.2:

Kontinuität: $c_1 = \dfrac{\dot{m}}{\rho\, A_1} = 2 \ \mathrm{m/s}\, ; \ c_2 = 1 \ \mathrm{m/s}$

Bernoulli: $p_2 = p_1 + \dfrac{\rho}{2}(c_1^2 - c_2^2) = 201500 \ \mathrm{Pa}$

Impulssatz:
$$F_{12,x} = p_1 A_1 + \rho\, A_1\, c_1^2 = 408 \ \mathrm{N}$$
$$F_{12,y} = p_2 A_2 + \rho\, A_2\, c_2^2 = 810 \ \mathrm{N}$$

Aufgabe 4.3:

a) Kontinuität: $c_1 = \dfrac{\dot{m}}{\rho\, A_1} = 4{,}1 \ \mathrm{m/s}\, ; \ c_2 = 60 \ \mathrm{m/s}$

Bernoulli: $p_2 = p_0\, ; \ \Delta p = \dfrac{\rho}{2}(c_2^2 - c_1^2) = 17{,}92 \ \mathrm{bar}$

b) Impulssatz: $F_z = \rho\, c_1^2 A_1 - \rho\, c_2^2 A_2 + A_1(p_1 - p_0) = 6{,}88 \ \mathrm{k\,N}$

Bem.: Gesucht ist lediglich die Zugkraft F_z im Flansch und nicht die Gesamtkraft $(F_z + p_0(A_1 - A_2))$, die die Düsenwand in x-Richtung auf das Kontrollvolumen überträgt. Deshalb ist eine Abspaltung der äußeren Kraft aufgrund p_0 erforderlich.

Tip: Wenn man *sämtliche Impulskräfte* als *auf das Kontrollvolumen zeigend* einzeichnet, so läßt sich der Impulssatz in einfacher Weise als reine *Kräftebilanz* aufstellen.

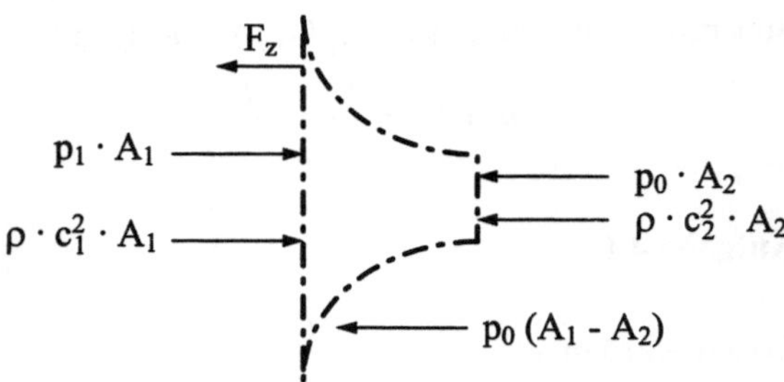

c) Bernoulli ①→②: $c_2 = c_3$
    Bernoulli ②→③: $c_2 = c_4$

Impulssatz: y-Richtung:: $\alpha = arc\ \sin\left(\dfrac{1-\mu}{\mu}\right) = 30°$

x-Richtung: $F = \dot{m}\ c_2\ (1 - \mu\ \cos\alpha) = 456{,}5\ \text{N}$

Bem.: Da auf der gesamten Berandung des Kontrollvolumens der Umgebungsdruck p_0 wirkt, entsteht keine resultierende Kraft. Der Einfluß des Umgebungsdruckes muß deshalb bei der Aufstellung des Impulssatzes nicht berücksichtigt werden.

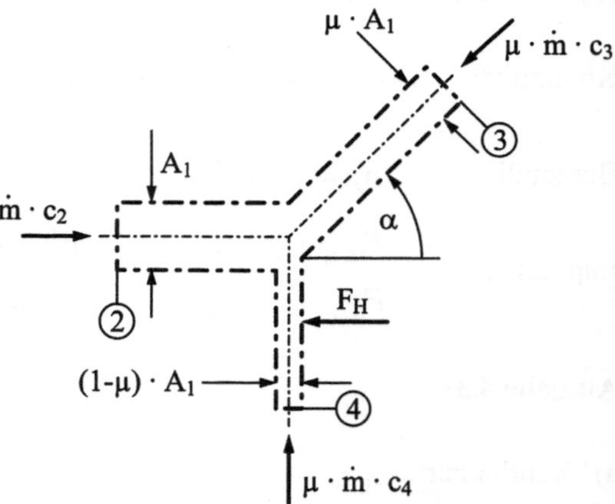

Aufgabe 4.4:

$$\Delta p_v = \Delta p_{12} + \Delta p_{23}$$

Kontinuität: $c_2 = c\ A/(A - A_K)$

Bernoulli ①→②: $\Delta p_{12} = p_1 - p_2 = \dfrac{\rho\ c^2}{2}\left[\dfrac{A^2}{(A - A_K)^2} - 1\right]$

Impulssatz ②→③: $\Delta p_{23} = p_2 - p_3 = \rho\ c^2\left[1 - \dfrac{A}{(A - A_K)}\right]$

$\rightarrow \qquad \Delta p_v = \dfrac{\rho}{2}\ c^2\left[\dfrac{A}{(A - A_K)} - 1\right]^2 = \xi\ \dfrac{\rho}{2}\ c^2$

$$\rightarrow \qquad \xi = \left[\frac{A}{(A - A_K)} - 1\right]^2$$

Aufgabe 4.5:

a) Turbine:

$$M = \dot{m}\,(r_1\,c_{u1} - r_2\,c_{u2}) = \frac{\pi}{4}\,d^2\rho\;c\,\left(rc - r\,(-c)\right) = 7068{,}6 \;\; \mathrm{N\,m}$$

b) $\quad P = M\,\omega = \dfrac{\pi}{4}\,d^2\rho\;c\,\left(rc - r\,(2u - c)\right)\dfrac{u}{r}$

$$= \frac{\pi}{4}\,d^2\rho\;2\,c\,u\,(c - u) = 135{,}72 \;\; \mathrm{KW}$$

mit $c_{u1} = c\,$; $\;w_1 = c - u\,$; $\;w_2 = -(c - u)\,$; $\;c_{u2} = -(c - u) + u = 2u - c$

Aufgabe 4.6:

a) Kontinuität: $\quad c = \dfrac{4\,\dot{m}}{\pi\,d^2\,\rho}$

$$\mathrm{Re} = \frac{c\,d}{\nu} \leq 2300 \qquad\qquad \rightarrow \qquad \dot{m} \leq 0{,}363 \;\; \mathrm{kg/s}$$

b) $\quad \Delta p_v = \lambda\,\dfrac{L}{d}\,\dfrac{\rho}{2}\,c^2\,$; $\;\lambda = \dfrac{64}{\mathrm{Re}} \qquad \rightarrow \qquad \Delta p_v = 2{,}78 \;\; \mathrm{Pa}$

c) $\quad c_{max} = 2\,c_m = 2c \qquad\qquad \rightarrow \qquad c_{max} = 0{,}023 \;\; \mathrm{m/s}$

Aufgabe 4.7:

a) Bernoulli ⓪→①:

$$\frac{p_0}{\rho} + g\,(h+s) = \frac{c^2}{2} + \left(\frac{p_0 + \rho\,g\,s}{\rho}\right) + \frac{\Delta p_v}{\rho}$$

$$\rightarrow \quad c = \sqrt{\frac{2\,g\,h}{1 + \lambda\,\dfrac{L}{d}}} = 4{,}113 \ \text{m/s}$$

Moody-Diagramm: $\quad (k_s/d = 10^{-2};\ Re = 10^5 \cdots 10^6):\quad \lambda = 0{,}038$

$$\dot{m} = \frac{\pi}{4}\,d^2\rho\,c = 129{,}21 \ \text{kg/s}$$

b) $\ Re = \dfrac{c\,d}{\nu} = 8{,}2 \cdot 10^5$

Aufgabe 4.8:

aus Gl. (4.48) folgt:

$$\tau_W = \frac{\lambda_t\,\rho\,\bar{c}_m^2}{8}$$

Newtonsches Fluid:

$$\tau_W = \eta\left(\frac{d\bar{c}}{dy}\right)_W$$

linearer Anstieg:

$$\left(\frac{d\bar{c}}{dy}\right)_W = \frac{\bar{c}_m}{2\,\Delta}$$

$$\rightarrow \quad \frac{\Delta}{d} = \frac{4}{Re\,\lambda_t}$$

Fall a: $\quad \dfrac{\Delta}{d} = 0{,}25 \cdot 10^{-4} \ll \dfrac{k_s}{d} = 4 \cdot 10^{-4} \quad \rightarrow \text{hydr. glatt}$

Fall b: $\quad \dfrac{\Delta}{d} = 125 \cdot 10^{-4} \gg \dfrac{k_s}{d} = 4 \cdot 10^{-4} \quad \rightarrow \text{hydr. rauh}$

Moody-Diagramm: $\quad$ Fall a: $\ \lambda = 0{,}016$; Fall b: $\lambda = 0{,}032$

Aufgabe 5.1:

Die Herleitung ist bis Gl. (5.22) identisch mit derjenigen für die Spaltströmung. Eine zweimalige Integration führt unter Beachtung von $dp/dx = 0$ auf

$$u\,(y) = K_1\,y + K_2$$

Randbedingungen: $\quad u\,(y = 0) = 0;\ u\,(y = h) = U$

$$\rightarrow \qquad u(y) = \frac{U}{h}\, y$$

Aufgabe 5.2:

a) Fahrzeug: $\qquad F_W = c_W\, \dfrac{\rho_L}{2}\, c^2\, A = 850{,}7\ \text{N}$

Werbefläche: $\qquad F_R = 2\, \dfrac{\rho_L}{2}\, c^2\, b\, L\, \dfrac{0{,}074}{(\text{Re}_L)^{1/5}} = 9{,}8\ \text{N}$

ohne Werbefläche: $\quad P_W = F_W\, c = 35{,}446\ \text{KW}$

mit Werbefläche: $\quad P_W = (F_W + F_R)\, c = 35{,}854\ \text{KW}$

b) $\quad x_U = \dfrac{\text{Re}_{x,krit}\ \nu_L}{c} = 18{,}36\ \text{cm}$

c) $\quad \delta(x) = \dfrac{5{,}0}{\sqrt{\dfrac{c}{\nu_L}}}\ \sqrt{x} = 3{,}03 \cdot 10^{-3}\ \sqrt{x}\ ;\ x\ \text{in [m]}$

Aufgabe 5.3:

a) senkrecht nach oben wirkt: $\qquad F_S = (\rho_L - \rho_{He})\, g\, \pi\, \dfrac{d^3}{6}$

horizontal wirkt: $\qquad F_W = c_W\, \dfrac{\rho_L}{2}\, c^2\, \dfrac{\pi}{4}\, d^2$

kritische Reynoldszahl: $\qquad c = \dfrac{\text{Re}_{krit}\ \nu_L}{d} = 1{,}53\ \text{m}/\text{s}$

Winkel: $\qquad \tan \alpha = \dfrac{F_W}{F_S} \approx \dfrac{a}{L}$

$$\rightarrow \qquad c_W = \frac{4a}{3L}\, \frac{\rho_L - \rho_{He}}{\rho_L}\, \frac{g\, d}{c^2};\ \ c_{W1} = 0{,}476;\ \ c_{W2} = 0{,}130$$

b) • $\quad$ zuerst laminare Grenzschicht mit laminarer Ablösung

• $\quad$ Störung bewirkt laminar-turbulenten Umschlag und damit Verschiebung der Ablösepunkte (turb. Ablösung) zum Körperheck

$\rightarrow$ $\quad$ Reduzierung von Druck- und Gesamtwiderstand

Anhang B:
Formelsammlung zur Strömungslehre

Inhalt

1 Allgemeines

1.1 Hydrostatik (ruhendes, inkompressibles Fluid)

Hydrostatischer Druck: $\quad p(z) = p_0 + \rho\, g\, z$

Hydrostatischer Auftrieb: $F_A = \rho\, g\, V$

V : Volumen der verdrängten Flüssigkeit

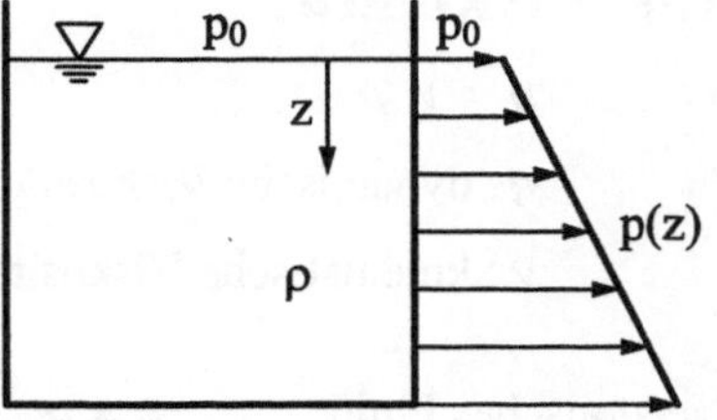

1.2 Oberflächenspannung und Kapillarität

Drucksprung Δp in der Phasengrenzfläche eines kugelförmigen Tropfens mit dem Radius r :

$$\Delta p = \frac{2\,\sigma}{r} \; ; \qquad \text{eine Phasengrenzfläche}$$

σ : Oberflächenspannung, $[\text{N}\,/\,\text{m}]$

Steighöhe h bei Kapillaren mit kreisförmigem Querschnitt

$$h = \frac{2\,\sigma\,\cos\alpha}{\rho\,g\,r}$$

α : Randwinkel

1.3 Ideales Gas

Thermische Zustandsgleichung: $\quad \dfrac{p}{\rho} = R\,T$

R : Gaskonstante, $[\text{J}\,/\,(\text{kg\,K})]$, T : Temperatur, $[\text{K}]$

Isentrope:

$$\frac{T}{T_0} = \left(\frac{p}{p_0}\right)^{\frac{\kappa-1}{\kappa}} = \left(\frac{\rho}{\rho_0}\right)^{\kappa-1}$$

mit $\kappa = c_p/c_v$: Isentropenexponent

und $R = c_p - c_v = \dfrac{\kappa-1}{\kappa}\,c_p$

spez. Enthalpie: $\qquad h = u + \dfrac{p}{\rho}$ $\qquad$ (nicht auf ideale Gase beschränkt)

$\qquad u$: spez. innere Energie, [J/kg]

1.4 Viskosität

$$\eta = \nu \, \rho$$

η : dynamische Viskosität, [N s/ m^2]

ν : kinematische Viskosität, [m^2 /s]

Newtonsches Fluid: $\qquad \tau = \eta \, \dfrac{du}{dy}$

u : Strömungsgeschwindigkeit, [m/s]

y : Koordinate senkrecht zur Strömungsgeschwindigkeit, [m]

τ : Schubspannung, [N/ m^2]

2 Reibungsfreie, eindimensionale Strömungen (Stromfadentheorie)

2.1 Kontinuitätsgleichung

Voraussetzung: stationäre Strömung

$$\dot{m} = A \, c \, \rho = \text{konst.}$$

2.2 Bernoulli-Gleichung

Voraussetzung: stationäre, reibungsfreie und inkompressible Strömung von "1" nach "2"

$$\frac{c_1^2}{2} + \frac{p_1}{\rho} + g\, z_1 = \frac{c_2^2}{2} + \frac{p_2}{\rho} + g\, z_2$$

Erweiterung für verlustbehaftete Strömungen mit Energiezufuhr:

$$\frac{c_1^2}{2} + \frac{p_1}{\rho} + g\, z_1 + \frac{P_{12}}{\rho \dot{V}} = \frac{c_2^2}{2} + \frac{p_2}{\rho} + g\, z_2 + \frac{\Delta p_{V_{12}}}{\rho}$$

$P_{12} > 0$: zwischen den Querschnitten "1" und "2" zugeführte Leistung, [W]

$\Delta p_{V_{12}}$:   Betrag des Druckverlustes zwischen den Querschnitten "1" u. "2", [Pa]

$\dot{V}$:   Volumenstrom, $[\,m^3\,]$

2.3 Energiebilanzgleichung

Voraussetzung: stationäre Strömung von "1" nach "2"

$$\left(u_2 + \frac{c_2^2}{2} + \frac{p_2}{\rho_2} + g\,z_2\right) - \left(u_1 + \frac{c_1^2}{2} + \frac{p_1}{\rho_1} + g\,z_1\right) = q_{12}$$

u :   spez. innere Energie, [J/kg]

$q_{12} = \dot{Q}_{12}/\dot{m}$: zwischen den Querschnitten "1" und "2" zugeführte spezifische Wärmemenge, [J/kg]

2.4 Druckbegriffe

Statischer Druck: p_{stat}, p

Dynamischer Druck: $p_{dyn} = \dfrac{\rho}{2}\,c^2$

Gesamt- bzw. Ruhedruck: $p_0 = p_{stat} + p_{dyn}$

2.5 Ausströmvorgänge

2.5.1 Inkompressibles Fluid

Voraussetzung: reibungsfreie Strömung, stationäre Strömung (h = konst. bzw. $A_1 \gg A_2$)

$$c_2 = \sqrt{\frac{2}{\rho}\,(p_1 - p_2) + 2\,g\,h}$$

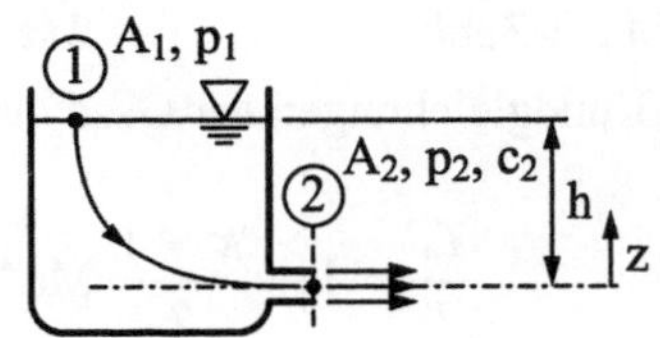

2.5.2 Kompressibles Fluid

Voraussetzung: stationäre Strömung (Ruhezustand: konst.), isentrope Strömung,
                 ideales Gas

Geschwindigkeit im Austrittsquerschnitt:

$$c_1 = \sqrt{\frac{2\,\kappa}{\kappa - 1}\,R\,T_0 \left[1 - \left(\frac{p_1}{p_0}\right)^{\frac{\kappa - 1}{\kappa}}\right]}$$

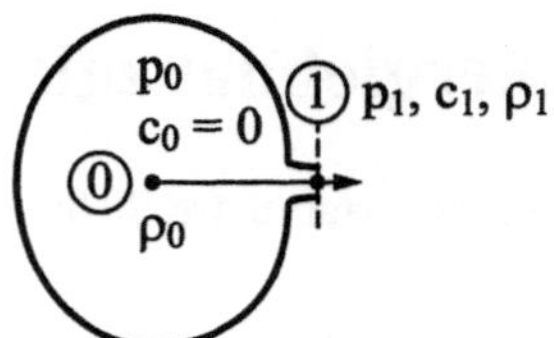

Achtung: bei konvergenter Düse maximal Schallgeschwindigkeit

Massenstrom:
$$\dot{m} = A_1 \sqrt{2\,p_0\,\rho_0}\;\psi$$

Ausflußfunktion:
$$\psi = \sqrt{\frac{\kappa}{\kappa - 1}\left[\left(\frac{p_1}{p_0}\right)^{\frac{2}{\kappa}} - \left(\frac{p_1}{p_0}\right)^{\frac{\kappa + 1}{\kappa}}\right]}$$

kritisches Druckverhältnis:
$$\left(\frac{p_1}{p_0}\right)^{*} = \left(\frac{2}{\kappa + 1}\right)^{\frac{\kappa}{\kappa - 1}};$$

$$c^{*} = a = \sqrt{\frac{2\,\kappa}{\kappa + 1}\,R\,T_0}\quad\text{(Schallgeschwindigkeit)}$$

2.6 Strömung kompressibler Fluide

Voraussetzung: ideales Gas, isentrope und stationäre Strömung

Schallgeschwindigkeit: $a = \sqrt{\kappa\,R\,T}$

Mach-Zahl: $Ma = c/a$

Grundgleichungen der Gasdynamik:

$$\frac{T_0}{T} = 1 + \frac{\kappa - 1}{2}\,Ma^2;\qquad\qquad \frac{T_0}{T^{*}} = \frac{\kappa + 1}{2}$$

$$\frac{p_0}{p} = \left(1 + \frac{\kappa - 1}{2}\,Ma^2\right)^{\frac{\kappa}{\kappa - 1}};\qquad \frac{p_0}{p^{*}} = \left(\frac{\kappa + 1}{2}\right)^{\frac{\kappa}{\kappa - 1}}$$

$$\frac{\rho_0}{\rho} = \left(1 + \frac{\kappa - 1}{2}\,\mathrm{Ma}^2\right)^{\frac{1}{\kappa - 1}}; \qquad \frac{\rho_0}{\rho^*} = \left(\frac{\kappa + 1}{2}\right)^{\frac{1}{\kappa - 1}}$$

mit "$_0$": Ruhezustand   und   "*":   bei Ma $= 1$

3 Reibungsfreie, mehrdimensionale Strömungen

3.1 Kontinuitätsgleichung

$$\frac{\partial \rho}{\partial t} + \frac{\partial}{\partial x_i}(\rho v_i) = 0 \quad ;$$

(1. Formulierung)

$$\frac{\mathrm{D}\rho}{\mathrm{D}t} + \rho\,\frac{\partial v_i}{\partial x_i} = 0$$

(2. Formulierung)

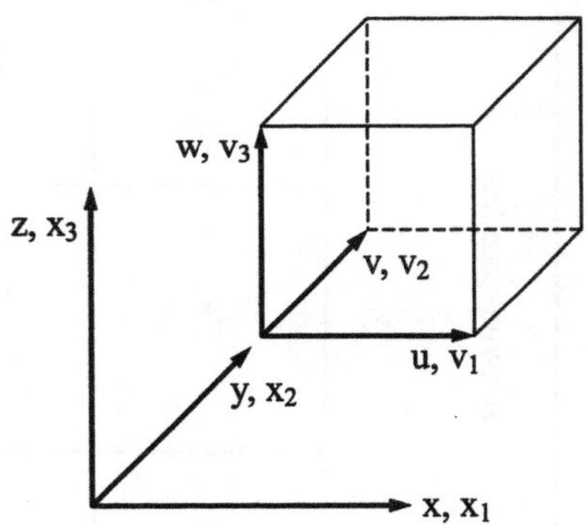

3.2 Eulersche Bewegungsgleichung

$$\rho\,\frac{\mathrm{D}v_i}{\mathrm{D}t} = -\frac{\partial p}{\partial x_i} + f_i$$

bei Berücksichtigung der Schwerkraft: $f_1 = f_2 = 0;\ f_3 = -\rho\,g$

3.3 Ebene Potentialströmung

Voraussetzung: zweidimensionale (x, y-Ebene), reibungsfreie, inkompressible, stationäre Strömung, Gravitation wirkt senkrecht zur betrachteten Ebene

Kontinuitätsgleichung: $\dfrac{\partial u}{\partial x} + \dfrac{\partial v}{\partial y} = 0$

Elementare Ebene Potentialströmung

Komplexes Potential $F(z)$	Potentialfunktion $\phi(x, y)$	Stromfunktion $\psi(x, y)$	Geschwindigkeiten			Stromlinien $\psi = \text{konstant}$
			u	v	c	
Parallelströmung $(u_\infty - i\, v_\infty)\, z$	$u_\infty \cdot x + v_\infty \cdot y$	$u_\infty \cdot y - v_\infty \cdot x$	u_∞	v_∞	$\sqrt{u_\infty^2 + v_\infty^2}$	
Quell- (Senken-) strömung $Q > 0\ (Q < 0)$ $\dfrac{Q}{2\pi}\ln z$	$\dfrac{Q}{2\pi}\ln r$ $r = \sqrt{x^2 + y^2}$	$\dfrac{Q}{2\pi}\varphi$ $\varphi = \arctan\dfrac{y}{x}$	$\dfrac{Q}{2\pi}\dfrac{x}{\left(x^2 + y^2\right)}$	$\dfrac{Q}{2\pi}\dfrac{y}{\left(x^2 + y^2\right)}$	$\dfrac{Q}{2\pi r}$	$Q > 0$
Wirbelströmung $\Gamma > 0:$ linksdrehend $-\dfrac{\Gamma}{2\pi}\, i\ln z$	$\dfrac{\Gamma}{2\pi}\varphi$ $\varphi = \arctan\dfrac{y}{x}$	$-\dfrac{\Gamma}{2\pi}\ln r$ $r = \sqrt{x^2 + y^2}$	$-\dfrac{\Gamma}{2\pi}\dfrac{y}{\left(x^2 + y^2\right)}$	$\dfrac{\Gamma}{2\pi}\dfrac{x}{\left(x^2 + y^2\right)}$	$\dfrac{\Gamma}{2\pi r}$	$\Gamma > 0$
Dipol $\dfrac{M}{2\pi z}$	$\dfrac{M}{2\pi}\dfrac{x}{x^2 + y^2}$	$-\dfrac{M}{2\pi}\dfrac{y}{x^2 + y^2}$	$-\dfrac{M}{2\pi}\dfrac{x^2 - y^2}{\left(x^2 + y^2\right)^2}$	$-\dfrac{M}{2\pi}\dfrac{2xy}{\left(x^2 + y^2\right)^2}$	$\dfrac{M}{2\pi}\dfrac{1}{x^2 + y^2}$	

Eulersche Bewegungsgleichung:

$$u\frac{\partial u}{\partial x} + v\frac{\partial u}{\partial y} = -\frac{1}{\rho}\frac{\partial p}{\partial x} \quad \text{(x-Komponente)}$$

$$u\frac{\partial v}{\partial x} + v\frac{\partial v}{\partial y} = -\frac{1}{\rho}\frac{\partial p}{\partial y} \quad \text{(y-Komponente)}$$

Drehungsfreiheit:

$$\frac{\partial v}{\partial x} - \frac{\partial u}{\partial y} = 0$$

Potentialfunktion $\phi(x,y)$:

$$\frac{\partial \phi}{\partial x} = u; \quad \frac{\partial \phi}{\partial y} = v$$

Potentiallinien:

$$\phi(x,y) = \text{konst.}$$

Stromfunktion $\psi(x,y)$:

$$\frac{\partial \psi}{\partial y} = u, \quad \frac{\partial \psi}{\partial x} = -v$$

Stromlinien:

$$\psi(x,y) = \text{konst.}$$

Potential- und Stromfunktion genügen der Laplace-Gleichung

$$\Delta\phi = 0; \qquad \Delta\psi = 0$$

4 Einfache reibungsbehaftete Strömungen

4.1 Impulssatz

Allgemeine Formulierung

$$\frac{\partial \vec{I}}{\partial t} = \vec{I}_1 - \vec{I}_2 + \sum \vec{F}$$

$\sum \vec{F}$: Druck-, Gewichts- und Oberflächenkräfte

$\vec{I}_1$:   Impulskraft, hervorgerufen durch eintretenden Impulsstrom

$\vec{I}_2$:   Impulskraft, austretender Impulsstrom

Impulssatz für den Stromfaden (stationäre Strömung)

$$\left(\rho_2 A_2 c_2^2 + p_2 A_2\right)\vec{e}_{t,2} - \left(\rho_1 A_1 c_1^2 + p_1 A_1\right)\vec{e}_{t,1} = \vec{F}_{12}$$

$\vec{F}_{12}$:   Summe der äußeren, an der Oberfläche des Kontrollraumes
         angreifenden Kräfte

$\vec{e}_t$:   Einheitsvektor, in Strömungsrichtung zeigend

4.2 Impulsmomentensatz

Allgemeine Formulierung für den Stromfaden (stationäre Strömung)

$$(\rho_2 c_2^2 A_2\ \vec{r}_2 x\,\vec{e}_{t,2} + p_2 A_2\ \vec{r}_2 x\,\vec{e}_{t,2}) - (\rho_1 c_1^2 A_1\ \vec{r}_1 x\,\vec{e}_{t,1} + p_1 A_1\ \vec{r}_1 x\,\vec{e}_{t,1}) = \sum \vec{M}_{12}$$

Eulersche Momentengleichung

$$M_{12} = \dot{m}\,(r_2\,c_{u2} - r_1\,c_{u1}):$$

c_u : Komponente der Strömungsgeschwindigkeit in Umfangsrichtung
r : Hebelarm

4.3 Voll ausgebildete Rohrströmung

4.3.1 Laminare Rohrströmung

Voraussetzungen: voll ausgebildete stationäre inkompressible laminare Strömung,
             $\text{Re} < 2300$, Stromfadentheorie, Newtonsches Fluid

Geschwindigkeitsprofil: $$c\,(r) = \frac{\Delta p\,R^2}{4\eta\,l}\left[1-\left(\frac{r}{R}\right)^2\right] = c_{max}\left[1-\left(\frac{r}{R}\right)^2\right]$$

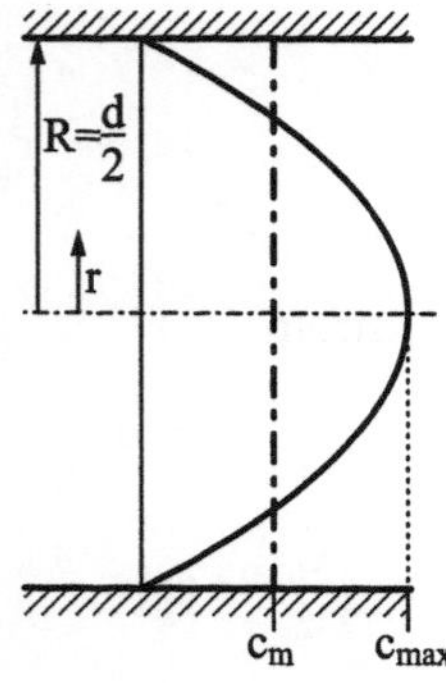

Δp :   Druckabfall zwischen zwei im Abstand l auf dem
        Stromfaden liegenden Punkten

l :   Länge des Rohrabschnittes, über dem der Druckabfall
       Δp auftritt

Volumenstrom:

$$\dot{V} = \frac{\pi R^4 \, \Delta p}{8 \eta \, l}$$

(Gesetz von Hagen-Poiseuille)

Druckverlust im geraden Rohr: $\Delta p = \lambda \, \dfrac{l}{d} \, \dfrac{\rho}{2} \, c_m^2$

c_m : Über den Querschnitt gemittelte Strömungsgeschwindigkeit (Stromfadentheorie)

Rohrreibungszahl: $\lambda = \dfrac{64}{\mathrm{Re}}$

Reynoldszahl: $\mathrm{Re} = \dfrac{c_m \, d}{\nu}$

4.3.2 Turbulente Rohrströmung

Voraussetzung: wie unter 4.3.2, jedoch turbulente Strömung, $\mathrm{Re} > 2300$

Druckverlust im geraden Rohr: $\Delta p = \lambda \, \dfrac{l}{d} \, \dfrac{\rho}{2} \, \bar{c}_m^2$

$\bar{c}_m$: zeitlich und über den Querschnitt gemittelte
Strömungsgeschwindigkeit (Stromfadentheorie)

hydraulisch glatte Rohre:

$$\lambda = \frac{0{,}3164}{\mathrm{Re}^{1/4}} \qquad\qquad \text{für} \qquad \mathrm{Re} \le 10^5 \qquad \text{(Blasius)}$$

$$\frac{1}{\sqrt{\lambda}} = 2 \, \log\,(\mathrm{Re}\,\sqrt{\lambda}) - 0{,}8 \qquad \text{für} \qquad 10^5 < \mathrm{Re} < 3 \cdot 10^6 \qquad \text{(Prandtl)}$$

1/7-Potenzgesetz: $\dfrac{\bar{c}(r)}{\bar{c}_{max}} = \left(1 - \dfrac{r}{R}\right)^{1/7}, \qquad \mathrm{Re} \le 10^5$

Das 1/7-Potenzgesetz gilt nicht in Wandnähe. Weitere Ungenauigkeit: Knick auf der Rohrachse.

4.3.3 Moody-Diagramm

Das Moody-Diagramm stellt die Rohrreibungszahl λ in Abhängigkeit der Reynoldszahl Re (laminare und turbulente Strömung) und der äquivalenten Sandkornrauhigkeit k_s für technisch rauhe Rohre dar.

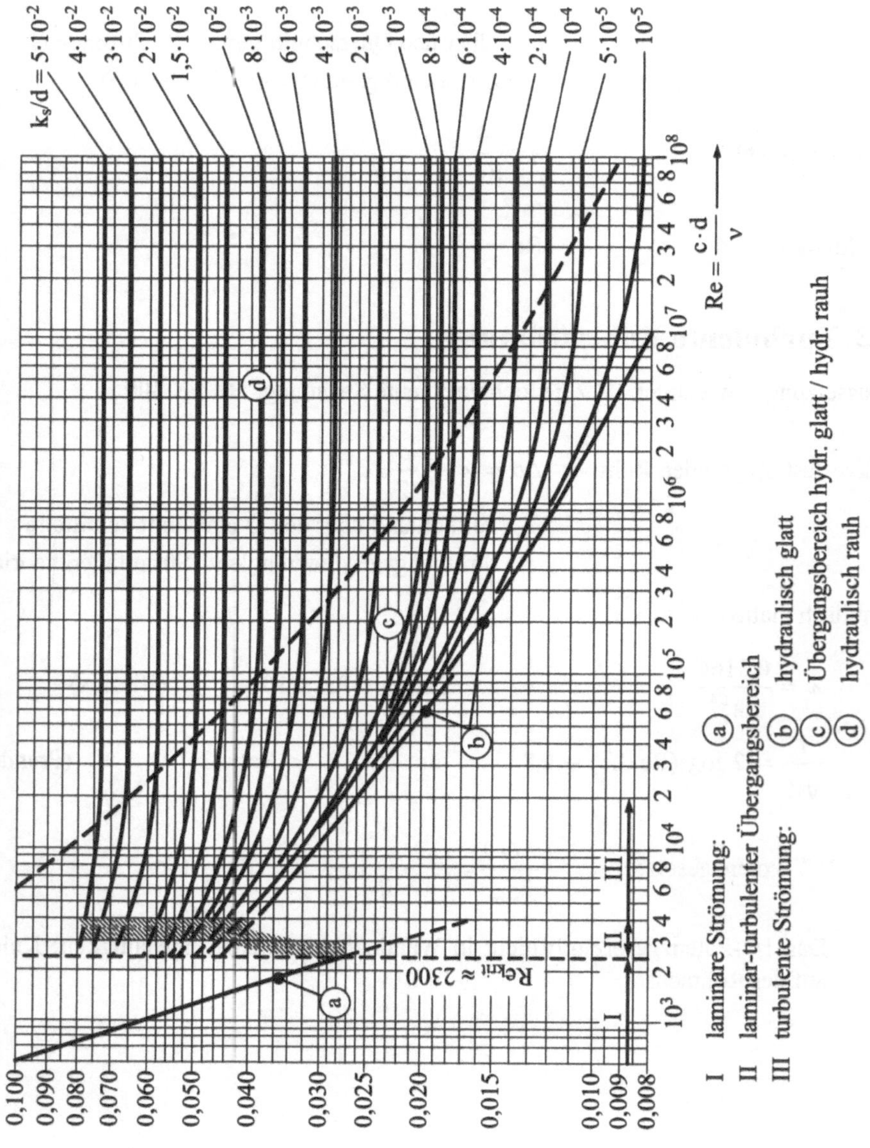

5 Dreidimensionale reibungsbehaftete Strömungsfelder

Voraussetzung: inkompressibles, Newtonsches Fluid, konstante Stoffwerte, stationäre Strömung

5.1 Kontinuitätsgleichung

$$\frac{\partial v_i}{\partial x_i} = 0$$

5.2 Navier-Stokessche Bewegungsgleichung

$$\rho \, v_i \frac{\partial v_j}{\partial x_i} = -\frac{\partial p}{\partial x_j} + \eta \, \frac{\partial^2 v_j}{\partial x_i^2} + f_j \,, \qquad j = 1, 2, 3$$

bei Berücksichtigung der Schwerkraft: $f_1 = f_2 = 0; \ f_3 = -\rho \, g$

Stokesscher Ansatz: $\tau_{ij} = \eta \left(\dfrac{\partial v_i}{\partial x_j} + \dfrac{\partial v_j}{\partial x_i} \right)$

5.3 Grenzschichtströmungen

5.3.1 Längs überströmte ebene Platte

laminare Grenzschichtdicke: $\dfrac{\delta}{x} = \dfrac{5,0}{\sqrt{\mathrm{Re}_x}}$

lokale Reynoldszahl: $\mathrm{Re}_x = \dfrac{u_\infty \, x}{\nu}$

$u_\infty :$ Anströmgeschwindigkeit parallel zur Plattenoberfläche

$x :$ überströmte Länge, Beginn: Plattenvorderkante

Widerstandskoeffizient:

$$c_W = \frac{F_{W,R}}{\dfrac{\rho}{2}\, u_\infty^2\, b\, l} = \begin{cases} \dfrac{1{,}328}{\sqrt{\mathrm{Re}_l}} & \text{(lam. Grenzschicht)} \\[2ex] \dfrac{0{,}074}{\mathrm{Re}_l^{1/5}} & \text{(turb. Grenzschicht)} \end{cases}$$

$$\mathrm{Re}_l = \frac{u_\infty\, l}{\nu}$$

$b\, l$: überströmte Plattenoberfläche

laminar-turbulenter Umschlag

$$\mathrm{Re}_{x,\,krit} = \frac{u_\infty\, x_v}{\nu} \approx 5 \cdot 10^5 \cdots 10^6$$

5.3.2 Gesamtwiderstand

$$F_W = F_{W,R} + F_{W,D} = c_W\, \frac{\rho}{2}\, u_\infty^2\, A$$

$F_{W,R}$:   Widerstandskraft infolge Reibung

$F_{W,D}$:   Widerstandskraft infolge Druckdifferenz

A :   Fläche, die sich durch Projektion des Körpers in die Ebene senkrecht
zur Anströmung ergibt, Ausnahme: ebene Platte, hier ist $F_{W,D}$ vernachlässigbar klein

5.4 Turbulente Strömungsfelder

Voraussetzung: inkompressibles, Newtonsches Fluid, konstante Stoffwerte, im Mittel
stationäre Strömung

5.4.1 Reynoldssche Mittelwertbildung

Beispiel Geschwindigkeitskomponente: $v_i\,(x_i,t) = \bar{v}_i\,(x_i) + v_i'\,(x_i,t)$

v_i : Momentanwert

$\bar{v}_i$: zeitlicher Mittelwert

v_i' : Schwankungsgröße

5.4.2 Reynoldsgemittelte Navier-Stokes-Gleichungen

Kontinuitätsgleichung:

$$\frac{\partial \bar{v}_i}{\partial x_i} = 0$$

Bewegungsgleichungen:

$$\rho\, \bar{v}_i\, \frac{\partial \bar{v}_j}{\partial x_i} = -\frac{\partial \bar{p}}{\partial x_j} + \frac{\partial}{\partial x_i}(\bar{\tau}_{ij} - \rho\, \overline{v_i' v_j'}) + f_j, \qquad (j = 1, 2, 3)$$

mit $\bar{\tau}_{ij}$ aus dem Stokesschen Ansatz für die Mittelwerte

Reynoldsscher Schubspannungstensor:

$$\bar{\tau}_{ij,t} = -\rho\, \overline{v_i' v_j'}$$

5.4.3 Universelles Geschwindigkeitsprofil für den Wandbereich turbulenter Grenzschichten

viskose (laminare) Unterschicht: $u^+ = y^+$

mit $y^+ = \dfrac{u_\tau}{\nu}\, y :$ dimensionsloser Wandabstand

$\quad\quad\ y :$ Wandabstand

$\quad\quad\ u_\tau = \sqrt{\dfrac{\bar{\tau}_W}{\rho}} :$ Wandschubspannungsgeschwindigkeit

$\quad\quad\ \bar{\tau}_W = \eta\, \dfrac{\mathrm{d}\bar{u}}{\mathrm{d}y} :$ Wandschubspannung

$\quad\quad\ u^+ = \dfrac{\bar{u}\,(y)}{u_\tau} :$ dimensionslose Geschwindigkeit

turbulente Wandschicht: $$u^+ = \frac{1}{\kappa}\,\ln y^+ + C$$
$$(\kappa = 0{,}4\; ;\ C = 5{,}5)$$

6 Mathematische Abkürzungen und Rechenvorschriften

6.1　Nabla- und Laplace-Operator, Gradient, Divergenz, Rotation

Nabla-Operator:
$$\nabla = \left(\frac{\partial}{\partial x}, \frac{\partial}{\partial y}, \frac{\partial}{\partial z} \right)$$

Laplace-Operator:
$$\Delta = \frac{\partial^2}{\partial x^2} + \frac{\partial^2}{\partial y^2} + \frac{\partial^2}{\partial z^2}$$

Seien F ein Skalar- und $\vec{v} = (v_1, v_2, v_3)$ ein Vektorfeld, so gilt:

Gradient:
$$grad\ F = \nabla F = \left(\frac{\partial F}{\partial x}, \frac{\partial F}{\partial y}, \frac{\partial F}{\partial z} \right)$$

Divergenz:
$$div\ \vec{v} = \nabla \vec{v} = \frac{\partial v_1}{\partial x} + \frac{\partial v_2}{\partial y} + \frac{\partial v_3}{\partial z}$$

Rotation:
$$rot\ \vec{v} = \left(\frac{\partial v_3}{\partial y} - \frac{\partial v_2}{\partial z}, \frac{\partial v_1}{\partial z} - \frac{\partial v_3}{\partial x}, \frac{\partial v_2}{\partial x} - \frac{\partial v_1}{\partial y} \right)$$

6.2　Substantielle Ableitung

$$\frac{D(...)}{Dt} = \frac{\partial(...)}{\partial t} + u\frac{\partial(...)}{\partial x} + v\frac{\partial(...)}{\partial y} + w\frac{\partial(...)}{\partial z}$$

konvektive Ableitung

lokale Ableitung

Totale/ Substantielle Ableitung

Beispiel: Kontinuitätsgleichung

$$\underbrace{\frac{\partial \rho}{\partial t} + u \frac{\partial \rho}{\partial x} + v \frac{\partial \rho}{\partial y} + w \frac{\partial \rho}{\partial z}} + \underbrace{\rho \left(\frac{\partial u}{\partial x} + \frac{\partial v}{\partial y} + \frac{\partial w}{\partial z} \right)} = 0$$

$$\frac{D\rho}{Dt} \qquad + \qquad \rho \frac{\partial v_i}{\partial x_i} \qquad = 0$$

6.3 Tensornotation

Betrachtet werde das Vektorfeld $\vec{v} = (v_1, v_2, v_3)$. Mit Hilfe der Indizes $i = 1, 2, 3$ läßt sich $\vec{v}$ in der Form $\vec{v} = v_i$ darstellen. Dabei repräsentiert v_i mit $i = 1, 2, 3$ den gesamten Vektor $\vec{v}$; für einen konkreten Wert i steht v_i aber für die jeweilige Komponente des Vektors.

Einsteinsche Summationskonvention: Über gleiche Indizes in einem Term wird summiert. Beispiele:

a) $\dfrac{\partial v_i}{\partial x_i} = \dfrac{\partial u}{\partial x} + \dfrac{\partial v}{\partial y} + \dfrac{\partial w}{\partial z}$

b) $v_i \dfrac{\partial v_j}{\partial x_i} = u \dfrac{\partial v_j}{\partial x} + v \dfrac{\partial v_j}{\partial y} + w \dfrac{\partial v_j}{\partial z}$

   (für $j = 1, 2, 3$ ergibt sich damit jeweils für die x-, y- und z-Richtung eine Gleichung)

c) Navier-Stokessche Bewegungsgleichung (Gl. (5.12)):

$$\rho \, v_i \frac{\partial v_j}{\partial x_i} = -\frac{\partial p}{\partial x_j} + \eta \frac{\partial^2 v_j}{\partial x_i^2} + f_j, \qquad j = 1, 2, 3$$

für $j = 1$ folgt für die x-Komponente:

$$\rho \left(u \frac{\partial u}{\partial x} + v \frac{\partial u}{\partial y} + w \frac{\partial u}{\partial z} \right) = -\frac{\partial p}{\partial x} + \eta \left(\frac{\partial^2 u}{\partial x^2} + \frac{\partial^2 u}{\partial y^2} + \frac{\partial^2 u}{\partial z^2} \right)$$

6.4 Taylorreihenentwicklung

Sind die Werte einer Funktion f und ihrer ersten n Ableitungen in einem Punkt $x = a$ bekannt, dann wird mit

$$f(x) = f(a) + \left(\frac{\mathrm{d}f}{\mathrm{d}x}\right)_a (x - a) + \dots + \left(\frac{\mathrm{d}^n f}{\mathrm{d}x^n}\right)_a \frac{(x - a)^n}{n!}$$

ein Polynom bestimmt, das die Funktion in der Umgebung des Punktes $x = a$ gut approximiert.

Für Funktionen mehrerer Veränderlicher folgt bei Abbruch nach dem zweiten Glied für den Funktionswert an der Stelle $(x + \mathrm{d}x)$

$$f_{x + \mathrm{d}x} \approx f_x + \left(\frac{\partial f}{\partial x}\right)_x \mathrm{d}x \ .$$

Literatur

Becker, E., Bürger, W. (1975): Kontinuumsmechanik, Eine Einführung in die Grundlagen und einfache Anwendungen, Teubner-Verlag, Stuttgart

Bohl, W. (1994): Technische Strömungslehre, 10. Aufl., Vogel Buchverlag, Würzburg

Bronstein, I. N., Semendjajew, K. A. (1991): Taschenbuch der Mathematik, 25. Aufl., Teubner-Verlag, Stuttgart, Leipzig

DIN EN ISO 5167-1 (1995): Durchflußmessung von Fluiden mit Drosselgeräten, Teil 1, Deutsches Institut für Normung e.V., Berlin

Dubbel (1997): Taschenbuch für den Maschinenbau, herausgegeben von W. Beitz und K.-H. Grote, 19. Aufl., Springer-Verlag, Berlin u. a.

Faber, T. E. (1995): Fluid Dynamics for Physicists, Cambridge University Press

Ferziger, J. H., Peric, M. (1996): Computational Methods for Fluid Dynamics, Springer-Verlag, Berlin, Heidelberg, New York u. a.

Griebel, M., Dornseifer, T., Neunhoeffer, T (1995): Numerische Simulation in der Strömungsmechanik, Friedrich Vieweg & Sohn Verlagsgesellschaft mbH, Braunschweig, Wiesbaden

Hütte (1991): Die Grundlagen der Ingenieurwissenschaften, 29. Aufl., herausgegeben von H. Czichos, Springer-Verlag, Berlin, Heidelberg, New York u. a.

Kays, W. M., Crawford, M. E. (1980): Convective Heat and Mass Transfer, 2. Aufl., McGraw-Hill Book Company, New York u. a.

Kundu, P. K. (1990): Fluid Mechanics, Academic Press, Inc., San Diego, New York, Boston u. a.

Launder, B. E., Spalding, D. B. (1974): The Numerical Computation of Turbulent Flows, Comp. Meth. Appl. Mech. Eng. 3, S. 269-289

Merker, G. P. (1987): Konvektive Wärmeübertragung, Springer-Verlag, Berlin, Heidelberg, New York u. a.

Merker, G. P., Eiglmeier, C. (1999): Fluid- und Wärmetransport: Wärmeübertragung, 1. Aufl., Teubner-Verlag, Stuttgart, Leipzig

Meyberg, K., Vachenauer, P. (1990): Höhere Mathematik I, 1. Aufl., Springer-Verlag, Heidelberg, New York u. a.

Nikuradse, J. (1926): Untersuchung über die Geschwindigkeitsverteilung in turbulenten Strömungen, VDI-Verlag GmbH, Heft 281, Berlin

Nikuradse, J. (1933): Strömungsgesetze in Rauhen Rohren, VDI-Forschungsheft 361, Berlin

Oertel, H. (1995): Strömungsmechanik, Methoden und Phänomene, Springer-Verlag, Berlin, Heidelberg, New York u. a.

Oertel, H., Laurien, E. (1995): Numerische Strömungsmechanik, Springer-Verlag, Berlin, Heidelberg, New York u. a.

Potter, M. C., Wiggert, D. C. (1997): Mechanics of Fluids, 2. Aufl., Prentice-Hall, London u. a.

Prandtl, L., Oswatitsch, K., Wieghardt, K. (1984): Führer durch die Strömungslehre, 8. Aufl., Friedrich Vieweg & Sohn Verlagsgesellschaft mbH, Braunschweig

Reckling, K. A. (1973): Mechanik I, 2. Aufl., S. 53, Friedrich Vieweg & Sohn Verlagsgesellschaft mbH, Braunschweig

Schade, H., Kunz, E. (1989): Strömungslehre, 2. Aufl., S. 80, Walter de Gruyter Verlag, Berlin, New York

Schlichting, H. (1965): Grenzschicht-Theorie, 5. Aufl., Verlag G. Braun, Karlsruhe

Stefan, K. (1959): Wärmeübergang und Druckabfall laminarer Strömungen im Einlauf von Rohren und ebenen Spalten, Diss. T.H. Karlsruhe

Tietjens, O. (1960): Strömungslehre, Band 1, Springer-Verlag, Berlin, Göttingen, Heidelberg

Truckenbrodt, E. (1980): Fluidmechanik, Band 1, 2. Aufl., Springer-Verlag, Berlin, Heidelberg, New York u. a.

Truckenbrodt, E. (1992): Fluidmechanik, Band 2, 3. Aufl., Springer-Verlag, Berlin, Heidelberg, New York u. a.

Van Dyke, M. (1982): An Album of Fluid Motion, Parabolic Press, Stanford, CA.

VDI-Wärmeatlas (1984): 4. Aufl., VDI-Verlag, Düsseldorf

White, F. M. (1991): Viscous Fluid Flow, 2. Aufl., McGraw-Hill, New York u. a.

White, F. M. (1999): Fluid Mechanics, 4. Aufl., McGraw-Hill, Boston u. a.

Stichwortverzeichnis